世界クルマ文化史

THE DEFINITIVE HISTORY OF MOTORING

STUDIO TAC CREATIVE

世界クルマ文化史
THE DEFINITIVE HISTORY OF MOTORING

序文 ジョディ・キッド
編集長 ジャイルズ・チャップマン
寄稿 アンドリュー・ノークス、クリス・リース、マーティン・ガードン、リチャード・トルエット、サム・スケルトン、リチャード・ブレムナー、ピーター・ナン、サイモン・ヘプティンストール、アレクサンドラ・ブラック

翻訳 和智英樹

Original Title: Drive
Copyright © 2018 Dorling Kindersley Limited
A Penguin Random House Company

Japanese translation rights arranged with
Dorling Kindersley Limited, London
through Fortuna Co., Ltd. Tokyo.

For sale in Japanese territory only.

Printed and bound in China

WORLD OF IDEAS: SEE ALL THERE IS TO KNOW
www.dk.com

目次

8	序文（ジョディ・キッド）	26	車輪を動かすために
		28	金持ち用の自動車
		30	「パリ～マドリッド」レース
		32	自然条件に対する防護
		34	手による組み立て
		36	信頼性への試練
		38	大陸横断
		40	道路を照らす

1 自動車の発明
1885-1905

12	イントロダクション
14	自動車以前
16	内燃機関
18	クルマはビジネスに
20	「La Mouche(蠅)」の広告
22	道路上の自由
24	ガソリンの勝利
42	ゴードン・ベネット・カップ
44	フォーカーの旅
46	働く車

EDITOR-IN CHIEF

ジャイルズ・チャップマンは受賞歴のあるジャーナリストであり、自動車の分野で40冊以上の書籍を執筆しています。世界的に成功を収めた「The Car Book」（2011）および「The Classic Car Book」（2016）に続き、本書はDKでの3作目となるタイトルです。自動車の文化や歴史、産業に関する、彼の35年間の自動車メディアで得た知識が活かされています。世界で最も売れているクラシックカーの雑誌である「Classic&Sports Car」の編集者だった彼は、1994年以降、何十もの主要な新聞や雑誌に寄稿しています。彼の著作（その中には、私の父も持っていた「Chapman's Car Compendium」や「Britain's Toy Car Wars」も含まれる）の他に、彼は他の多くの作家や出版社へのアドバイザーとしても働いてきました。彼は王立自動車クラブのMotoring Book of the Year賞を創設し、テレビやラジオに定期的に出演し、自動車や自動車業界の問題についてコメントしています。

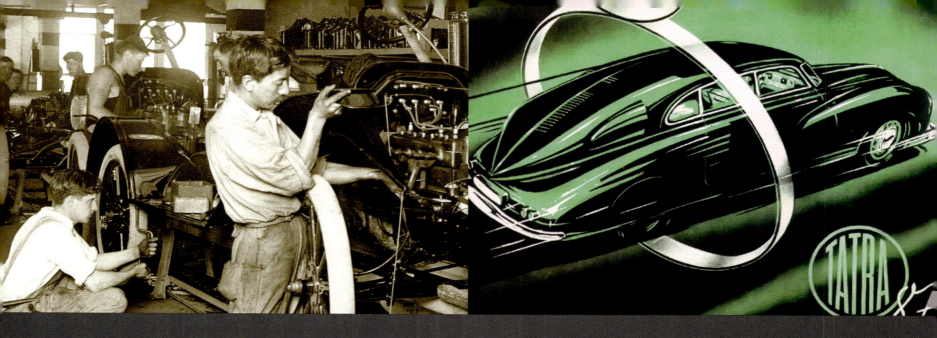

2

自動車産業の誕生
1906-1925

- 50 イントロダクション
- 52 フォードの生産ライン
- 54 ガソリン物語
- 56 車のオモチャ
- 58 交通マヒ
- 60 シトロエン5CVの広告
- 62 サーキットでのレース
- 64 最初のスポーツカー
- 66 交通の抑制または調教
- 68 洗練されたデザイン
- 70 軍用車両
- 72 過去のブランド
- 74 天空の駐車場
- 76 経済的なサイクルカー
- 78 中流階級の車事情
- 80 マハラジャの車
- 82 右？左？
- 84 砂漠を越えて

3

スピード、パワー そしてスタイル
1926-1935

- 88 イントロダクション
- 90 自動車レースの主な流れ
- 92 レコードブレイカーズ
- 94 黄金時代のガソリンポンプ
- 96 洗車場にて
- 98 流線形スタイル
- 100 「単一」設計
- 102 高速車線の交通
- 104 アール・デコの優雅さ
- 106 ザ・ベントレー・ボーイズ
- 108 遠く離れた彼方へ
- 110 道路をより安全に
- 112 「モーリス」の広告
- 114 初期の日本車
- 116 所有可能で"速い"車

4

自動車の成熟
1936-1945

- 120 イントロダクション
- 122 中古車取引
- 124 経済的に乗る
- 126 ハリウッドのグラマー（魅力）
- 128 エンジンオイル
- 130 ショールーム
- 132 大暴落の後で
- 134 最初の4X4
- 136 第2次世界大戦時の車
- 138 国民車を造る
- 140 家から家へ
- 142 SS車の広告
- 144 ディーゼルの台頭

146 自動車での冒険	170 標識は言葉だ!
148 もう1人のフォード氏	172 ヨーロッパの働き者、商用車
150 プジョー『402』	174 都市における交通の膨張
152 操縦する	176 ルート66
	178 ジェット時代の車
	180 バブルカー
5	182 花開くスポーツカー
	184 ドライブイン・シネマ
世界の再構築	186 フェリー
1946-1960	188 戦後の日本の車事情
156 イントロダクション	190 サンデーメカニック
158 路上に戻った活気	192 家族と荷物一式を積んで…
160 イージー・ドライバー	194 ラテン世界の自動車生産
162 庶民のクルマ	196 輝かしい賞典
164 皆が車を欲しがった!	198 愛車の家
166 "ぶっ壊し"ダービー	200 アメリカの輸入車市場
168 オーストラリア車、「ホールデン」	

6	230 ダッジ『ディオラ』
	232 新しいタイプのスタイル
技術と安全性	234 メーターを(コインで)満たす!
1961-1980	236 最初のエア・フェリー
204 イントロダクション	238 デザインを変更する
206 日本車が世界へ	240 スピードを読む
208 国際ラリー	242 フィエスタばんざい!
210 スポーツカーの黄金時代	244 燃料危機とドライブの変化
212 道路標識革命	246 モンスターを造る
214 宇宙時代の車事情	248 銀幕の中の車たち
216 より安全な自動車設計	250 最初のヒュンダイ
218 ファッションホイール	252 ホットハッチの台頭
220 英国車が(時代を)先導する	
222 メイヤーズ・マンクス	
224 人気の高い小型車	
226 ダリエン・ギャップを越えて	
228 非主流のクルマ文化	

7

変革する世界
1981-2000

- 256 イントロダクション
- 258 コンピューターが
   コントロールする
- 260 新しいクラスの車
- 262 日本の軽自動車
- 264 クライスラー『アランテ』
- 266 スピード以前の安全性
- 268 ヨーロッパの再会
- 270 デトロイトの凋落
- 272 より安全な自動車、
   より綺麗な空気
- 274 レトロデザイン
- 276 世界の交通渋滞
- 278 自動車のマスコット
- 280 アメリカン・ピックアップ
- 282 SUVの台頭
- 284 巨大な合併
- 286 世界のタクシー
- 288 自動車に対する方向転換

8

未来へのドライビング
2001-現代

- 292 イントロダクション
- 294 誰がEV1を殺したのか？
- 296 快適さと室内空間のための
   クロスオーバー
- 298 人口衛星技術が安全を
   改善する
- 300 中国の出発
- 302 極端な速度の
   スーパーカー
- 304 ホンダの安全システム
- 306 ハイブリッドの夜明け
- 308 手工芸品的な車
- 310 ボンネットの中
- 312 寒冷地テスト
- 314 排気ガススキャンダル
- 316 自立走行する自動車
- 318 未来のコンセプト

素晴らしいドライブ

- 322 北アメリカ
- 330 南アメリカ
- 334 アフリカ
- 335 ヨーロッパ
- 342 アジア
- 350 オセアニア
- 353 索引
- 358 謝辞

はじめに

　サーキットから私道まで、車というのは非常にユニークで魅力的、また象徴的であり、そして便利な機械です。しかし、車は一体どこから来て、どこへ向かっているのでしょうか？
　車の物語は、輸送の機械化を実現させた先駆者によって始まります。その発明者は先見性があり、馬が引いて走る客車を機械で置き換えることを夢見ていました。彼の物語は現在、それらの機械が人間のために自ら運転するようになるかもしれないという、大きな転換点を迎えています。
　車の運転についての物語は、単に"車がどのように進化したか"ということではなく、"私たちの周りの世界をどのように定義するのか"という意味を持っています。車はより速く、より安全に、より信頼でき、より快適になりました。車は我々に"移動の自由"をもたらすことで、新しい生き方と働き方を切り開きました。
　車の歴史は、単純に"Aの状態からBの状態に進化する"ということだけではありません。最高の状態においては、どちらもエンジニアリングの偉業であり、芸術作品でもあります。良い車には、感情を刺激し、五感を楽しませ、そして魂を育むだけの力があります。車の物語とは、技術と産業、ロマンスと美貌、そしてフルスロットルの興奮と開かれた道がもたらすスリルの物語なのです。

シートにくつろいで、シートベルトを締め、
乗り心地を楽しんでください。

ジョディ・キッド

1885-1905

自動車の発明

1885–1905
自動車の発明

19世紀の終わり近くに発明されたごく初期の自動車と、今日のユーザーの使用状況にうまくマッチした自動車とでは、それらの"根"が同じであると信じることはほぼ不可能でしょう。それほど、初期の自動車と現在の自動車には大きな違いがあります。

最近になって醸成された社会環境は、クルマ本来の機能、個性を発揮するには極めて不利な状況にあると思われてなりません。個々に性格付けされた車両に対して、画一的な空間、環境に押し込めようとする（業界の）自己推進の準備が絶え間なく続けられ、間もなく始まろうとしています。しかしながら、事の始まりは、世界中の都会の街角から田舎に至るまで、（車に対して）疲弊してしまったことなのです。

1820〜50年の間に興った、速く、信頼性が高く、人気があった鉄道の時代がもし到来しなかったならば、自動車を走らせて行なう輸送革命は、もっと早く進行していたかも知れません。

蒸気による動力は、道路上を走る乗り物には応用されず、鉄道に似た何かすら造り出されませんでした。フランス人がシュッ、シュッと音をまねた最初期の蒸気機関車からおよそ125年もの期間を経た後、ドイツにおける小さな内部燃焼機関（＝エンジン）の発明により、最終的に"馬なしの客車"が誕生したのです。

不確かな反応

世間一般の事象に言えることですが、最初の自動車は暖かく迎えられず、嫌悪されていました。イギリスでは、自動車は人が歩くペースで走るように制限され、フランスではコントロール不能になった自動車が無知な見物人や、ブラブラと徘徊する牛に衝突する衝撃的な事故も起こったため、道路上でのレースは禁止されました。アメリカの茫漠とした広大な田舎には、全般的に見てダート以外の道路は全くといってよいほどありませんでした。ヨーロッパ中が金持ち用の玩具グルマ造りに忙しいさ中、アメリカの自動車設計者達は長距離を故障せずに走り切る性能を得るため、機械的な耐久性の実現に集中していたのです。

実際に、意欲的な起業家から合資会社、そして一般企業にいたるまで、どこもかしこもが自動車を工業製品に昇華させるため、多くの難問に直面していました。当時は手動工具の時代で

19世紀における自動車乗りの草分け。

電気自動車は、ごく初期の頃から登場する兆候があった。

"アメリカの田園地帯を横切るのに、ろくな道はなかった..."

あり、技術的な試行錯誤の時代だったのです。驚くかもしれませんが、これら初期の時代においては、電気がガソリンとほぼ同等の動力源でした。しかしそれは、現在のような大気汚染についての問題からではなく、容易に利用できて信頼性があったからなのですが…。

信頼性と改善

初期の機械的な技術がほとんどマスターされると、自動車メーカーとその顧客は、自動車の快適性へ目を向けました。空気入りのタイヤの一般化は、モータリゼーション上の大きな進歩でした。さらにまた、自動車のレイアウトの見直しに始まり、安全性、操作性、灯火装置の性能、防風防雨性能の向上等、次々と改良が行なわれました。これらの全ては、「日曜日の午後の娯楽」であった自動車をより重要な存在に置き換え、自動車の魅力を広める役に立ちました。

しかし、多くの車が通勤で使用されるかとなると、誰もまだそこまでは考えてはいません。その理由の一つは単純に、自動車がまだ充分に信頼に足るものではなかったからです。それは何故か? そう、民衆の自動車に対する疑問を乗り越える方法として、世間一般に知られている激しく競う合うレースよりもずっと早くに、「信頼性を証明する」べきだったのです。しかしながら、ゆっくりとですが自動車の持つ汎用性の高まりとエンジンの性能は、自動車が近代的な生活の全ての領域に忍び寄っていることを指し示していました。もはや、自動車の侵攻を阻止不能な何かが進行していました。

信頼性に対する挑戦は、車の設計に改良をもたらした。

自動車レースはすぐに人々のイマジネーションを掻き立てた。

自動車以前

陸路で長距離移動することは、最初に道路が造られた時から機械化された交通機関が誕生するまで、この1000年における人類の歴史の一部でした。

大昔の道は、水と食料のある所に向かって自然のままの地形を通り、次第に良く踏み固められたルートが自然に出来上がっていったものです。それらはまた、人間が入植した土地と土地を結ぶようになり、7000年前に車輪が発明されてからは商いと交易に使われるようになっていきました。

最初の道路

最初の舗装道路は、紀元前4000年頃のインド亜大陸（インド半島）とメソポタミアから始まっています。後にローマ人は、彼らの拡大した帝国（植民地）を直接結ぶルートを造る目的で、道路の表層に何層もの舗装を施しました。これらの道路は、主に兵隊の移動に使われていましたが、やがては初期の交通機関である、2輪馬車と戦車、そして牛に引かせた4輪車等の道路になりました。また、ローマの道路は効率的に水を排出するため、砕いた石を引き詰めた岩盤状に造られていました。何世紀か後、英国の測量技師、トーマス・テルフォードは、道路の路面に溜まったままの水を排出するため、道路の両端に"反り"を付け加えています。そして19世紀初頭、スコットランドの技師、ジョン・マカダムは、滑らかで強固な道路の表面を造るため、一律にサイズを定めた石の敷設を工法に導入しました。彼の考案した工法は「マカダム工法」と呼ばれ、アメリカやオーストラリアにも広まっていきました。しかしながら、近代道路が完成するのは20世紀になり、タールが他の材料との結合剤として使用されてからでした。この工法はやがて、「タール・マカダム工法」あるいは「ターマック」として知られるようになりました。

馬と歩行者

馬に引かせる乗り物は、19世紀後半まで道路における主要な交通機関でした。しかしながら、路上で実働している馬は、公衆衛生に対する脅威でもありました。実際、1898年のニューヨークでは、20万頭の馬がニューヨーク中の道路を歩いており、それぞれの馬が日々、11kgもの糞を路上にバラ撒いていたのです。その年、市民の重要な関心事である公衆衛生問題に端を発した、世界初の「都市計画会議」が市によって開催されたことはちょっとした驚きです。馬と同様に、村や街、市内における道路は歩行者の領域でもありました。1890年代末、アメリカの路上を通る馬車は道路と歩道、双方に群がる人々を避けて通らねばなりませんでした。

▽ ドイツ・ベルリンのポツダム広場 1908年
（エンジン付きの）自動車が市民に認知された後でさえ、市の中心部ではこのような光景が当然のものだった。

△1874年、アメリカ 「ホーネルスヴィル エリー ペンシルベニア鉄道」
路上の蒸気機関による旅客輸送は、鉄道の持つ速度と安全性、そして信頼性には競合できませんでした。

自動車以前 | 15

◁ 2輪馬車タクシー、19世紀後半のロンドン
馬1頭で引くのに充分な小型の2輪馬車タクシーは、ヨーロッパとアメリカで人気の高い移動手段だった。

露天商が道路を市場のように使い、子供たちは周囲に何ら注意することなしに遊びまわっていたような時代です。後になり、アメリカの自動車産業界が自分たちの産出する製品（自動車）が道路の主（ぬし）となれる方法を模索している時、交通を妨害している歩行者に対して「ジェイウォーカーズ」という単語を捻り出したりもしました。"ジェイ"というのは"田舎者"という意味なんですがね…。

機械化の夜明け
　最初の蒸気機関乗用車は、産業用サイズのボイラーを動力源にぎこちなく自己推進する客車でした。これらは扱いにくい上、様々なトラブルにも直面しました。イギリスでは馬力輸送に対する脅威から、1865年、「ロコモーティブ・アクト（通称＝赤旗法／P22-23参照）」によって蒸気自動車の速度の上限を、人間の歩行速度よりも多少速い時速6.5kmに制限しました。法令ではまた、一人が操縦し、一人が燃料を補給し、さらにもう一人が赤旗を持って自動車の先55メートルを歩くという、3人一組が同時に行動するという規定もされています。また一方、公共の安全に対する懸念もありました。アメリカのクリーブランドでは、蒸気自動車が母親と子供をなぎ倒して民衆の怒りを惹起していますし、同時に、蒸気自動車が爆発する恐れがあるという噂まで広げられました。個人レベルでの機械化輸送を遅らせた理由は、この時代にヨーロッパとアメリカで傑出した成長を遂げた鉄道技術にもあります。速く、効率的で手頃な列車が路上における蒸気自動車の役割を迅速に奪う一方、都市住民の必要とする単距離移動はトラム（路面電車）が需要を賄ったのです。20世紀が近付いても、馬は鉄道と同様、生活に浸透していたように思われます。

> "蒸気機関による人々の旅は…、飛ぶ鳥と同じく、時速25〜30キロの速さになるでしょう"
> オリバー・エバンス（19世紀アメリカの発明家）

発展のカギ
自転車の熱狂的流行

自転車は、ドイツの製造業者が1817年に「洒落男の馬」というコンセプトで急遽、非実用的なデザインで創作した乗り物だ。それは粗雑で「骨が揺さぶられる」ほど心地悪い、明らかに危険な大車輪の「ペニー・ファージング（前輪と後輪の直径が大きく異なる、19世紀後期の自転車の形態）」である。しかしながら、コベントリー（ロンドン）からやって来たJ.K.スターリーは、フレームに取り付けられたペダルを漕ぐことによって、後輪を回転させるというコンセプトの自転車を開発した。このマシンは「安全自転車」として知られるようになり、それ以前のバージョンから見れば膨大な改良点を持った画期的なものだった。1888年、スコットランド人のジョン・ボイド・ダンロップは、自転車に取り付け可能な空気タイヤを発明し、その発明によってサイクリングブームを巻き起こした。それは男でも女でも、場所を問わず、望んだ所にはどこにでも、スピーディかつ快適に移動できる、個人的な機動力という意味で世界的な革命であった。

「安全自転車」は、個人の移動手段の最初のメカニカルな様式の1つであり、それを鮮明に広告していた。

16 | 自動車の発明：1885–1905

1886年撮影の写真 ゴットリープ・ダイムラーが、彼の息子ポールの運転で世界初の4輪自動車に乗っている。

内燃機関

19世紀初頭に取りかかった内燃機関の研究開発は、ゴットリープ・ダイムラーとカール・ベンツにより、1870年代になって加速を見せました。そして1885年、この男たちにより、ガソリンを燃料とするエンジンを搭載した最初の車両が造り出されたのです。

主要年表

- **1807年** ド・リバスがエンジンの特許を取得。
- **1860年** ルノアールのエンジン生産が始まる。
- **1872年** ゴットリープ・ダイムラーが、ニコラウス・オットーの会社「Gasmotoren- Fabrik Deutz AG（＝ドイツガス動力車両会社）」に加わる。
- **1876年** ニコラウス・オットーが吸入・圧縮式4ストロークエンジンを商業化。
- **1880年** ダイムラーは退社。デザイナーのマイバッハと新会社設立を準備。
- **1883年** ダイムラーとマイバッハが、ダイムラーの夢であるハイスピード、水平対向の吸入・圧縮式の4ストロークエンジンの特許を取得。
- **1885年** ベンツが2ストロークエンジンを3輪車に搭載。最初の自動車の創作にかかる。
- **1890年** エンジンの製造販売を目的とした「Daimler Motoren Gesellschft（DMG＝ダイムラーエンジン会社）」が設立される。
- **1892年** ダイムラーとマイバッハが、DMGを解雇される（ダイムラーは1895年に復職したが）。
- **1894年** 161台目のベンツ・モトールヴァーゲンが販売される。
- **1895年** ダイムラーが1,000基目のエンジンを製造する。

写真は1910年の、ゴットリープ・ダイムラーの手描き着色されたリトグラフ。

スイスの発明家、フランコ・アイザック・ド・リバスは、内燃機関（エンジン）を発明し、それを最初に車両に搭載した人物でしょう。しかし1858年、ベルギー人のエティエンヌ・ルノアールが、実働するエンジンの特許を最初に取得しました。このエンジンは騒音が酷く、もしこれを汎用に使用すればさらに騒音が増すというシロモノでした。それでも彼は、「アメリカン・サイエンティフィック」誌に、「もはや蒸気の時代は終わった」というコメントを発表するよう働きかけていました。

1861年、ドイツのニコラウス・オットーがエンジンを造っています。そして彼は、このエンジンを1876年までに、ガソリンと空気の混合気を、圧縮、点火、燃焼、排気させる、いわゆる「4ストローク」に発展させました。1862年、アルフォンス・ボー・ド・ロシャスは「4ストロークエンジン」に関する最初の特許を取得しましたが、オットーだけが彼の『オットーサイクル』理論をもとに量産を成功させていました。それはルノアールのエンジンよりも静粛で、より効率的で信頼に足り、オットーの特許が、ド・ロシャスに利益を優先させて無効とされるまでの10年間に3万基以上のエンジンを販売しました。

ダイムラーとベンツ

エンジニアのゴットリープ・ダイムラーは、1880年に技術者のウィルヘルム・マイバッハと共に事業の設立を準備する以前、オットーの下で働いていました。また同時に、たった96km離れた地ではカール・ベンツも同じく、ガソリンエンジンに関連して働いていました。彼は1879年に、ごく小さな「2ストローク」単気筒エンジンの特許を取得しており、そのエンジンを3輪車に搭載して、1885年に彼が創作した、初めてのエンジンを動力とする自動車の原型としたのです。後に彼の妻のベルタは、彼の思いを受け入れて、彼の教えを請わず、マンハイムから105km離れたプフォルツハイムまでのドライブを成功させています。ベンツの「パテント・モトール・ヴァーゲン」は、成功を見たにもかかわらず、人間の歩行速度よりもペースが上がらないことから、世間の嘲笑を浴びました。同年、ダイムラーは彼の優れたエンジンを、自転車に搭載しています。この時代に両名は決して出会うことはありませんでした。しかし彼らの名前は1926年、「ダイムラー・ベンツ」の創業のため、最終的には合流したのです。

△ ゴットリープ・ダイムラー家の作業場

ダイムラーとウィルヘルム・マイバッハは、1883年、最初のガソリンを燃料とするエンジンを開発した。このエンジンは後に自転車に搭載され、「おじいさんの時計」と命名された。

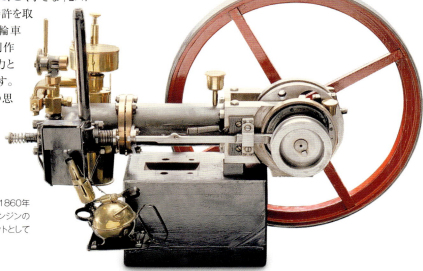

▷ 最初のエンジン

これはベルギー人、エティエンヌ・ルノアールによって1860年に開発されたエンジンだ。400～500基製作されたエンジンの大半は印刷機や工作機械用の据え付け型の動力ユニットとして使用されたが、ごく少数は車両に搭載された。

自動車の発明：1885-1905

クルマはビジネスに

地球全体のコミュニケーションが発達し、自動車への需要が拡大継続するにつれ、新しい自動車技術のライセンスはその所有者が代わり始めました。自動車が一般社会に浸透し始めてからは、フランスが自動車製造業が確立された最初の国となったのです。

企業家が、自動車に利益の可能性を見つけるまでは、馬なしの客車の機能は、辛うじて信頼できるという程度でした。カール・ベンツが、彼のエンジンを載せた3輪車を開発した1885年から僅か5年後、ライバルのエンジンメーカー、ゴットリープ・ダイムラーは、「ダイムラーエンジン会社」(DMG)を立ち上げるための支援を資本家から取り付けました。会社の目的は、基本的に良質なエンジンを製造して販売することでした。そして最初の現地メーカーに対する製造ライセンスをフランスの「パナール・ルバッソール」に与えたのです。

DMGは引き続きライセンスの貸与（販売）を継続しました。1つは「スタインウェイ・ピアノ会社」であり、1つは胡椒ミルと自転車の製造業者である「プジョー」でした。そしてさらに重要な業務の拡大に、ドイツのハンブルク生まれのイギリス人、フレデリック・シムズと共に着手したのです。

△ 1901年
ピエール・アレキサンドレ・ダラック
1904年に「ダラック自動車フランス」は、英国でのライセンス提携会社の設立を援助して、フランス製自動車総数の10%以上を生産していた。

コントロールの掌握

エンジニアのシムズとダイムラーの出会いは、1889年でした。その後シムズは、ダイムラー車1台を英国に輸入しました。そして彼は、1893年までにダイムラーとパナールの自動車の両方を販売するため、「ブリティッシュ・ダイムラー」という子会社を設立しました。ダイムラーが打算的な起業家、ハリー・ローソンと彼の「ブリティッシュ・モーター・シンジケート」にダイムラーの製造権を売った後、シムズはコンサルタントとして雇われ、間もなく英国のコベントリーで自動車の生産を始めました。

シンジケートは1895年に設立され、進化を続ける自動車関連業界に自動車メーカーのトーマス・ハンバーや他にも有名な人物たちを、相当な資金と共に引き込みました。ローソンの目的は英国の自動車製造業の全てをコントロールすることでした。しかし、彼がその野望を成し遂げる前に、彼は詐欺罪で有罪を宣告されたのです。シムズは、成功した自動車産業界での自分の経歴を維持するために会社から身を引いたのですが、ローソンの不誠実な企業は、英国の初期の自動車産業界にダメージを与えていました。

有用な存在としての自動車

一方、ドイツとフランスでの産業は繁栄していました。ドイツで形成された自動車のコンセプトが実用性を確立する間、それをさらに推し進めて普及させたのはフランス人でした。1896年に造られたアーマンド・プジョーの工場は、1913年までにはフランス最大の自動車メーカーとなり、年間に1万台を売り上げるまでに成長していたのです。

車両の設計により大きな影響を及ぼしたのは、友人のルネ・パナールと共にダイムラーエンジンのライセンスで自動車を製造していたエミール・ルバッソールでした。彼らは1890年までにはダイムラー車を造っており、1888年のダイムラーとプジョーの出会いには最初から関与していました。ルバッソールは、エンジンを後ろから前に移動さ

▷ 設計の革新
フランスの技師、エミール・ルバッソールとルネ・パナールは自動車開発ではカギとなる人物だった。彼らのこのガソリンで動く「2頭立ての4輪馬車」は19世紀後半の、技術の変換点を証明するものだ。

フレアー型のマッドガード
磨かれたボディと一体式

ギアレバー
ステアリングコラムに接続

エンジンは直立2気筒

◁ 1904年
ダラック 12馬力
このダラックの車両は、1905年にロンドンに輸送されていたもので、1953年の映画「ジュヌビエーブ」において最終的には名声を得た。物語の中、「ロンドン～ブライトン旧車ラン」のシーンで、旧車を代表するような形で登場していた。

クルマはビジネスに | 19

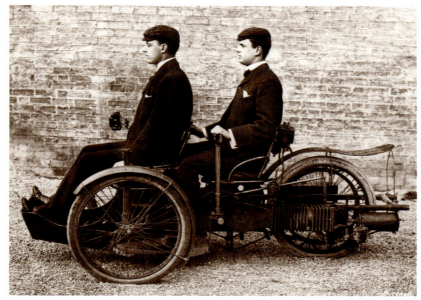

◁ 革新のデザイン
独創的な3輪のコンパクトカーは、「レオン・ボレー自動車」の特許で造られたもの。運転席にはルイ・ポールが座り、後席にはチャールズ・ロイス(「ロールス・ロイス自動車」の共同経営者)が座っている。

せ、車両の鼻先に設置したラジエーターでこれを冷却し、クラッチとギアボックスとエンジンを組み合わせて接続させるなど、車両の機構を最大限に進化させました。そしてルイ・ルノーは、後輪の駆動にプロペラシャフトとデファレンシャルギアを介して効率を大幅に向上させました。これらの重要な開発は、これまでになかったほどの急進的なもので即座に採用されました。結果は、自ずと「エンジン付きの乗り物」から「自動車」へと変貌したことで現れています。

初期のフランス車の勝利は、これで終わりではありませんでした。プレイボーイで熱狂的自動車ファンであるド・ディオン侯爵は、エンジニアのジョルジュ・ブートンと組み、1893年に自動車の製造を始めました。そして、「ド・ディオン・ブートン」は1900年、世界最大の自動車メーカーになったのです。その前年、同様にルノー兄弟も彼らの名前を冠した会社を設立しています。繁栄は持続していたのです。

初期の頃から自動車業界を支配したにもかかわらず、1920年までにフランスは、アメリカに世界最大の自動車生産国の座を奪われてしまいます。1908年から1927年までに、ヘンリー・フォードの大量生産モデル「T型フォード」の生産台数は1,500万台に達し(p52-53参照)、この逆転の要因としたのです。フォードが成功した自動車ビジネスを築き上げるまでには、3回のチャレンジを要していますが、彼の取り組みは世界を変えたのです。

> "車にはね、
> 古臭い愛のような
> 故国はないのだよ。
> 簡単に国境を
> 越えてしまうからね!"
>
> イリア・エレンブルク 「THE LIFE OF THE AUTOMOBILE」より

主要な開発
君は車と呼び、私は自動車と呼ぶ

「オートモビル」も「ビキュール・オートモビル」も、1895年頃、これまでの「ロコモービル(蒸気車)」に代わり、フランス人にとって一般的になった単語である。しかし英国では、「モーターカー」か「オートカー」が頻繁に使われていた。「オート」という単語は、元々はギリシャ語の「自己」を現わす単語から生じたもので、「モービル」の方はフランス語の"引っ越し"からきた造語だ。

自動車(カー)に対する語源学は遠く1300年前に遡るのだが、その当時には英語のフランス語方言で「carre」という単語が車輪の付いた乗り物や戦車という意味で用いられていた。そしてアメリカでは、「カー」は線路を走る車両を意味していたのだが、1899年に「ニューヨークタイムズ」がその単語を論説で「オートモビル」と呼ぶよう強固に主張して、一般的になったのである。

世界初の自動車は、ニコラ・ジョセフ・キュニョーが1770年に製作した「キュニョーの砲車」だ。現在はパリに収蔵されている。

▽「La Mouche（蠅）」 1900年
芸術家フランシスコ・タマーニョ作の、アールヌーボーの自動車広告には、その当時の時代的な特徴のもとに、道路交通の自由闊達さと、うきうきした気分が描かれている。クラクションとヘッドランプにも注目！

道路上の自由

極初期の自動車は、それらを買う余裕のあった人々に自由な行動を保証するものではありませんでした。そして自動車を自由に走らせるため、かなりの代償を支払ってきました。一方、立法府としては、時として自動車の進歩にはついてはいけなかったのです。

当の意味での自動車は1880年代までは登場しませんでしたが、動力を備えた路上を走る車両という意味では何十年も前から存在していました。それらは大きくて嵩張る乗り物でした。蒸気自動車が良い例でしょう。

英国の道路網は、大規模ではあるものの路面の整備は不完全で、事故や馬を怯えさせる車両の存在が日常的な問題となっており、それらが契機となって機械化された車両を管理するため、3つの「機関車に関する法規」が制定されたのです。

解放の時代

1896年、英国の「自動車法」が緩和された時、自動車乗りたちは盛大にこれを祝いました。このようなおかしな法が緩和され、新世界が開かれたことに敬意を表して、「自動車クラブ」はロンドン〜ブライトン間の「解放ラン」と呼ばれた走行会を企画したのです。これには30人の自動車乗りたちが参加し、このイベントは今日まで「ロンドン〜ブライトン・ラン」として続いています。

参加者のウォルター・アーノルドは、この旧法規の下、パドックウッドの目抜き通りで時速13kmに達するスピードを出して、世界初のスピード違反チケットを切られる栄誉を得ました。彼は罰金を科した警官に、自転車で追いかけられたのです。

そして法規が平穏に推移したほんの数週間後、哀しいことにプリジッド・ドリスコルは、ロンドンのクリスタルパレスの路上で、自動車に衝突されて英国初の路上での自動車事故死者となってしまいました。彼女の事故の死因審問で検視官は、「この出来事が決して繰り返されない事を望む」とコメントしたのです。道路の"解放"の、高い代償でした。

◁ **車で走る権利**
ドロシー・エリザベス・レビットは、1905年7月21日に開催された「ブライトン・モーター・スピード・トライアル」に、ネイピアー80hpに乗って出場。

道路上の自由 | 23

◁ **一般公道**
「英国自動車クラブ」の秘書、チャールズ・マクロビー・ターレル（左）と、「ロンドン〜ブライトン・ラン」の主催者、ハリー・ジョン・ローソンが、赤旗の介添えなしに運転する権利をエンジョイしている。

　危険にもかかわらず、自動車は1900年には急速にその"時代"を確立していました。クロード・ジョンソンは"馬を必要としないクルマ"を広く一般に認知させようとの目論見で、その信頼性のテストのために英国中を旅する「1,000マイルトライアル」を計画しました。

　1903年までに、自動車は時速32kmを出せるようになっていました。そして運転には免許証が必要で、年齢は17歳（オートバイは14歳）以上と決められてはいましたが、免許のための試験はありませんでした。そして、自動車はナンバーを登録し、ライトを装着した上でブレーキテストをし、さらには"警笛"の装着も義務付けられていました。

自動車時代

　自動車の価格は法外に高額であったため、当時は"特権階級の持ち物"でした。しかしながらアメリカでは、最初の大量生産技術への挑戦が、ランサム・オールズにより、彼の「1901年型オールズモビル・カーブドダッシュ・ランナバウト」の製作で試みられました。そして、1907年から生産が開始されたヘンリー・フォードの有名なT型から始まる、これまでの自動車の数分の1という製作費と、それによって引き下げられた価格での販売により、大量生産技術は完璧に仕上げられたのです。

　20世紀が進行するにつれ、何千という人々が自身にとっての最初の自動車を手に入れました。即座に移動できる機動性を手に入れ、どこに住んで、どこで働き、どこでレジャータイムを過ごすのかという事に、自動車は変化を与えたのです。また、1909年までに英国では、車両やガソリンに対する課税を導入しました。これには若干の反対もありましたが、税金は、歩行者や運転者をイラつかせていた轍や埃の山のような、まるでダートトラックそのもののような道路の改善に使われました。

ドライビングのヒロイン

　初期の、競争心の強いドライバーの中にドロシー・レビットがいました。恐らく彼女は、レーシングドライバーとなった最初の女性です。ネイピアー自動車会社で秘書として働く彼女は、ほどなくして1903年の「サウスポート・スピード・トライアル」にエントリーし、出場したクラスで優勝。格別な選手であることを証明したのです。伝えられるところによれば、彼女はハードなレースで知られる「ワイト島」で勝利した最初の女性でもあります。その後、1905年、彼女はロンドンからリバプールまでを走破。そして、愛犬ドードーを伴い、リボルバー拳銃を携えて2日間で戻るという、女性ドライバーによる連続走行距離の記録を打ち立てました。「女性の車に乗る権利」への先鋭的な提唱者レビットは、「ブルックランズ・サーキット」が1907年にオープンした時には、走行を禁止されました。翌年には女性による、このバンクがあることで有名なサーキットの走行は解禁されたのですが…。けれども究極的には、彼女は一連の世界レベルの自動車競技に出場し、パワーボートのパイロットとなり、最初期の飛行機数機の操縦も経験しています。

◁ **1896年。ブライトンへの到着**
1896年、「自動車法」の緩和を祝い、先駆的な自動車がロンドンからブライトンまで、多くの観衆に見守られながら走行した。

> ### 運転するということの人生
> **法律の限界**
>
> 1865年に英国議会が導入した3つの『ロコモーティブ・アクト』では、一般公道上での動力車のスピードを時速6.5kmに制限すること、市街地では時速3.2kmとすること、そしてそれらの車は、先方を赤い旗を持って歩く人間の後を走ることが規定されていた。この通称『赤旗法』は風刺のネタにされ、1896年に廃止された時、自動車狂の連中は盛大に祝ったものである。
>
>
>
> 愛国心を誇示する歩行者の同伴がなければ、英国の自動車乗りたちは、車を走らせることも出来なかったのだ。

ガソリンの勝利

先駆的な初期の自動車の何台かは、蒸気または電気による動力を使用していました。しかし、20世紀前半の数十年の間に、これらの動力は、技術的により高級なガソリンを燃料とするエンジンに追い抜かれてしまったのです。

ドイツの技術者、カール・ベンツが1885年、最初のガソリンのパワーで動く自動車を公開した時、蒸気自動車は既に数十年の遅れをとっていました。

先駆的設計

乗客を運ぶための蒸気動力の車両は、19世紀初頭から路上を走っていました。しかしそれらは、鉄道による大量輸送によって絶滅させられてしまったのです。1880年代遅くまで、特にフランスにはセルポレやプジョー、ド・ディオン・ブートン等のような蒸気自動車の大きな産業がありました。そしてある時点において、アメリカにはオールズモビルを含む125もの蒸気自動車メーカーがひしめき合っていました。

これらの蒸気自動車は、一般に初期のガソリン車よりも信頼性が高く、スタートがより容易でした。火を起こすのに最長30分も要してはいましたが…。そして、1902年には、アメリカ人は実際にガソリン車よりも多くの蒸気車を買っていたのです。そしてその頃までは、同じように電気自動車も、滑らかなパフォーマンスと、時としてより大きな信頼性を理由にかなりな進撃を見せていました。実際、1910年代にはアメリカにおける自動車販売数のおよそ40％を電気自動車が占めていたのです。そして電気自動車と蒸気自動車は、世界最初の最高速度記録を保持していました。「ジャントー」の電気自動車は、1898年に時速63kmを記録。そして1900年までに、それは時速106kmに到達しています。1902年には、ガードナー・セルポレの"イースター・エッグ"号なる蒸気自動車が時速121kmを記録。しかしこれは、1906年にアメリカ人のフレッド・マリオットが彼の蒸気駆動による"スタンリー・ロケット"号で時速204kmを叩き出した時に更新されてしまいました。翌年、彼は同種の車で時速240km近く出していた時にクラッシュしましたが、無事に生還しています。

電気の革命

1900年代が進みゆく中、ガソリン車も性能を上げて、価格も安くなってはいました。しかし、蒸気自動車と電気自動車もそれぞれに、市場における適所を作り出していました。アメリカには、1912年までに124の自動車メーカーがあり、電気自動車製造の中心地でもあったのです。1907年に製造を始めた「デトロイト・エレクトリック」社は、その年に13,000台を製造してピークに達していました。電気自動車は都市部で特に人気が高く、そこでの

△ 電気自動車
この1899年のフランスのポスターでは、この車が電気自動車であることも含めて、車の細かい造り込みの良さを宣伝している。しかし今日の電気自動車は、ちょっと時代の先を行くドライバーのための、選択可能なオプションの1つでしかない。

"ブンブンとも
ギシギシとも言わない。
電気とはそういうものです。"

トーマス・エジソン

ガソリンの勝利 | 25

電気自動車の許容充電間隔は130〜160km。都市部でのユーザーの走行範囲はそれよりも短距離であり、距離制限は大した問題にはならなかったのです。サンフランシスコのような市街地では、赤ちゃんの分娩を担当するような医者は特に、患者への対応に間に合う可能性が高かったため、ガソリン車よりも電気自動車の方を好みました。

電気自動車は同様に、アメリカの都市部に住む裕福な女性たちに人気がありました。ガソリン車は排気ガスの充満対策で屋根がオープンになっていました。これに対し電気自動車は、排気ガスがゼロのためキャビンを閉めておけたのです。この造りは、貴重品の保管に大いに役立ちます。電気自動車の女性オーナーの何人かは、家にお抱え運転手を残したまま自分自身で運転しては、友人たちを集めた社交の場に出かけて行きました。これは、自分たちの私的な会話を楽しみたい彼女たちが、会話の内容を詮索好きな夫へお抱え運転手に報告されるリスクなく楽しむためでもありました。

これらの車は、馬車にとって代わろうとしていました。何人かの企業家は厩舎を持っていましたが、不要になったその場所を、バッテリーを夜通しで充電するために、電気自動車用のガレージに造り替えています。しかしながら、その鉛と酸からなるバッテリーはかなりの重量がありました。電球の創造者であるトーマス・エジソンは、軽量なニッケルと鉄のバッテリーに投資したのですが、この軽量化はより多くのコストアップを招きました。「デトロイト・エレクトリック」社は、エジソンバッテリー1つのために、600ドル以上の開発コストをかけています。

こうして、電気自動車と蒸気自動車のコストが嵩んでいく一方、ガソリン車は運転がより一層容易になり、より高い信頼性を備えていきました。またガソリンを給油し、整備する場所はなお一層普遍的になっていました。

ガソリンが追い越す

1912年、エレクトリックスターターを備えたキャデラックのガソリン車の登場は、蒸気自動車、電気自動車に強いプレッシャーを与えました。それから間もなく、エレクトリックスターターはごく普遍的な装備になっています。ガソリン車は水が温まるまで待つ必要もなく、バッテリー充電にかかる時間も要らずに素早い燃料補給が可能になったことで、不利な点は何もなくなったのです。ヘンリー・フォードの考案した大量生産システムのお陰で、ガソリン車はさらに安い価格となっていったのですが、その生産方法は蒸気や電気の自動車の生産法とは何ら一致するところはありませんでした。フォードは、1909年に1台当たり850ドルかかっていたコストを、1925年には260ドルにまで下げることに成功し、何千台ものT型のガソリン車の製造に結びつけています。しかし、蒸気自動車と電気自動車はその効率的な利益があるにもかかわらず、販売競争でガソリン車には太刀打ちできず、製造業者は衰退の道をたどっていったのです。

◁ 1894年、ド・ディオン・ブートンの蒸気自動車

フランス車のパイオニアが2番目に造った蒸気自動車は、馬と、馬が引く車からインスピレーションを得ていた。後の設計では速く、そして洗練されていて、さほど扱いにくくはなかったのである。

◁ セルポレのイースター・エッグ号 1902年

この奇妙な乗り物は、不幸なる記録更新車だ。1902年、時速121kmを記録して世界最速の自動車となるが、その記録は他の蒸気自動車にすぐ塗り替えられた

運転技術
バーシー・タクシー

馬の力に頼らない最初のロンドンタクシーは、電気を動力としていた。創始者であるヴィクトリア時代の企業家ウォルター・バーシーの名前を付けられたタクシーは、1897年に仕事を開始した。これらの時速14.5km車は12台造られ、それらは黄色い車体に黒い運転者の制服と、独特な音から"ハミングバード(ハチドリ)"と呼ばれていた。しかしながらそれらの車は、内部の電気式のライトによって明るく、ゆっくりと進行するため、ちょっと気恥しい乗客は外から見られることに抵抗があり、その後2年間の収支の問題と信頼性問題から絶滅してしまった。

バーシータクシーは黄色と鮮烈な黒で、すぐにそれと分かった。

車輪を動かすために | 27

車輪を動かすために

最初期の自動車には、現代のドライバーに馴染みのあるインターフェースはごく僅かしかありませんでした。先駆的な自動車乗りたちは、車を制御する複雑な組み合わせをマスターしなければなりません。しかし多くの人は、これらの技術的な問題を専門家に委ねてきたのです。

　最初期の車の多くには、ステアリングホイール（ハンドル）が付いていませんでした。ステアリングコラム（シャフト）の一番上には、レバー以外は付いていません。このボートの舵のようなレバーを操作して、車を操縦したのです。他の操縦装置も、現代の車を見慣れた目にはどれも様子が違うことでしょう。例えばブレーキは、馬車のそれのような長いレバーを引いて操作しますし、2つのギアレバーも目に入るでしょう。1つは駆動を繋げるためのもので、他の1つはそれを選択するためのものです。

　軍用ラッパのように、真鍮パイプの先が広がったチューブ状のホーンの端にはゴムボールが付いていて、運転手はこのボールを握って音を発し、道路にいる他の人々に注意を促します。道路を照らす役割は、車体に取り付けたランプが担います。このランプは、かなりの量のカルシウムカーバイドに本体上のタンクから水を点滴し、発生させたアセチレンガスに火を灯して使用します。

　運転手と乗客は、車に屋根が装備されていなかった時から頑健でなければなりませんでした。そして折り畳み式の屋根が装着された後も、基本的には…、そのようでした。ダッシュボードも、屋根と同様にオープンでした。それは、精密機器が水による被害に弱かったことを意味しています。目視によってエンジンのオーバーヒートを見張ることは、初期の車では大事な心得でした。この気まぐれな要素は、短距離を走る場合でさえ同様です。

　運転教習ということになると、あなたは独り立ちしています。つまり、あなた任せということになります。車のオーナーたちは当時、専門のお抱え運転手を雇うことを望む場合が多かったのです。代わりにいつかは、自動車製造会社で訓練された使用人（運転ロボットもしくは自動運転車）があなたの車を運転するでしょう。とは言っても、ペダルコントロールをマスターすることには難渋しました。しかし、アクセル、ブレーキ、クラッチの3つのペダル操作がどれだけ難しかろうと、最終的にはドライバー自身がそれら3つに関連した「ペダル上のダンス」に順応したのです。

◁ 初期の「パナール・ルバッソール」の操作機器
1903年に撮影された10馬力『パナール』は、初期の自動車のパイオニア、チャールズ・スチュワート・ロールズが所有したもの。ほとんど用をなさないクラクション、外付けのブレーキレバー、バッテリーパワーによるヘッドライト、そしてペダル類が優れた特徴とされる。

28 | 自動車の発明：1885–1905

▷ **旅行の服装**
1900年代初期、運転用の服を着た裕福な紳士が、革張りシートの車で写真用のポーズを決めたところ。

カーブド・マッドガードは車自体と運転者を水と小石から守る効果がある。

木製のホイールスポークは初期の自動車の典型だ。

△ **ド・ディオン・ブートン　8hp　モデル0，1902年**
このフランスの主導的メーカーは、ボートの舵風のステアリングよりもむしろ、エンジンを前方に搭載することにこだわり、この入門用モデルの設計を一般的な傾向のままとした。

金持ち用の自動車 | 29

籐の籠はストラップで車体外側に取り付けられる。

頑健な造りのステアリングは、デコボコ道に有効。

タイヤは空気式、ソリッド、またはそれら両方のコンビで使用可能。

△ キャデラック モデルA，1903年
ヘンリー・リーランドは、彼所有のキャデラックブランドで毎年、4人乗りの単気筒自動車を何千台も販売していた。彼らは研究し、簡素な設計を心掛けていた。

水平マウントのエンジンは、車の重心を低くしている。

△ ウーズレー 6hp,1904
ウーズレーのためにバーミンガムでハーバート・オースティンによって設計された、丁寧な造りの単気筒車。控えめな714ccエンジンがフィーチャーされていて、時速40kmをマークした。

金持ち用の自動車

こ のページの上に掲載した自動車が相次いで発売された1901年から1904年の間、新車に乗るためには、当時のごく普通の会社員にとって年収の5年分相当の金額が必要だったと思われます。だから自動車に乗ることは、よほどの大金持ち以外、普通の市民たちにとっては出費可能な限界を大幅に超えていました。例え所有者であったにせよ、そのほとんどが家族の郊外での行楽での使用を想定しているのであり、とてもではないが、車を日常的に使うという訳にはいかなかったのです。大抵の車は屋根がオープンになっていて、風雨に曝されるものでした。しかし、車でその辺の田舎を"小探検"することは、爽やかな娯楽であったに違いありません。この時、ドライバーと乗客は双方とも、その地方の天候に対応する適切な"正装"をせねばなりませんでした。しかしながら、心地良く快適なパッドが張られた革製のシートは、高慢な繁栄の象徴と、贅沢な排他性を浮き上がらせていたのです。

◁ エドワード7世王とダイムラー
英国王室が、1900年にコベントリーで製作されたダイムラーを買った後、英国の上流階級や地主たちが自動車に熱を上げたのだが、これには自動車に王室が裏書を与えたことが大きな要因となっている。また英国王室は、皇太后のお蔭で20世紀を通じ、ダイムラーの忠実な顧客となっていた。

"スピードを出してのドライビングは、かつて経験した中でも決して忘れ得ない"強壮剤"である!"

ドクター、F.W.ハッチンソン 「健康と自動車」誌 1902年

△ 1903年の恐ろしい事故
モータースポーツへの当初の熱狂にもかかわらず、いくつかの初期の自動車レースは悲劇的な結末を迎えた。1903年の「パリ～マドリッド」レースは、3人の観客と5人のドライバーが死亡するという、恐らくこれらのレースの中でも最悪なものであった。この絵はフランスの新聞、『ル・プチ・ジュールナル』に掲載されたもので、事故の1場面を描写している。レースの死者のうち、マルセル・ルノーはルノー自動車の創立者であった。この結果を受けてフランス政府は、全ての公道レースを禁止するとの反応を示した。

自然条件に対する防護

車で走ることは、先駆的なドライバーにとっては確かにスリルに溢れていたことでしょう。しかし、例えそれがどんな距離だったにせよ、ドライバーとその同乗者にとっては、クルマと人間の耐久テストも同然だったのです。

自動車が登場した初期の頃は、道路に関してただちょっと進歩させるだけでも、それは業績と呼ぶに値しました。たとえ自動車の機械的な故障がなかったとしても、雨が降ればドライバーは水浸しの沼に車輪を取られたり、時にはパンクさせられたりというような、質の低い道路が原因で負傷させられる可能性が高かったのです。当時の馬や手押し車、歩行者のために設計されたほとんどの道路は、自動車に対しては充分な機能を持ってはいませんでした。20世紀の初めには、フランスだけが新しく舗装（砂利を敷いた）された広範囲な道路網を持っていました。北アメリカでは、1903年までに全道路の10％以下がようやく舗装されました。が、それよりむしろ、最も初期の日々、ヨーロッパとアメリカの大部分で自動車乗りたちは、道路の岩や木の根っこ、そして敵対する地元民と戦わねばならなかったのです。初期の自動車乗りたちは、しばしば悪い路面によって引き起こされるトラブルで、タイヤの交換に悩まされていました。1888年のダンロップによる圧縮空気が充填された自転車用タイヤの発明に続き、アンドレ・ミシュランは1895年、同様に圧縮空気が入った自動車用タイヤを開発しました。そして大多数の自動車乗りたちは、この新しいタイヤを導入して、ソリッドタイヤを禁止する法規の制定を早めたのです。チューブレスタイヤは、1903年には特許取得済みでした。そして、取り外しが可能なリム（ホイール）が1年遅れて発売され、自動車乗りたちは道路脇でパンク修理が出来るようになったのです。

快適さと防護

自動車はほとんど、ドライバーを雨風から防御はしてくれません。ドライバーたちにとって天候は、ある意味で賭け同然でした。ドライバーと同乗者は自ら、寒さや風雨、日照り、埃等から身を守らねばならなかったのです。多くの初期の自動車は、快適性のための装備によって自動車を単なる動かない物体に替えてしまうリスクを負わせないため、最低限度のパワーウェイトレシオ（馬力対重量比率）を保っていました。しかし、自動車人気が高まり、よりパワフルになると、快適さと便利さがますます追求されるようになってきました。ドライブの後、とりわけ故障やパンクによって日中の時間を食われ、旅が長いものとなってしまうため、周囲が暗くなるにつれ照明の必要性がますます高まってきたのです。最初は、馬車に使用していたローソクのランプが試されました。しかし、これを自動車で用いるには、時速16kmで走っている時でさえ明るさが不充分でした。そして、化学反応によって自己発光するアセチレンガスのランプが効果的であることがわかってきました。最も古い電気で点灯するヘッドライトは、1898年、アメリカ、コネチカット州の「コロンビア電気自動車」に装備されたもので、他方、「ピアレス」は1908年型のモデルに標

△ 雑誌のイラスト、1904年
主人が気持ちの良いキャビンに座っている間、お抱え運転手は冬の嵐に耐えている。

△ 自動車用ゴーグル
フロントガラスが装着される以前、ドライバーは巡航速度で走っている間中、自分で目を守る必要があった。ゴーグルはその明確な答えだ。

自動車乗りのパイオニア、C.S.ロールスが1903年型パナールを運転している。大径ホイールは当時の常識であった。

発展のカギ
大径ホイールと最低地上高

初期の自動車デザインと、近代的なデザイン間の目立った相違点の1つが、大径ホイールと高い地上高の流行だ。空気入りのラバータイヤのクッション効果は、未舗装の初期の道路への対応には充分ではなかった。そして多くの人里離れた小道では、例えもともと悪い道路だったにせよ、天候と交通がたやすく道路の表面を手ひどく荒らしていたのである。そして轍や穴、石などを乗り越える地上高を得るため、大径ホイールで車高の高い車に乗ったのだが、これらは当時、サスペンションシステムのごく自然なテストともなっていた。しかし、より大径のホイールの車であっても、埋まった車を掘り出す道具を携帯していることが勇敢な自動車乗りにとっても必須事項だったのだ。

自然条件に対する防護 | 33

◁ 初期の防護
C.S.ロールスが彼自身の最初の車、初期のプジョーに乗っている。彼がこれを買ったのは18歳の時だ。屋根と垂直に建てられたフロントガラスは、時代遅れのデザインにもかかわらず乗車する者の保護にはいくらかの役には立っていた。

準装備としています。最初のヘッドライト、サイドランプ、テールランプの3点セットは、「ポッキー自動車用電気照明シンジケート」が1908年に発売。そしてキャデラックは、1912年、車両用の配線ハーネスを開発し、点火装置と組み合わせた「デルコ・システム」を標準化しています。ダイナモの発電により、タングステン電球に電気を供給するのです。この類似のシステムは、1年後にヨーロッパメーカーの自動車にも採用されました。そして1912年までには、電気は既にガスにとって代わっていました。例え明るい陽射しの下でさえ、ドライバーが吹き付ける風の中に顔を晒されていたため、周囲の視界をクリアに保つことは極めて重要なことでした。最も初期には、これはゴーグル（左端参照）をかけることで解決していました。しかし、家庭の板ガラスが車の風よけに使用されるのに、そう長い時間はかかりませんでした。これらは大抵が2ピース構造で、その上部が汚れたらすぐに折り畳むというシステムです。フォードは、850ドルの1908年型T型に対して、ウィンドスクリーン、スピードメーター、ヘッドライトの3点をセットにして100ドルのオプションを用意しました。一方、オールズモビルは1915年に、屋根とフロントガラスを最初に提示したのです。

▽ 泥の中での立ち往生、 1903年
アメリカの2人の自動車乗りが、車を泥沼から出そうとして、丸太をテコにして奮戦している。濡れたコンディションでのアメリカのダートロードは、ドライバーにとってはすぐにやってくる危険だ。

"速やかに、タイヤ交換の準備をしておきましょう！"

1900年代初期のファイアストンタイヤの広告

手による組み立て

工場が大規模になる前の時代のこと。初期の自動車メーカーでは、製品の全てを人の手によって組み立てていました。売れる製品を創り出すことにより、技術革新とのバランスをとることは微妙な問題でした。しかし、先駆的な実業家と言えども、そのほとんどが先頭には立ちたがらなかったのです。

△ ハーツの自転車と自動車の宣伝ポスター
ハーツは他社と同様に、自動車生産にも手を出してきたフランスの自転車メーカーだ。1896年にはライセンス生産でコピーした自動車がゴールドラッシュを巻き起こした。

1895年以前、ドイツとフランスのエンジニアは以前のモデルに対し、主に実験的とも言えるごく僅かな改良のみを施し、完全に手作りの1台限定で、ごく少数のニューモデルを造り出していました。

フランスの会社、「パナール・ルバッソール」は、ゴッドリープ・ダイムラーからエンジンに関するすべてのライセンスを買った後、1892年、最初の組織的な製造業者となっています。その賑わっているパリっ子の仕事場で造られた金属部品は、部分、部分で組み合わせられました。そして1894年の終わりまでには、その製法により90台の自動車が造られたのです。同様に350基のエンジンも製作されました。そしてその内の若干は、モンベリアールのプジョー・ファミリービジネスのライセンスの下で生産されたものでした。プジョーはそれまで、何十年間も胡椒ミルやコーヒーミル、ノミ、自転車等々、家庭用耐久消費財の製造をしていました。アーマンド・プジョーは、1892年に29台、1898年に156台の自動車を製造することを決心します。工場の場所と、大量生産のノウハウから、プジョーは大変に有利なスタートを切っていました。部品は鋳物工場で造られ、働くスタッフは個別に自動車を組み立てていたのです。一方、アメリカではチャールズ兄弟とフランク・デュリアが10台の車を製造して、アメリカでの商業的な自動車生産を始めていました。

スロースタート

車体フレームは組み立てて、あるいは組み立ての"セッティング"をした後、初期の工場では半製品のままに置かれました。車体回りの作業、シート、装備品等は、いわゆる"コーチビルダー"と呼ばれる外部の会社に任せ、それぞれをオーダー主向けに個別に仕上げるという、それまでの馬車の製造と同じ方式でした。しかしながら、個別の組み立ては生産量の限界を意味していました。アメリカの製造業者、ランサム・E・オールズはこれを理解し、固定された作業台で組み立て係に届けられた部品を繰り返し同じ作業で組み立てるという、最初の生産ラインに関する特許を取り、彼の『オールズモビル・カーブドダッシュ』というモデルの製作に結び付けたのです。これが本当の意味での最初の大量生産車でした。これにより生産量は1902年の425台から、1905年には5,000台にまで急増したのです。

主要な出来事

- **1892年** 木工用機械のエンジニアだったルネ・パナールとエミール・ルバッソールが、まず車を造ることで自動車会社を設立し、継続して自動車を生産する最初のメーカーとなる。
- **1896年** 英国のダイムラー社が、コペントリーの製粉工場だった場所で会社を設立する。
- **1899年** プジョーがオダンクールに専用工場をオープンし、300台を生産。これはフランス全メーカーの年間生産量の1/4にあたる。
- **1899年** カール・ベンツの会社、ベンツ&Cie（会社）は、年間572台を生産し、世界最大の自動車会社となる。
- **1899年** フィアットがイタリアにて創立。FIATの頭文字＝Fabbrica Italiana Automobili Torinoは、「イタリア自動車製造会社・トリノ」という意味。
- **1899年** アメリカの「Winton Motor Carriage Company（ウィントンエンジン馬車会社）」は、国で最も売り上げが良かった会社として100台を納車。
- **1900年** 新世紀が到来した時、世界中には209の自動車メーカーが実働していた。
- **1901年** ミネソタ州ランシングの、ランサム・オールズの工場が火災で全焼。彼の斬新さの1つは、大量生産の技法にあった。

王室は1899年、自動車発明家として指導的な位置にあるカール・ベンツの会社を創立した。

◁ オールズモビル・カーブドダッシュ　1901年型
1組のカップルがアメリカでカーブドダッシュを乗り回している。彼らの座るシートの下には5馬力エンジンが鎮座する。

手による組み立て | 35

△ シャーシを塗装するペンキ職人たち。1904年、ドイツ、シュトゥットガルト近郊のウンターテュルクハイムのダイムラー工場での1コマ。

信頼性への
試練

長距離走行での信頼性を争う競争は、最新の車が馬車に
とって代わって存続可能かどうかという、心配するまでも
ないことを実証するための初期の方法でした。

パリの新聞、「ル・プティ・ジュルナル」は1894年の夏、「馬なし客車」による最
初の競走大会を計画しました。100以上もの申し込みの中には、圧縮空気、油
圧、均一な重力によって動かされると主張する車もあり、それらも大多数の蒸気
自動車かガソリンエンジン車と一緒に受け付けられました。そして結局、その内
のたった26台が予選会に参加。それは、パリっ子が決勝レース前の3日に渡り、
郊外に旅行するといった雰囲気でした。それぞれの参加車は、3時間以下で
48kmの予選用ルートを走破しなければなりません。

21名の予選通過者は、126km北のルーアンに向かわされます。フランスの上
流階級者であるコント・ジュールスと、自動車の製造業者であるアルバート・ド・ディ
オン組は、蒸気自動車でガソリン車のプジョーとパナールの前を行き、7時間を
わずかに切るタイムで1位フィニッシュしました。しかしド・ディオンの蒸気機関は、
ボイラーの番をするための釜焚きが必要でしたから、連続的にそれを使いこな
すことは難しいと考えられていました。そして結局、主だった賞はリードしている
ガソリンエンジン車の間で占められたのです。

1900年に行なわれた、なお一層先鋭的な「1,000マイルトライアル」は、英国
での自動車競技の始まりであったことを意味しています。それは「自動車クラ
ブ」（AC）によって組織化され、そのクラブも数年後には「ロイヤル・オートモビ
ル・クラブ」（RAC）に発展しています。60台以上の「馬なし客車」が、4月23日の
St.ジョージス・デイにロンドンを出発しました。旧い馬車道をまっしぐらに西のブリ
ストルに向かい、その後北に向きを変えて南部を冒険する間もなく後にして、遥
か彼方のエディンバラまで進んだのです。全ての街において、熱狂した地元民
たちが驚きの眼で自動車を注視しました。その多くの人々は一度も、「自分で動
く車」を見たことがなかったのです。

3週間の間、ホコリ、泥、パンク、危険への遭遇などによって叶わなかった、シャ
ンパン付きの朝食や、心からのディナーが上流階級のメンバーによって振る
舞われ、比類なき46人の出走者が首都ロンドンに帰還したのは注目に値しまし
た。（間もなく「ロールス・ロイス」で有名になる）チャールズ・ロールスが乗った
パナールは、レース中に行なわれたスピードテストやヒルクライムにおいて上々
のパフォーマンスを発揮し、最高性能車として金メダルが与えられました。

▷ 1,000マイルトライアル
このレースは自動車の持つ、長距離ドライブでの可能性を英国で最初に公開し
たデモンストレーションでもあった。

"貧相な品質は、その安値が忘れられた後も、ずっとついて回るのさ!"
チャールズ・ロイスの言葉より

大陸横断

20世紀の初めには、自動車はまだ"珍しいもの"として見られていました。しかしながら、「大陸横断」ドライブが最初に成功した1903年には、輸送手段として初めて真剣に受け止められたのです。

1903年、自動車は大多数の人々にとって、金持ちの"機械化"されたオモチャ以外の何物でもありませんでした。まず、走らせる場所がなかったのです。アメリカ広しと言えども、ほんの数ヵ所しか自由に乗り回せる場所はありません。全米の4,200万kmに及ぶ道路の内、舗装されていたのはたった240kmしかなかったのです。それらの道路にはガソリンスタンドや道路標識さえなく、道路マップなぞは当然ありません。もしあなたが路上を走る8,000台の車の内の1台のオーナーだったとしたら、工場からスペアパーツを郵便で送らせ、自らの手で車を修理する機会もあったことでしょう。

自動車が輸送の重要なカギであるかもしれないという考え方は、1903年の春と秋に定着し始めました。自動車による最初の大陸横断を成し遂げるため、2人の男と、後から加わったゴーグルをかけた"バド"という名のブルドッグが、サンフランシスコからニューヨーク市までの9,000kmをどうにかこうにか、ゆっくりと進み始めました。

ジャクソンとクロッカー

ホレイショ・ネルソン・ジャクソン博士という、31歳になる冒険好きなヴァーモントの医者は、「ジェントルマンクラブ」の富豪グループが、自動車をけなしているのをふと耳にしました。で、ジャクソンはやおらそのグループに向かって、50ドルをかけて、「90日以下で国を横断できる」と断言したのです。4日後の5月23日、ジャクソンと21歳になるシューウォール・K・クロッカーという名のガソリンエンジン整備士は、新品同様だが中古の1903年型「ウィントン・ツーリング」という車に乗り、サンフランシスコのマーケットストリートを東の方に下って行きました。

ジャクソンが3,000ドルで買い、「ヴァーモント」と名付けたその車は、スポーティな2気筒車で、ツインキャブ装備のエンジンがシート下に収まっていました。2速のスライディングギアのトランスミッションは、チェーンで後輪を駆動させる方式です。そしてその「ウィントン」は、空いた道路では最高時速50kmで走る性能を持っていました。しかし、故障が噴出し、ジャクソンとクロッカーは最初から不運に付き纏われました。最初のパンクが、旅立ってたったの数時間で起こったのです。ネバダの荒涼として危険な砂漠を迂回するため、ジャ

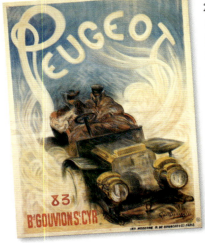

△ プジョーのポスター
1896年以来、このポスターに見られるように、この時代の屋根のない自動車に乗るということは、(特に長距離においては)丈夫なウェアを必要とするアウトドアスポーツだったのだ。

▷ ジャクソンとクロッカー
ホレイショ・ネルソン・ジャクソンとシューウォール・K・クロッカーとブルドッグのバドが収まった写真。太平洋〜大西洋まで横断の前半、1903年、オハイオ州にて。

クソンとクロッカーは旅に1,600kmを追加し、ワイオミングに向かって北に進路を取りました。国の真ん中を通るコースです。そして、鉄道の線路をしっかりとフォローして進みました。

困難と危険

6月23日、「ヴァーモント」は既に1,647kmを走破していました。そして2人が荒れた地形に差し掛かった時、積み荷が転がり落ち、部分的に損傷を受けたのです。さらに川を突っ切っている車に、命を脅かすような脅威が直面しました。2人は滑車を使って車を引き通し、大きな岩を細い山道の方へ人力で動かさねばなりませんでした。彼らはまた、途中のゼネラルストアで燃料とオイルを買ったり、タイヤや他の補修部品を汽車で送らせたりもしました。やがて自動車に、その仕事が時代遅れにされるであろう"鍛冶屋"が、皮肉にも「ヴァーモント」のサスペンションやホイールの修理をしたりもしました。ジャクソンはまた、アイダホ州コールドウェルを前線基地と定め、旅の残りに備えて滞在したのですが、15ドルを支払ってブルドッグのバドのためにゴーグルを買い求めました。後にバドは、これで砂から目を守ることになります。やがて、ジャクソンの進撃の様子が伝わりました。すると「ヴァーモント」の通過する街々では、これまで自動車を見たことのなかった多くの人々が群集となり、道沿いに集まりました。

◁ 初期のガソリンスタンド
1900年代
ガソリンスタンドができる前には、ドライバーは店か、あるいは粗末な道端のタンクでガソリンを買わねばならなかった。

"旅を通し一切文句を言わなかったバドは、我々3人組メンバーの立派な一員なんだぜ!"

ホレーショ・ネルソン・ジャクソン博士

7月26日、日曜日、午前4時30分。「ヴァーモント」はマンハッタンに到着し、オランダハウスホテルの前庭に乗り入れました。この時すでに9,000km以上の距離が「ヴァーモント」の車輪の下を通り過ぎていました。この旅にジャクソンが費やした額は8,000ドル。この中には燃料、タイヤ、部品、食料等の日常物資と、車両の購入代金も含まれています。1903年には、他にも2例の大陸横断ドライブの成功があり、それから間もなく、アメリカ政府は国道の整備に乗り出したのです。一方、自動車はなお一層人々から頼られる存在となり、燃料や部品の入手、修理の依頼等も一層容易になっていました。そして1909年に、アリス・フイラー・ラムゼイが女性初の大陸横断ドライブの成功者となったのです。ジャクソンは、自身の成功した思い出を保存するため、ワシントンのスミソニアン協会に「ヴァーモント」号、バドのゴーグル、そして記事の切り抜きを集めたスクラップブックを寄贈しています。

自動車人生
初期の自動車に要求されること

「ヴァーモント」のような初期の車の運転は、身体的にかなりの負担がかかる。大径のホイールはハンドルを切るのにも奮闘させられるうえ、ドライバーはエンジン、トランスミッション、ブレーキ、燃料、バッテリー等をコントロールするため、一連のレバー類、ペダル、スイッチを抜け目なく操作する必要があったのだ。同時にまた、ドライバーには優れた判断力が必要とされていた。何といってもブレーキが粗雑であったため、車を止めるのには相当な距離を必要としたからである。そしてこの当時の車には、滅多にフロントガラスや屋根のある車は見当たらず、結果的にドライバーは自然条件のなすがままにされたのである。

路面の状態が悪い場合、もし車輪の交換が可能な車だったならば、自動車乗りにとってその交換は不可欠な技能なのだ。

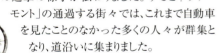

40 | 自動車の発明：1885–1905

ドライビングテクノロジー
キャッツ・アイ

キャッツ・アイ。それは自動車のライトを反射させるために道路に設置された器具で、1933年に英国で発明されたものだ。それは、第2次世界大戦時、敵の飛行機から車の通行が発見されるのを防ぐため、街頭は消され、車は減光を余儀なくされている時に、特に大きな効力があることが実証されたのである。それぞれのキャッツ・アイの内部は、走ってくる車のライトに向かって光が反射するように、後ろ側が鏡のように加工された1対のガラス製レンズであった。それらのレンズはゴム製のハウジングの中にセットされて、走ってきたドライバーがキャッツ・アイを踏み潰した時には、同時にゴム製のブレードがレンズの汚れを拭き取るという仕掛けであった。最新の技術によって、ガラスレンズは太陽光発電を利用したLEDに置き換えられると予想される。

キャッツ・アイは夜間の悪天候時、車線の明示に大きな効力を示している

リヤのミラーオイルランプ

金属のケース
ガラスを保護する部品

電気式サイドライト

電気式ヘッドライト

イエローバルブは、1930年台のフランス車の必需品

スペアバルブ

スペアバルブホルダー

キャンドルランプ

リヤとサイドのオイルランプ

道路を照らす

路上では、自動車乗りの先駆者たちが、油のランプかアセチレンガスのランプを使用している光景を時折見かけたものでした。それらは、1920年代までには電気式のランプに取って代わりました。

ローソクの灯りを利用する乗り物用のランプは、車の隅を照らす以上の能力はありません。道路の前方を照らすため、初期の自動車は油か、またはアセチレンガスを燃料とするランプを使っていました。これらの油使用のランプは、人々が家庭で使っていたらのとほぼ同じで、オリーブオイルかクジラの油を使っていたのです。それらはまた、常に芯の調整や油の継ぎ足しなどの作業を必要とし、もしこれを怠った場合、火は消えてしまいます。その上、悪天候からランプを守る必要もありました。アセチレンランプは、濡れている状態でも燃えてはいましたが、それはそれで欠点もあったのです。アセチレンガスは、ランプ本体の中に入れたカルシウム・カーバイドに水を点滴して発生させるのですが、常にカーバイドを絶やすことは出来ません。そして、常にランプを乾いた状態に保っていないと、嫌な臭いが発生し、火事につながる危険性もありました。

電球は、1900年代の初めから一般には使用されていましたが、電球を自動車に転用するのは、この時点においては難しい事柄でした。油とガスのランプがどうにかこうにか1920年代まで生き永らえてはいたのですが、この間、強力な電気システムが自動車用にも開発されました。そして時を同じくして、現在、ごく普通に使用している"上向き"と"下向き"のビーム切り替えも登場しました。

キャップでフレームへの雨の侵入を防止する

真鍮ボディの内側に、オイルバーナーと芯が収まっている

芯へ点火する際、**フロントレンズ**を開く

ベース
オイルを溜めておく

ルーカスの
オイルランプ

スクリュー
ジェネレーターへの接続ホースをつなぐ

アセチレンランプとジェネレーター

ルーカスのアセチレンリアランプ

アセチレンランプ

ゴードン・ベネット・カップ

世界初の国際自動車レースのシリーズ戦は、ニューヨークヘラルド紙のオーナーによって発案されました。そして市と市、街と街を結ぶ一大叙事詩は、20世紀初頭、世界の自動車生産界をリードする国フランスに独占されたのです。

△ 1903年 カップ戦の勝利者
このポスターは、1903年のアイルランドでのゴードン・ベネット・カップでの勝利者、メルセデスに乗るベルギー人のカミーユ・イェナツィを紹介している。

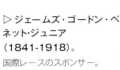

▷ ジェームズ・ゴードン・ベネット・ジュニア
（1841-1918）。
国際レースのスポンサー。

百万長者の新聞社オーナー、ジェームズ・ゴードン・ベネット・ジュニアは、新聞の販売促進の手段として、「フランス自動車クラブ」と協議のうえ、1899年、国際自動車レースにトロフィーを賭ける案をぶち上げました。ゴードン・ベネットのレースは、傑出したシリーズ戦となって、ヨーロッパ全体にトップレベルの自動車レースが広まるという効果を生み出しました。

最初のレース

ゴードン・ベネット・カップは、1つのチームが、それぞれの国ごとに最高3台までの車をエントリーして結成され、勝った国が翌年のレースを開催するという国別対抗の競技でした。しかし、1900年に行なわれた最初のレースは出場者が少なく、盛り上がりに欠けた幕開けとなりました。

ヨーロッパ最大の自動車生産国であるフランスは3台の車をエントリーし、アメリカから2台、ベルギーとドイツから1台づつがエントリーしました。しかし、そのうちの2台はレースの前に出走を取り消し、残った5台がパリ～リヨン間の565kmで戦いを繰り広げたのです。フェルナンド・シャロンのパナールは平均時速60kmで勝利し、もう1台のレオンス・ジラルドの乗るパナールは、車輪を壊した後にゴールして2位となり、この2台だけがフィニッシュするという結果になりました。一般大衆の興味は一部だけのもので、極めて少人数が勝者を歓迎し、歓声を上げただけでした。翌1901年のレースは、英国からの（出場を強いられていた）挑戦者が出走間際になってこれを取り消し、ジラルドがオールフランスチーム3台のエントリー車のうち、唯一の完走者となりました。1902年の第3回目のカップ戦では、英国チームのセルウィン・フランシス・エッジが、チームとしては再び単独参加し、レースの最後まで生き残って、英国チームに勝利をもたらしました。

人気の高まり

翌年は、英国がアイルランドでレースを開催しました。その数週間前に起きた「パリ～マドリッド・ロードレース」での一連の事故（P30-31参照）で8名の死者が出ており、その社会問題となった事故の鎮静化策として、クローズド・サーキットがアイルランドのバリシャノンに設定されて、サーキットレースとして開催されたのです。英国の3台のネイピア、

▷ セルウィン・エッジのトライアンフ 1902年のカップ
後に"ブリティッシュグリーン"と呼ばれる濃緑色に塗られた、スポーティなネイピア。この車両は、ブリティッシュグリーンに塗られた初期のクルマの一台である。ネイピアは、イギリスで初めてレースに特化したクルマを製造したメーカーでもある。

ドイツの3台のメルセデス、フランスの2台のパナールと1台のモア、そしてアメリカチームの2台のウィントンと1台のピアレスが一堂に会し対戦しました。レースはメルセデスのドライバー、カミーユ・イェナツィがリードしたまま4台がフィニッシュ。1904年のカップ戦には、ドイツ、フランス、英国、ベルギー、オーストリア、そしてイタリアからチームが参加しま

ドライビングテクノロジー
メルセデス　35馬力　1901年

初期の自動車は「馬なし客車」と多くの共通点を持っていたが、1901年にウィルヘルム・マイバッハによって「メルセデス35馬力」が設計・発表されると、それらの概念は一掃されてしまった。それは、最新の自動車の前触れでもあった。多くのライバルたちの採用する木製の車体骨格に代わり、マイバッハは溝形断面の車体骨格に圧延鋼材を使用した軽くて強いフレームを設計したのである。他にも、エンジンにカムで作動するバルブ、機密式の冷却装置とフィン付きのチューブを使用したラジエーターを採用した。車幅があり低重心で、メルセデスはレース用としても一般用としても成功した。

35馬力のエンジンを、車体の前方上部にマウントする。

最初のメルセデスはウィルヘルム・マイバッハの手により、ダイムラーの販売代理店エミール・イェリネックの仕様に組み立てられた。

▷ フランスのための勝利
カミーユ・イェナツィは、アイルランドで行なわれた1903年のカップ戦において、60馬力のメルセデスを駆って優勝。

した。このレースにおいては、英国とフランスの挑戦者の数が多すぎ、選抜の予選を行なって1チーム3台という出場枠に参加希望者を減らさなければならないほどでした。そしてレースは、フランスのレオン・テリーのドライブするリシャール・ブラシエが勝利を収めました。

1905年のカップ戦は18台が出走する、それまでで最大規模の大会となりました。開催地は、クレルモン・フェランのミシュランタイヤの本社近くにあるサーキットで、テリーと彼の乗るリシャール・ブラシエは前年に続き、再び勝利しました。しかし、フランス人は1チーム3台という出場制限に甚だしい不満を表し、5回を数えたゴードン・ベネット・カップは、ここに終了ということになりました。そしてその場で、モータースポーツの国際理事会である、『国際自動車クラブ連盟（AIACR）』（国際自動車連盟・FIAの前身）が発足し、1906年の「グランプリ」の開催が決定されたのです。

"一瞬の不注意は、
恐ろしい死を意味している！"

レーシング・ドライバー、セルウィン・フランシス・エッジ。1901年のレースのコメントの抜粋

44 | 自動車の発明：1885-1905

フォーカーの旅

ペダルを踏むことが、ガソリンパワーに後れを取るという概念が出来つつあった、混沌と混乱の時代。この不思議なハイブリッドは、独特な旅を提案しました。

　19世紀の末期、世界は自転車という新しい乗り物の熱狂的大流行に酔っていました（P15参照）。また同時に、エンジンの技術が進歩するという時期でもあり、オートバイはこの流れの中で自然な発達を見ていました。そしてもう1つ、オートバイをさらに変形、発展させたエンジン付きの難解な乗り物、3輪車もあったのです。そしてこれは、軽便な配達用として、特に商人たちに好まれていました。
　これらの多くは、荷物の運搬用としてフロントの2輪の間に荷箱やバスケットが据え付けられ、ライダーと呼ぶべきか運転手と呼ぶべきか分からない操縦者がその後方でハンドルバーを操り、舵を切っていました。狭い通りや、特に路地を縫って走るのにはピッタリで、都市や街々での、アイスクリームのような商品の売り歩きにも使われていました。
　これらの車両は、元々は1人乗りの輸送手段として考案されたものでしたが、最小限の改造により、荷箱の代わりに2人乗り用のシートを取り付けることも可能でした。そして、結果としてそれらの車両は、乗客の方が運転車よりも前に乗るため、「フォーカー」として知られるようになり、「フォー・キャリッジ」や「トリカー（三輪車）」などとも呼ばれ、人気を博しました。その後、同じような用途の4輪車も開発されましたが、"機敏さ"においてはフォーカーに敵いませんでした。
　フォーカーは決して速い乗り物ではありませんが、先頭に座っている乗客は、驚くような乗車体験をしました。また、事故に対しては絶対的に無防備なうえ、彼らは雨、風、埃には終始さらされ通しでした。フォーカーの大多数は、新しい乗り物である「自動車」を受け入れられない、かつての自転車乗りたちにアピールしていたのですが、結局は1905年までには絶滅してしまいました。短命としか言いようのないフォーカーですが、実のところ、驚くべき数の有名自動車メーカーがフォーカーの製造からこの自動車製造の道に入っており、その中には「ラゴンダ」、「ライレー」、「A.C.」、そして「シンガー」までも含まれています。

▷ **ロンドンでのレクセット・フォーカー　1905年**
このフォーカーは、ハンドルバーの代わりに円形のハンドルを装備し、適切なサスペンションシステムと、明らかに自転車由来の細いスポークホイールを採用するなど、かなり洗練の行き届いたモデルの1台であった。同乗者はここに見られるように、寒い季節には体を包む用具の使用が賢明な乗り方だった。

"情報の伝達や偵察活動では、
　フォーカーの使用は大いに推薦できます!"
「ロイヤル・ユナイテッド・サービス・ジャーナル」誌。第48巻より。 1904年

働く車

1890年代のエンジン時代の到来は、ガソリン駆動の業務用車両に革命的変革をもたらしました。実用に足る車両が増加するにつれ、都市における生活が永遠に変化したのです。

商業と市民生活における自動車の必要性の高まりは、19世紀のこの数年で、エンジン付き車両の使用促進への追い風となっていました。ガソリンエンジンを使用する商用車は、馬の力に頼っていたこれまでの車両よりも、遥かに効率的に用途を拡げていました。そしてオペレーター（操作員）は、どこででもこれを活用する意欲があったのです。

最初の配送用の小型のバンは、1895年、フランスで生まれました。プジョーの造った車両は、450kgの荷物を時速15km、あるいは295kgの荷物を同19kmで運ぶことが可能でした。デパートや服地屋、あるいは他の小売業者も、戸別配達可能なこれらのバンの価値を敏速に認識したのです。車体の後部に金属製の箱を取り付けるという概念は、ミルクや食料、雑貨を絶えず、膨張を続ける都市周辺部に届ける他、囚人の護送、時には死体さえも運搬可能な、無敵の応用範囲を得ました。

自動車のフレームへ僅かに手を加えたタクシーは、馬車のタクシーと急速に取って代わったものでした。何といっても第1次世界大戦時でさえ、最初に出現した装甲車は、強化鉄板で固められただけのものだったのです。

トラックの登場

1897年、ドイツにおける最初の営業運転をした2台の内の1台は、シュトゥットガルトの運送会社のもので、他の1台はベルリンの醸造会社のものでした。その2台は共に、シュトゥットガルトのダイムラー社の製造した車両でした。同じ年、ロンドンのソーニークロフト社は地方自治体向けに2台の蒸気エンジンのゴミ収集車を造り、その1年後には取り外し可能なトレーラーと、これとは別個のトラクター部分をトラックに連結するというコンセプトを考案しています。

トラックはまた、大人数の旅客を輸送するバスや、消防車を含むほぼ全ての種類をカバーできる稼働状態の車台で供給されていました。当初は最高速度がおよそ時速24kmに制限されていたのですが、メンテナンスの手間は馬小屋の馬の予測不能な世話よりも遥かに少なくて済みました。

そしてこれらの車両は、商用車を使用する産業用に共通な基盤を敷いて、職業的に働く運転手向けに全く新しいカテゴリーの雇用を創出したのです。

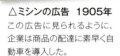

△ミシンの広告　1905年
この広告に見られるように、企業は商品の配達に素早く自動車を導入した。

出来事

- **1896** ドイツ、カンシュタットのダイムラー社は、最初のガソリンエンジンのトラックを製造。
- **1897** 英国郵便公社は、郵便配達用にエンジン付きのバンを開発。
- **1898** 最初のエンジン付きの消防車が、フランスのヴェルサイユで行なわれた「フランス大型車トライアル」で実演。
- **1900** 最初のエンジン付きの民間救急車が、フランスで国が最初の軍用救急車を導入したすぐ後、アランソンでサービスを開始。
- **1901** 世界初のエンジン付き霊柩車が、「霊柩車は黒塗装」という概念を確立して、コベントリーで葬儀を執り行なう。
- **1903** アメリカ、マサチューセッツ州ボストンの警察署が、警察業務に馬に替えて自動車を導入。

1896年に製造された、コイルスプリングを備えるベルト駆動のダイムラー製大型トラック

◁ 初期の消防車　1905年
このバーミンガム消防隊は、ソリッドタイヤと、手回し式のクランクスターター付きの2台の消防車と共に写真に収まった。

働く車 | 47

△ 1900年代初期のニューヨーク。「エジソン電球製造」工場の2階から、傾斜出入路を使ってトラックに商品を積み込んでいるシーン。

自動車産業の誕生

1906–1925

1906-1925
自動車産業の誕生

　この時代はヘンリー・フォードと、彼の造ったT型フォードが紛れもない時代の主役でした。

　アメリカのエンジニアであり、企業家でもある男は、速やかなペースで進歩するオートメーションを制御する他分野の大量生産技術を取り入れて自動車を大量生産し、極めて安い価格に設定したのです。自動車は彼の熱意と克己心によって、突然、極めて多くの人々の手の届く商品になりました。

　ガソリンスタンドが建ち、ハイウェイが敷設され、駐車場、修理工場、そして中古車に至る全てでT型フォードはブームを巻き起こし、ゼネラルモーターズの同胞がアメリカ中に溢れました。いや、地球規模でと言って良いでしょう！

　T型フォードは、世界中の全ての場所に最もふさわしかったかというと、実はそうではありません。ヨーロッパの、より狭い通りや、家計の厳しい家庭が多いという状況は、フォードによって付けられた道筋を目指して、ヨーロッパのメーカーが慎重に立ち上がることを意味していました。彼らはもっと小型で、税金の安い経済的なモデルを開発して、フォードとは違った道を模索し、革新したのです。一例として、初めて女性客をターゲットに据えたりもしました。フランスやドイツや英国でも、様々な種類のドライバーのニーズに合わせることをメーカーが試みた時、多様なモデルの自動車という概念が生まれたのです。そしてこれらには、レース場で得られた経験と称賛を土台に開発された、一般公道を走るスポーツカーの出現も含んでいます。

デザインの多様性

　1914年まで、裕福な自動車購入層は、お抱え運転手が運転することを前提に、大きく立派な車を選択していました。その当時メーカーが重要視するのは、メカノイズが限りなく低く、エレガントな車体回りを持つモデルを生み出すことでした。しかし、後になって、最終的には"馬なし客車"の外観からは離れて進化し、それ自体で特有な形を形成することとなったのです。

　大多数の経済的な尺度の末端は、オートバイ乗り、自動車乗りを"サイクルカー"に合流させることでした。この車は、ごく普通の市民層が車に乗るという行為を創出するため、「本来あるべ

フォード最初のモデル、A型を運転するヘンリー・フォード。

ガソリンメーカーは客寄せ競争に余念がなかったのである。

"多くの徴兵された市民たちは、最初の運転体験を戦争という黒雲の下で得たのです。

き」小型車が出現するまでの間、短い期間存在させた初期の試みでもありました。

自動車の世界的広がり

機械化されていく世界の中で、車はその最先端ではあったのですが、第1次世界大戦時にはその必要性から軍関係に乗っ取られてしまいました。最初の戦車と装甲車は、緊急時にあたって最優先で開発されたものでした。多くの徴兵された市民たちは、最初の運転体験を戦争という暗雲の下で得ることとなったのです。そして、これまでは上品で神秘的とさえ捉えられていた車に関しての情報は、世俗的な何かになっていきました。プロの運転手たちは毎日の業務として、配送用のバンから消防車に至るまで何でも運転するようになることを、あるいは予期していたのかも知れません。

戦争が終わった途端に、ヨーロッパやアメリカの政府は、馬ではなく自動車がどこを走るのか、また道路の主な使用者は何であるのかという現実を理解し、その目的にあった道路網を整備することを熱心に、そして真剣に検討し始めました。道路交通を規制する信号機や、ラウンダバウト（環状交差点）等のシステムをどこにどう導入するのかといった案件も同様です。

アフリカの大部分とアジア、南アメリカを含む世界の残りの多くが、未だ自動車とドライバーにとっては立ち入り禁止となっていました。しかしながら、フランスや英国のような植民地経営をする政権は、これらの地域に自動車交通を押し広げていたのです。近代的な技術が、砂漠の彼方までドライブすることを可能にしました。他方、地元権力者の強い野望は、遠隔地の高級車への願望に支えられたロールス・ロイスの味わいを、裕福なインド人に与えたりもしました。その一方で、ローマやパリ、ロンドンといった都市の優雅な邸宅では、ただ単純に馬という動物が"馬力"という異なるタイプの動力に道を譲った結果、厩舎は車庫にとって代わられたのです。

第1次世界大戦は、内燃機関が動力であった。

平和が戻れば、車の運転はごく普通の光景であった。

| 52 | 自動車産業の誕生：1906-1925

フォードの生産ライン

T型フォードは、ヘンリー・フォードによって完成された大量生産技術によって、大衆が安い価格で車に乗ることを実現し、アメリカを自動車王国に導いたモデルでした。そしてその男は、大いに称賛され、時には恐れられた有名人となったのです。

△ 1台のT型フォードがロンドンのショールームを出発する。1910年代。
顧客はアメリカ中のディラーに、この"自分にも買える"車を買うために集結した。

ンリー・フォードは近代世界において偉大なエンジニアリングの、そしてマーケティングの天才の一人となることを、続けて成し遂げた農民の息子でした。彼が最初に工学的な才能を示したのは、13歳の時でした。この時のヘンリー少年は、父親からもらった懐中時計を分解し、正しく組み立て直したのです。

まだティーンエイジャーだった時、彼は造船会社の機械工となりました。そして1891年には「エジソン照明」会社に技術者として入社。2年後にはチーフエンジニアに昇進しています。その後、1896年には彼の最初の自動車であるガソリンエンジン使用の「クアドリサイクル（4輪車という意味）」の設計に取り組み始めました。彼は自動車会社を立ち上げるため、2つの実験に臨んだ後、1903年に「フォード自動車」会社を設立したのです。

歴史を変えた自動車

フォードが造った1908年型の「モデルT」は、軽量で強い鋼材で構成された車体を持ち、簡潔な造りで容易に組み立てることの出来た頑丈な車でした。

部品の供給を凌駕する迅速な作業。1913年、シカゴの精肉包装工場と、その従業員のアドバイスに触発されたフォードは、組立工はその作業ステーションに留まり、一方、部品はそれぞれの組立工のいるステーションに、移動するラインに乗って送られてくるという、動きが止まらない流れ作業のシステムを導入しました。

この方法は、自動車の製造に革命を起こしました。1918年までにアメリカで製造された自動車の半数までもがT型フォードだったのです。最終的にその数は1,500万台に達しましたが、価格は当初の850ドルから、260ドルにまで下げられました。何年もの間、T型フォードの顧客は、黒塗りしか選ぶことが出来ませんでした。何故ならば、フォードは効率の追求においては非常なまでに一徹であり、他の色を使うよりも黒い塗料の乾燥時間が短かったからなのです。

ヘンリー・フォードはまた、多くの意味で否定的な見解を持たれる男でした。1927年までT型を造り続けた先見の明のあるエンジニアは、その間、時代遅れでさえありました。スタッフを繋ぎ止めておくため、良い賃金を支払ったかと思えば、彼の雇った私設軍隊が組合活動としてのストライキを破ったり、偏った宗教思想の立場をとる平和運動員の活動を妨害したりしました。

が、彼はそうした行為にもかかわらず、工業化されていく世界を変革したのです。

主な年表

- **1863年7月30日** ヘンリー・フォード、アメリカミシガン州の両親の経営する農場で生まれる。
- **1876年** 13歳のフォードは、贈られた懐中時計の分解と組み立てに成功。
- **1879年** フォードは造船所の職工となる。
- **1891年** 「エジソン照明会社」に入社。1893年、チーフエンジニアに昇進する。
- **1896年** フォードは、彼の最初の自動車「クアドリサイクル」を造る。
- **1903年** 「フォード自動車会社」創立。
- **1908年** T型フォード発表。850ドル。
- **1914年** 流れ作業式組み立てラインを導入。
- **1916年** T型フォード、345ドルに値下げ。
- **1927年** 最後の、1,500万台目のT型生産。
- **1947年4月7日** ヘンリー・フォード死去。

彼の最初の量産車A型フォードに乗って得意げなヘンリー・フォード。

オープンボディスタイル
悪天候時に使用する、折畳式のルーフを備える。

◁ **T型フォード**
「ティン・リジー」のニックネームで知られるT型は、一体構造のエンジンと、路面の酷い道路に対応した最低地上高を優れた特徴としていた。

遊星歯車機構が、スムーズなギアチェンジを可能にする。

△ **生産ラインでの仕事**
1913年。アメリカ・デトロイトのフォードの工場。工員がダッシュボードと、泥除けを車体に取り付けている光景。車の下のベルトコンベアが、この作業とは異なった段階の組み立てピットに、車を移動させていく。

▷ シェルの広告
この時代のガソリンとオイルの広告の大半は、明らかに新時代の機動性が生む楽天主義によって拍車をかけられた、ダイナミックなイメージのものであった。

ガソリン物語

自動車の発展からほどなくして登場した、自動車の最も有力な推進燃料としてのガソリンの持つ、比類なきエネルギー密度と広範囲な有効性が引き金となり、ブランドがはっきりと色分けされた、ガソリンスタンドの大規模ネットワークが成長していきました。

主な年表

- **1745年** ロシアにおける最初の油井と精製所が、石油ランプ用に建設された。
- **1848年** 最初の近代的な油井が、アゼルバイジャン共和国、アブシェロン半島のバクー近くで掘削された。
- **1851年** ジェームズ・ヤングと共同経営者が、英国、バスゲートに最初の業務用製油所を建設。
- **1858年** 最初の大きな石油ブームがカナダ、オンタリオ州のオイルスプリングスの油井から始まる。
- **1879年** アメリカの実業家ジョン・D・ロックフェラー所有の「スタンダード石油」が、アメリカの石油精製能力の90％を握る。
- **1905年** バクー油田が、1905年のロシア革命に乗じて放火される。
- **1907年** 世界的な巨大石油資本の1つ、「ロイヤル・ダッチ・シェル」グループ石油会社が組織される。
- **1910年** アメリカで最初の一般用ガソリン給油機（ポンプ）が据えられる。
- **1914年** 最初の世界規模であり、工業化された戦争、「第1次世界大戦」が、ガソリンが軍用としても、民間用としても重要なものであることを浮き上がらせる。
- **1934年** 最初の海上用油井掘削機がカスピ海で使用されたとの報告。
- **1940年** この年の英国空軍の出動は、第2次世界大戦下での石油戦略であり、ナチスドイツの石油施設はことさらターゲットとなった。

1888年、ベルタ・ベンツが彼女の夫、カールの「モートル・ヴァーゲン」（英：モーターフゴン）で、その記念碑的なドライブを成功させた時、彼女はガソリンを薬局で購入して給油していました。石油精製品の容易な入手は不可能で、その使用法も限定されたものでした。19世紀遅くになって登場した電気以前、ガソリンは照明用に使用されていた灯油の副産物だったのです。ガソリン自体は原油から精製されたものであり、新しいものではありません。古代ペルシャ、7世紀の中国や日本では薬品として使用され、"燃える水"としても知られていました。近代の石油は、ジェームズ・ヤングが英国、ダービーシャーの炭鉱で、液体がグツグツ燃えているのを発見した後、彼が1850年になって特許を取得しました。

本来の意味での石油ブームは、カナダ、オンタリオ州のオイルスプリングスで1858年に始まっています。そしてこれをきっかけに、より大きな油田の発見がペンシルベニア、テキサス、そしてカリフォルニアと続きました。世界的な石油生産は1859年の400万バレルから、1899年までには5,700万バレルに急増。自動車乗りたちの需要もあり、1906年にはこの2倍以上の1億2,600万バレルにまで、成長を続けています。また、路上を走る車の数は、1900年までの8,000台から、1920年までには2,300万台となり、その全てがガソリンを燃料としていました。

それにもかかわらず、供給は不安定でした。第1次世界大戦以前には、大多数のドライバーは車のステップに、鍛冶屋、薬局、ゼネラルストア等で買ったガソリンの2ガロン缶を携帯していたものでした。アメリカでは、1910年に最初の給油ポンプが登場。その後、ガソリンを備蓄するための大きな地下タンクが設置され、1921年には12,000軒のガソリンスタンドが営業していました。またアメリカのバウザー社は、英国内に最初の給油ポンプを設置。その4年後には最初の専用のガソリンスタンドが開業しましたが、1929年までには英国中で55,000軒のガソリンスタンドがオープンしています。こうなると、ガソリンのブランド化はますます重要になり、石油会社は世界中に自社ロゴの広告物件を立てていきます。

ガソリンの安定供給に対しての大規模な技術革新が20世紀の初期にありましたが、高価な燃料をガソリンスタンドで車に給油することに対しては、有給の係員による単純な手作業のままでした。何十年もの間です！

△ プラッツのガソリン缶
燃料ポンプが利用可能になるまでは、ドライバーはこのような2ガロン缶を購入し、携行しなければならなかった。

給油機が出来るまで、ドライバーたちは何処かでこのような2ガロンの缶を買い求めていた。

▷ スピードが必要だ
1907年、サリー州のブルックランズレース場で、レースドライバーが迅速に給油している光景。この時代、モータースポーツが自動車人気の高揚と、ガソリンの必要性の世論を盛り上げるのに役立っていた。

自動車産業の誕生：1906-1925

車のオモチャ

オモチャの車とモデルカーの登場は、自動車の誕生とほぼ同時期とみて良いでしょう。モデルカーが次第に洗練され、写実的になるにつれて、何百万という若いカーマニアたちに、ミニチュアカーという別世界の自動車ライフを与えたのです。

最初の車のオモチャは鉄や鉛、真鍮等の材料で鋳造された粗雑なものでした。そしてある具体的な車に忠実というよりも、一般的に見かける車のイメージを表現していたのです。それらはこれまでの、車のボディの形に直接成型していたものを、色や細部が印刷されたブリキ板をより写実的に組み上げたものに代わっていきました。レーシングカーと、レコードブレイカー（記録挑戦車）は人気が高かったのですが、日常目にする車や、トラックなども同様に人気を集めていました。そのうちのいくつかはまた、走らせるためにキーで巻き上げる単純なゼンマイ仕掛けが組み込まれて、動くという楽しみも付け加えられています。

1930年代も後半になると、精巧なダイキャスト製のモデルカーが出現します。これらには英国のディンキーやマッチボックス、コーギー、フランスのソリド、アメリカにはホット・ウィールなどが名を連ねていました。それらのモデルカーは、1950年代から'70年代までの全盛期の後は、マニアの間での収集人気は相変わらず続いてはいたものの、一般的には1980年代になると流行からは取り残されてしまったのです。

ブガッティ タイプ35 ダイキャスト
レズニー製 1961年

シンガー ロードスター ディンキー製 1958年

ヴォグソール タウンクーペ
トライアング・ミニック製 1930年代

クーパー ブリストルレーシングカー
ディンキー製. 1950年代

話題
ペダルカー（足踏み自動車）

モータリゼーションの初期、裕福なドライバーたちは子供に、金属製のボディと足踏みペダルを持つミニチュアマシンを与えていた。数年の間にペダルカーは洗練され、本物そっくりになり、最高級ともなるとチェーン駆動でブレーキはちゃんと機能し、本物のゴムタイヤやサスペンションまでも装着されていたのだ。1950年代になると、より軽量で走行性能に優れたプラスチックボディのペダルカーまで出現する。そして最も成功したものの1つ、1948年型のフルサイズ「オースティンA40デボン」の小型バージョンである「J40」は、深い思い入れと共に思い出されるペダルカーである。この製品は南ウェールズのゴルゴイドで、身体に障害を負った元炭鉱夫の手で、オースティンの実車から切り出された金属でボディを造られたペダルカーで、世界中に輸出された。

「オースティンJ40」で競争のスタートを待つ子供たち。このレースは未だに「グッドウッド・リバイバル」レースの当日に行われている。

ブリキ板の使用により、細かいディティールの印刷が可能となる

チャンピオンレーサー AA
ブリキ ヨネザワ製 1952年

輸送される車はトラックの後部に積み込まれる。

ベッドフォードカートランスポーター
ディンキー製 1950年代

車のオモチャ | 57

ハインケル トロージャン ダイキャスト
コーギー製 1962年

脱出シートから、屋根のハッチを通過して同乗者のフィギュアを発射する

ボタンを押すとフロントから、**マシンガン**が飛び出す。

アストン・マーティン DB5 ボンドカー
コーギー製 1965年

ロケットチューブが立ち上がり、プラスチックの弾が発射される。

オリジナルパッケージは、コレクターにとってモデルカーと同様に重要。

バットモービル ダイキャスト
コーギー製 1966年

ラジオ送信機で、スピードと進行方向をコントロールできる。

BMW M3 ラジコンカー
タミヤ製 1980年代

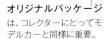

ダッジ デオラ ダイキャスト
ホットウィール®, マテル製 1968年

開閉するドアが、モデルカーにリアリティを付与

1957 シボレー コルベット
ダイキャストキット マイスト製 1990年

F1チャンピオンであるジョディ・シェクターが運転した、**フェラーリ 312 T3**をベースとする

フェラーリ F1カー
ポリスチル製 1978年

フォード フォーカス スロットカー スケーレックストリック製 2013年

交通マヒ

ドライバーが市街地を自分勝手に走り始めた時、彼らは時として、この混沌の中を危険な方法で歩行者や馬とスペースを共有していました。安全を確保するため、何かを変えねばなりませんでした。そして、その結果、都市の風景は永久に変わってしまったのです。

△ 1910年、大気汚染の懸念

未来の過剰な交通量に対する懸念というただ1点において、このドイツの広告は大気汚染排ガスの少ない車の使用を奨励している。

交通事故の統計値はショッキングなものでした。1917年のデトロイトの路上にはたった65,000台の車しか走っていませんでしたが、それらの車は実に7,171件の事故を起こし、その中には168名もの死者が含まれていました。混雑もまた酷くなり、1920年のシカゴでは路面電車のスピードが、1910年当時の半分にまで落ち込んでしまったのです。

交通の管理

行動は緊急を要していました。ニューヨーク市の解決方法は、高齢の警官を交通整理に配置することでした。しかし、警官の手信号はドライバーにとって紛らわしいものだったのです。その上、混雑は激しく、警官の数は足りず、人的能力だけでは対応しきれませんでした。1920年までは、デトロイトの警官の4人に1人は交通関係に割り振られていたほどです。単純明快な策は、交通を車線で分けることでした。最初の車線は1911年のミシガン州で策定されました。そしてその年、デトロイトでは一方通行の通りが試験的に策定されています。さらにこの同じ10年の間に、一時停止の標識と、信号機（P66-67参照）の設置が続きました。ラウンダバウト（環状交差点）は自動車に先立って設置され、いくつかの国がこれを取り入れました。最初の近代的なラウンダバウトは1899年、ドイツのブラウトヴィーゼン広場に開設され、英国のラウンダバウトは1909年にレッチワース・ガーデン・シティに開設され、使用が始まっています。

道路がおよそ無政府状態にあった20世紀の最初の10年、そこには、一時停止の標識、警告板、信号機、交通整理の警官が不足し、車線の区別さえ不明確でした。道路上に既に溢れていた路面電車やバス、自転車、歩行者、それに馬の間にまで車が割り込んでいきました。車は騒々しく、時には新米ドライバーの運転が危険であり、周囲を怖がらせました。

1909年、アメリカにはちょうど20万台のエンジン付きの車両が存在していました。そしてほんの7年後に、その数は200万以上に達しています。サンフランシスコでは、1914年に初めて自動車の数が、馬が引く車の数を上回っています。

主な年表

- **1868年** 世界初の交通信号がロンドンの国会議事堂の外に設置される。ガス式で4週間後に爆発事故を起こす。
- **1909年** 路面の突起、カーブ、交差点、踏切の絵入りの警告板の設置に、ヨーロッパの9ヵ国が同意。
- **1912年** 最初の電気式の赤・緑の信号機がアメリカのソルトレイク・シティで開発される。
- **1919年** 最初の4方向、3色式の信号機がアメリカのデトロイトで導入。
- **1920年** ロサンゼルスで、漫画の「ルーニー・チューンズ」に出てくるような「アクメ」型の手旗式自動信号機を導入。
- **1926年** 英国初の電気式信号機がロンドンのピカデリー・サーカスで使用開始。

1920年代初期、アメリカの警官が信号機を操作している光景

◁ 自動車時代初期の事故

モータリゼーション初期の事故は、交通規則等の不備によるものであった。この1組のT型フォードは1910年に衝突。交差点は全てが自由通行。車線分けもされていない時代だった。

▽ シカゴの通り　1909年
当時の都会の道路の混沌と混雑は、この1909年のアメリカ、シカゴのディアボーン通りの写真を見れば容易に察しがつくだろう。

▽ 1922年型　シトロエン5CV　タイプC
シトロエンの4気筒の小型モデルは、発売されるやマーケットをたちまち魅了。エレクトリックスタートシステムが搭載され、ドライバーは手作業でクランクを回転させる"儀式"から解放された。メーカーの第1回目のマーケティングキャンペーンでは、使い易さをアピールしていた。

"CABRI
avec allumage
MODÈLE

OLET „
par magnéto
923

サーキットでのレース

自動車メーカーは、最も大きく負荷のかかる条件の下で、新設計した車の性能を証明するため、レースに参戦しました。レースは自動車時代の冒険家にチャレンジする機会を与え、観客は新しいサーキットでのレースを大いに楽しみました。

最初のレースは狭くて荒れた、未舗装の道路上でマイレージ(距離)を争う、街と街を結ぶ叙事詩的なイベントでした。良く晴れて乾燥した日には、参加車がもうもうと巻き上げた砂塵により後続車は視界を奪われ、ゴーグルと長手袋がレースの必需品となっていました。また、雨が降れば降ったで車は車軸まで泥に埋まり、走れば走ったでスリップし、コースアウトを余儀なくされていたのです。高速で走る車に馴れていなかった観客も危険に晒されていましたが、馬もまた怯えていました。そしてレース車のタイヤは、石ころや馬の蹄鉄に打つ釘により、しばしばパンクさせられたものです。

クラッシュは日常茶飯事で、車の脆い造りは緊急を要する事態を招いていました。道路上での大惨事が、世論をモータースポーツに敵対させる方向に導き始めていました。レースドライバーが、目新しく刺激的なスペクタクルを与えてくれる英雄的な向こう見ずとしてではなく、公共の安全を脅かす馬鹿者として見られるようになったのです。その転機となったのが、1903年の「パリ〜マドリッド」レース(P30-31参照)でした。そのレースの初日に起こった一連の事故で、8名の死者と多数のけが人を出してしまいました。死亡した5名の選手の中には、「ルノー自動車」を設立したルノー兄弟の1人、マルセル・ルノーも含まれていました。そしてフランス政府はボルドーでレースを中止し、フェルナンド・ガブリエルを勝者に認定したのです。

ブルックランズとインディアナポリス

危険を少なくするため、次のレースはレースの間だけ道路を封鎖して周回させるループコースで行なわれました。そして最初の専用サーキットが、1907年に開設されたのです。

ヒュー・ロック・キングとその妻エセルは、レースの開催場所を確保するだけではなく、英国の自動車産業に高速テスト施設を提供するため、ロンドンの南西32kmにあるブルックランズの私有地にバンク(傾斜走路)付きのサーキットを建設。コースの全長は4.5kmで幅は30m。カーブはコーナリングスピードを高めるために高さ10mのバンクが付け

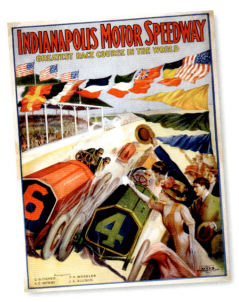

△ インディアナポリスの広告ポスター 1909年
インディ500が定着する前、オープン当初のインディアナポリスモータースピードウェイでは、様々なレースを開催していた。

▽ ブルックランズ・サーキット 1908年
ブルックランズでのレースのスターティンググリッドに並ぶ3台のレース車。

サーキットでのレース | 63

▷ 1911年『インディ500』レースはレイ・ハロゥンが勝利
「マーモン・ワスプ」（コラム参照）は最初のインディにおいて、6時間42分で勝利を収めた。

られていました。25万人以上の観客を収容できるインフィールドは、観客全員がコース全体を見渡せ、騒音と興奮が渦巻いていたのです。

レースは「自動車版"アスコット"」と例えられ、有名な競馬のレースと同様の走行形態が採用されました。ドライバーはひと目みて区別しやすいよう、色分けされたジョッキー風の絹の衣服を身に着け、ゼッケンは2の次でした。こうしてブルックランズは一躍モータースポーツのメッカとなり、第2次世界大戦が始まるまでその地位を保っていたのです。

アメリカで最初に造られたレース専用トラックはインディアナポリスでした。自動車関連の企業家、カール・G・フィッシャーが中心となり、『インディアナポリス・モーター・スピードウェイ』が1909年に開設されたのですが、当初のトラックは圧縮された小石の路面で造られていました。しかし、これはレーストラックに全く適していないことが判明したのです。最初のレースで、轍が出来たり穴があくなどの路面トラブルが発生し、多くの事故も発生しています。それから数週間後、スピードウェイは300万個以上のインディアナ特産のレンガで再舗装され、今日にまで残る"ブリックヤード（レンガの走路）"というレーストラックのニックネームも生まれました。

そして今日、インディアナポリスで開催されている『インディ500』メモリアルディレースは、1911年に第1回目が開催され、以降、変わることなく500マイル（805km）の距離で争われており、世界で最も人気のレースの1つとして第2次世界大戦時以外は毎年開催されているクラシックイベントとなっています。

"それは彼らに軟着陸をさせるでしょう！"
ブルックランズレース場の隣の下水農場でのエセル・ロック・キングの言葉

カギとなる開発
レース経験は市販車に還元される

レースによって開発された機能は、すぐに市販車の中に活かされていることがわかる。多気筒エンジンが最高出力を引き上げ、シャフトドライブが信頼性を改善し、取り外し可能なホイールは必然的に起こるパンクに対応した。そしてその中のいくつかの新機軸は、単純ではあるが輝くものを秘めていたのだ。第1回目の『インディ500』で、レイ・ハルーンの使用するバックミラーは、通常ならば同乗する、後続車を見張る"監視員"の代わりとなって、車両全体の重量軽減に大いに役立ったのだ。バックミラーは非常に激しく振動し、ほぼ何も見えなかったものの、結局、レースはハルーンが勝ったのである。ま、例えそうであったにせよ、バックミラーは「マーモン」の市販車に採用され、以降は自動車に必需のアクセサリーになったのである。

バックミラーがドライバーの視線の先に装着された

「マーモン・ワスプ（狩り蜂）」車。ハルーンが駆って1911年の「インディ」を制した。ワスプのニックネームは、車体が黄色と黒だったため後から付けられた。

自動車産業の誕生：1906-1925

最初のスポーツカー

スポーツカーは、裕福な人々が、一般公道でスリルを求めるために設計されたモデルだとされています。しかし本当に、スポーツカーを渇望するドライバーが、より多くのスピードとスリルを求めていたのでしょうか。それが本当ならば、本物のレースを楽しむことも出来たのですから…。ま、それはともかくとして、レースに出場して冒険をすることなど決してしないスポーツカーオーナーたちも、自分たちの車が、レースを走るパフォーマンスを持っていることは自慢できたのに違いありません。英国のヴォグゾール「プリンス・ヘンリー」は、一般には最初の本物のスポーツカーだと見なされています。しかし間もなく「ベントレー」のタフな3リッターモデルによって追い落とされ、フェルディナンド・ポルシェは「オーストロ・ダイムラー27/80」を設計。スペインではイスパノ・スイザが「アルフォンソ13」を、フランスでは「ブガッティ＆ドラージュ」が誕生し、イタリアからは「アルファロメオ」が続きました。一方、アメリカでは「コルベット」や「サンダーバード」の10年も前に、「マーサー・レースバウト」と「スタッツ・ベアキャット」というモデルがスポーツカーの先駆となっていたのです。

△ ヒルクライムで競うベントレー 1922年
ベントレー初の量産車は1921年に導入され、すぐにモータースポーツへの道を見出した。写真は、バッキンガムシャーのコップヒルクライムで競うフランク・クレメント。

△ ヴォグゾール プリンス・ヘンリー 1913年
プリンス・ヘンリーは、公道とサーキット両方の走行を視野において設計された初の本格スポーツカーであった。1911年から1914年まで製造された後、この車と同様に有名な後継車、30-98に置き換えられた。

3.5リッター 直列4気筒エンジン
より大きな4.7リッターエンジンもレースで使用することができた。

ステアリングコラムは、標準の市販車よりも低い角度で取り付けられた。

ドライバーの後方にある**燃料タンク**は、レースナンバーが塗装されている。

△ ランチア ティーポ 55 コルサ 1910年
ビチェンツォ・ランチアの「20hp ティーポ55」は、「ランチア・ガンマ」と同様にツーリング＆スポーツのフォルムを特徴とする。フレームは多くのユーザーに合うように様々な形状を組み合わせ、スポーツ向きにより低く、小さく、軽量なボディが採用されている。

バルジファル飛行船用にポルシェが設計したものと同系の、**5,714ccエンジン**。

"チューリップ" **ボディシェイプ**
上よりも下が細い。

△ アウストロ・ダイムラー 27/80 プリンス・ヘンリー 1910年
フェルディナンド・ポルシェが設計し、ダイムラーのオーストリアの子会社が製作したこの大型高速車は、後にプリンス・ヘンリーのアルプス登山にちなんでドイツで命名された。このモデルのレースバージョンは時速145kmの最高速をマークしたが、この時代の常で、ブレーキは後輪のみにしかなかった。

最初のスポーツカー | 65

"本当に良いクルマは、道路と一体になっている印象を持たれるべきだ!"

エットーレ・ブガッティの言葉

リア・サスペンション
楕円形の板バネを内包する。

ブガッティエンジン
4バルブを採用した、初期のエンジンの内の1基。

△ ブガッティ タイプ13、1910年
ブガッティ最初の生産車が、この1910年型の「タイプ13」である。1.4リッターエンジンは30hpを発揮。最高時速153kmに達するライトウェイトスポーツである。タイプ15はこの「タイプ13」のロングホイールベースバージョンで、リヤサスはモディファイされている。

ステアリングコラムに装着された、ドライバースクリーン。

マーサーを長距離レースに適合させる、大型ガソリンタンク。

△ マーサー 35R レースアバウト 1910年
5リッターの4気筒エンジンを搭載した、異常に低いフォルムを有するスポーツカー。マーサー・レースアバウトは洗練されたハンドリングが実現されていて、最高時速は145kmをマーク。4速ギアを与えられた1911年モデルは、柔軟な操縦特性と強力な競争力を誇っていた。

66 | 自動車産業の誕生：1906-1925

交通の抑制または調教

交通信号が、どのようにして都市風景の決定的な特徴、シンボルとなったのかについての物語は定かではないのですが、活気から始まったことは確かでしょう。

初の交通信号機は、1868年にロンドンの国会議事堂前のパーラメント・スクェアに設置され、4週間後に爆発して警官に酷い火傷を負わせました。その信号機の発明者の名はJ.P.ナイト。鉄道のエンジニアでした。そのため、この赤と緑に点滅するライトの信号機には、線路の踏切にあるような手旗信号のアームに似た装置も付けられていました。夜にはガスが点火され、警官はこの交通信号を手作業で操作せねばなりませんでした。それでも、数が増すばかりの馬車の激しい流れをコントロールし、歩行者が安全に道を渡ることをサポートすることに関しては一大進歩だと思われていました。

しかし、埋設されたガス管のガス漏れを原因とするこの不運な事故に端を発し、1914年、アメリカ、オハイオ州のクリーブランドに設置された最初の電気式信号機の登場までの間、機械式の交通信号の一切の開発計画は棚上げとなってしまったのです。電気式信号機のアイデア自体は、安全意識の高かった警官、レスター・ワイヤーによって2年も前に企画されていました。しかし、ジェームズ・ホーグは電気式交通信号の特許を申請し、1913年に認可されます。彼のシステムは、灯火された「止まれ」と「進め」文字が交互に入れ替わるのを特徴としていました。そして、そのリズムは緊急時には警官または消防士によって変えることが出来たのです。

1917年、ウィリアム・ギグリエリは最初の赤・緑式の信号機をサンフランシスコに設置。そしてその3年後、デトロイトの警官、ウィリアム・ポッツは現在の信号機によく似た「琥珀色」の予告燈を赤と緑の間に追加しました。この3色式の信号機は大西洋を渡って1925年、ロンドンに登場。セント・ジェームズ通りとピカデリーの交差点にその最初の「赤」、「アンバー（琥珀色）」、「緑」の光が灯りました。この3色フォーメーションの信号機は、まだ警官によって手動操作せねばなりませんでしたが、翌年、一定の時間間隔で自動切換えされる方式のものがプリンス・スクェアとウルバーハンプトンの交差点でデビューしたのです。

そして1932年、車の動向によって作動する信号機、今日の電子制御された信号機と、その基本的な部分で同じ形式のものがロンドンで試験されました。しかし、奇妙な運命の巡り合わせというか、それはガス爆発によって破壊されてしまったのです。

▷ **1920年代、アトランタの交通信号**
交通渋滞が激しいジョージア州アトランタの5差路は、早期に導入された信号機で規制されている。この交差点は、5つの主要道路が市の中央に向かって集中する場所に位置している。

洗練されたデザイン

大量生産が確立されるまで、自動車を所有すること自体が裕福さの証明でもありました。そして多くのメーカーが豪華なモデルを開発し、上流階級の自動車愛好家たちのニーズに応える競争をしていました。

▷ スパイカーのポスター
1910年
1880年にオランダで創業した「スパイカー」は、1889年に最初の車を生産し、品質に対する評価も早々に広まった。

「ローリング・トゥエンティーズ」（1920年代）は、まさに"唸り"を上げている時代で、自動車を買う余裕のある層の眼を、値の張る車に向けさせて、業界もまたハイエンドモデルの生産で急上昇を見た時代でした。安い労働力と好景気が、少なくとも裕福な層向けの自動車を、彫刻品のような車体回りに、豪華なインテリアと強力なエンジンの組み合わせによってますます洗練させる方向に向かわせたのです。それは裕福な自動車愛好家たちにとって"天井知らず"の時代だったのです。

今は既に消え去っていますが、この当時のメーカーである、「イソッタ・フラスキーニ」、「イスパノ・スイザ」、「ドライエ」、「コード」、「ボアザン」、「ミネルバ」、「マイバッハ」、「ピアス・アロー」、「パッカード」、「オーバーン」、そして「デューセンバーグ」等々のキラ星がますます豪華で高額な"マシン"を生産することで、金回りの良い顧客たちのニーズに応える競争をしていたのです。

国際的なニーズ

"あくどい"ファッションはアメリカでもヨーロッパでも流行ったものでしたが、この波はインドにまで及びました。この地でも大金持ちのマハラジャ（王侯・貴族）達が、彼らのステータスを示すため、多くの別誂えの車を注文したのです（P80-81参照）。ここに挙げたような車のオーナー達は、最高の快適さで長距離を旅することよりもむしろ、彼らの富と趣味を引き立てることを目的として、フランスのビアッツやデボーヴィル、カリフォルニアのペブルビーチでの「コンクール・デレガンス」（優雅さを競うコンテスト）を目指しました。

これ以降、大抵のメーカーはもがき苦しみ、大半のメーカーは姿を消しましたが、ベントレーやアルファロメオを含めて、第2次世界大戦前の名門スポーツブランド、ロールス・ロイス、キャデラック、そしてメルセデス・ベンツは生き残り、繁栄しました。これらの会社が製作した多くの車が芸術品であったのに対し、最高の車は、その当時はドイツのモルスハイムに本拠を置いていた（現在はフランスですが）イタリア人のエットーレ・ブガッティが造ったものでした。

ブガッティは、芸術家の家庭で育ったエンジニアでした。彼の会社は1927年の巨大な「ブガッティ・ロイヤル」を含む何台かの生産を続けていました。この「ロイヤル」は8気筒、13リッターのリムジンながらレーシングカーのような走りを見せることで有名でした。このモデルは後に、1936年型の「タイプ57、アトランティック・クーペ」と「タイプ57C、アトランティック・カブリオレ」に引き継がれたのです。

車のオート・クチュール

ブガッティの『アトランティック・カブリオレ』は、フランスのコーチビルダー「フィニョーニ・ファラッシ」の手掛けたモデルで、その流れるような涙滴型は部分的に航空機のデザインが踏襲されています。しかしコーチビルダーは、車の色やラインを引き立てるために、最新ファッションを身に着けたモデル

ドライビングテクノロジー
ブレーキシステムの進歩

エンジニアたちは、1920年代には6気筒、あるいは8気筒エンジンのスムーズさと静粛性を完璧なものとしていた。「走る」ことは車の持つ一つの側面であり、1920年代にブレーキシステムに大きな改良がみられてからは、「止まる」という別の側面も注目され始めたのである。4つの車輪のそれぞれに装着されたブレーキは、スコットランドの「アロール・ジョンストン」によって提案されはしたが、1920年代の初期においては、まだこれは珍品に過ぎなかったのだ。しかし、イタリアの「イソッタ・フラスキーニ」はその4輪ブレーキ付きを1910年から標準とし、それを特徴としていたのだが、「イスパノ・スイザ」は1919年に、最初のサーボアシスト機構をブレーキに組み込み、1年遅れてアメリカの「デューセンバーグ」は油圧作動のブレーキを採用している。これら全ての進歩により、素早い反応で予測できる働きのブレーキをもたらした。このことは、パワフルな車をよりスムーズに運転することを実現するという大きな意味が込められていた。もちろん、同一スピード時での安全性は大幅に引き上げられたのは言うまでもない！

4輪ブレーキを最初に搭載した「アロール・ジョンストン」は、そのテクノロジー自体が売り物だったのだ。

洗練されたデザイン | 69

リトラクタブルルーフは、特別仕様車のオプションである。

◁ イソッタ・フラスキーニ ティーポA8 1924年
自動車メーカーからエンジン付きのシャーシのみの供給を受け、自社で車体の設計をして、コーチビルダーによって仕上げられていた。

マルチプルベント機構
強力な7.3リットル直6エンジンを冷却する。

達とともに車を展示しました。

ジュゼッペ・フィニョーニが設計をしている間に、自分の仕事を進めていたオビディオ・ファラッシがこう語っています。「我々が望んでいた具体的なコーチワーク（車体造り）のアンサンブルに、決定的なラインが見えてくる直前にさえも、1回、2回、3回、あるいはそれ以上も仮のボディーを被せて、外してを繰り返すのさ。それが正真正銘の車のファッションデザイナーというものなんだよ！」…と。

製作=の進歩

車の製作者は、芸術性、創造力、お金、そして信じ難い程の車を創造することで、同業者たちを凌ぎたいという願望につき動かされていたのですが、これを可能にしたのは技術と素材の進歩でした。特に完全主義者のエンジニアたちは、車のスタイリングを下支えする機械的な能力と厳密な仕上がり具合の両方を達成するために必要な、高い精度を開発しました。金属の耐久性と、その加工精度の改良は、見かけに匹敵する性能を可能にしました。そう、期待したのと同程度までうまく機能するようになったのです。

また、メーカーは、ブガッティのエンジンルームにおける見苦しい配線に対する執拗なこだわりのように、機械的な完璧さを得るために努力を続けていました。最終的に、これらの先駆的な新しい技術の多くが手頃に入手可能となり、段階的にどんどん取り入れられ、本来の自動車全ての設計に役立つことになったのです。

◁ 自身の『シルバー・ゴースト』に乗ったヘンリー・ロイス卿が、フレンチ・リビエラで道を尋ねているシーン。1922年
1906年から26年まで生産された『シルバー・ゴースト』（正式名称は単に40/50hp）は、競合他社のモデルの品質と信頼性が、ロールス・ロイスの評判に匹敵し始めた1925年、モデルチェンジをされた。

軍用車両

1914年8月にヨーロッパで戦争が勃発した時、まだ未熟だった自動車産業の生産設備とその工学は、塹壕での戦闘を想定した要求に合わせ応召したのでした。

第1次世界大戦時、動員した歩兵をサポートするために軍需工場では重砲が生産されましたが、軍の戦略家は、それを移動させる方法を考えねばなりませんでした。輸送の重要性が、自動車産業を過熱状態へ追い込む程に、優先事項とされたのです。

装甲車

ベルギーは、国産の「ミネルバ」自動車をベースに装甲車を開発し、その「装甲車製造」という課題に反応した最初の国家となりました。これは戦争が宣言されるちょうど1ヵ月前のことで、1914年8月に使う準備は整えられていたのです。一方、英国海軍航空隊はオープンタイプのロールス・ロイス『シルバー・ゴースト』に機関銃を据え、ドイツ軍の進撃を監視するためにフランスにいました。海軍の工兵を敵の銃弾から守るため、車体側面に鉄板を溶接して改造したのです。

ロールス・ロイスは、それからほどなく『シルバー・ゴースト』をベースに目的が限定された装甲車、AFV（アーモレッド・ファイティング・ヴィークル）を、戦争のアクティブな貢献者として製作しました。鉄の鎧と、銃架に据えられた回転する機関銃が装備されたロールス・ロイスのAFVは中東で最も知られ、そして使われていました。このためウェストミンスター公爵は、自動車戦隊を砂漠を超えてエジプトの英国人捕虜の救出に向かわせるよう仕向けたほどでした（この頃には、ロールス・ロイスの航空機用エンジンは、連合軍の半数以上の航空機の動力供給源となっていました）。

AFVの製造が最高潮に達すると、次のチャレンジは、一部の裕福な層だけが自動車を所有していたこの時代に、経験豊かなドライバーを必要なだけ見つけ出すことでした。メカニックを見出すのは大変に難しいことでしたが、ドライバーの訓練はすぐに始められました。そして、陸軍と海軍が主導し、大英帝国中で募集運動が始められたのです。

医療の輸送

戦闘のための輸送が優先されていたため、医療関連の輸送問題は後手に回っていました。が、「ザ・タイムズ」紙による資金集めキャンペーンが、功を奏しました。1915年1月までに1,000台以上の救急車と医務に使用される自動車が任務に就けたのですが、その多くは個人オーナーによる寄付だったのです。赤十字社は間もなく、ごく標準的なツーリングカーに適合する救急車の車体の仕様を開発しました。結果、多くのメーカーが救急車の車体製造を始めました。この中には「ダイムラー」、「モーリス」、「サンビーム」、「ローバー」、「ルノー」、「ビュイック」、「フォード」も含まれていました。そしてそのT型フォードは赤十字社用の野戦救急車に造り替えられました。

△ 医務班のポスター
誇らしげに「ロシアでのアメリカの救急活動」と謳って、第1次世界大戦時のロシア戦線で活動するアメリカの救急医療チームへの募金を呼び掛けている。

△ 第1次世界大戦時の戦車兵のヘルメットとマスク
装甲車両の乗員は、敵の砲火によって被弾した時、剥離した金属の（車の）内装を防ぐためマスクを装着していた。

▷ 第1次世界大戦時の装甲車隊
1918年、ベルギー軍の「ミネルバ装甲車」がフランスの西部戦線を行く。「ミネルバ装甲車」は1914年に供用開始。4気筒40馬力エンジンと8mm「ホチキス機関銃」が装備されていた。

軍用車両 | 71

戦車の台頭

戦闘が西部戦線に移動してきた当時、装甲車の能力は既に充分なものではありませんでした。以前の戦争では装甲部隊が敵の前線を突破する任務にあたっていたのですが、当時は敵の機関銃の激しい掃射にあって撤退するしかありませんでした。騎手交代！　主役は戦車にとって代わったのです。

英国の「マーク1」は、1916年9月の「ソンムの戦い」で戦闘を体験した最初の戦車でした。その後間もなくして、フランスのルノーは軽量戦車FTを開発。これは、フランス軍の初期の「シュナイダー戦車」よりも戦闘能力が向上しており、その後の戦車の設計に革命をもたらしました。そして1918年5月、最初の戦闘体験をしたFTは、ショダンの東にいたドイツ軍の進撃を分断することでその能力を証明し、西部戦線のアメリカ軍に採用されたのです。結局は、ドイツ軍も1917年、最終的に独自の戦車を開発しています。

戦車は戦闘の前衛にいたものの、後に続く歩兵隊は敵の砲火と戦わねばならないために進行が遅く、結果、先行するはずが敵領地で孤立し、攻撃されやすい状況になっていました。解決策は装甲車両「マーク9」による兵員輸送です。しかし、配備が完了する前に戦争は終わったのです。

カギとなる開発 「マーク4」戦車

「マーク1」戦車は既に西部戦線でその存在価値が認められてはいたが、戦場での故障が多く、悪名を轟かせていた。2つ以上のプロトタイプが製作された後、英国のエンジニア、ウィリアム・トライトンとウォルター・ゴードン・ウィルソン少佐は、1917年、改良型である「マーク4」を発表した。「マーク1」の重力式燃料供給に代えて、真空ポンプによる燃料供給とし、車体が急角度になった時も燃料切れが起きない方式とした。またスポンドン戦車砲も格納式とし、移動の度の取り外し、取り付けを不要とした。

張り出した6ポンドの砲台（側面砲塔）

「マーク4メール」の装備は2門の6ポンド砲。「マーク4フィメール」の装備は5丁の機関銃だ。

"3台の巨大な機械のモンスターが、我々に立ち向かってきたんだ！"

バート・チェイニー（第1次世界大戦時の信号士官）

過去のブランド

現在も生産を続けているメーカーの影には、創世記の自動車の歴史において、道半ばで挫折し、散っていった数多くのメーカーが存在します。

　自動車メーカーは技術革新により、時折その位置を追い越されることがありました。20世紀初期、スタンリー兄弟は蒸気エンジン車を造り、成功しました。しかし、実用的なガソリンエンジン自動車の開発は、価格面でも性能面でも、それと競争できない彼らの会社を1924年に閉鎖状態に追い込んでしまったのです。変革する経済情勢は、技術的変革とはまた違った、自動車メーカーを崩壊させる要因となりました。極めて成功していた名前を含む多くのブランドは、世界恐慌の原因ともなった1929年の「ウォール街の大暴落」に端を発し、売上高が激減、絶滅の危機に晒されました。E.L.コードの「オーバーン・コード・デューセンバーグ・グループ」は、世間の耳目を集めていましたが、1937年に倒産しています。

　一般ドライバーと熱狂的愛好者には、かつては極めて身近だった多くのトレードマークが、時折、自動車ショーで見られる銘品、珍品になるという結果となってしまったのです。

ベルリエ フランス 1899-1939年

ストレート8
このバッジは、デューセンバーグ・モデルAのもの。

ダブルヘッドイーグルは、オーストリア軍を特徴付けるモチーフ。

アウストロ・ダイムラー オーストリア 1899-1934年

スイフト・モーター・カンパニー イギリス 1900-31年

ウーズレー・モータース イギリス 1901-27年

ヘインズ アメリカ 1905-24年

インペリア ベルギー 1906-34年

タルボ フランス 1903-38年

クロスリー・モータース イギリス 1906-38年

初期のハップモービル、KやNに見られる**ラジエターエンブレム**。

ハップモービル アメリカ 1909-40年

スタッツの直列8気筒エンジンのフロントに取り付けられた、**ホウロウ装飾のバッジ**。

スタッツ・モーターカンパニー アメリカ 1911-35年

ビーン・カーズ イギリス 1919-29年

アンサルド イタリア 1921-31年

デューセンバーグ アメリカ 1921-37年

プロペラモチーフ
メーカーの起源が航空機エンジンであることを誇示。

イターラ イタリア 1904-34年

ブリティッシュ・サルムソン イギリス 1934-39年

カギとなる開発
「マイバッハ」復活

ゴットリーブ・ダイムラーの技術面でのパートナーだったウィルヘルム・マイバッハは、「ツェッペリン」飛行船と一連の高級車のためのエンジンを製作する彼自身の会社を1909年に立ち上げた。そしてこれは、第2次世界大戦が自動車生産を終了に追い込むまで存続したのである。ダイムラーは1960年にマイバッハを買収。そして会社はメルセデス・ベンツのSクラスをベースに素晴らしい高級車を創出し、マイバッハのブランドは1997年に復活を遂げる。しかし、ロールス・ロイスとベントレーの新型の後塵を拝すこととなり、マイバッハのセールスは低調で、2012年、ダイムラーは製造を中止。そして2014年、会社はメルセデス・ベンツのサブブランドとしてマイバッハS600 12気筒と、S500 V8を生産し、マイバッハは再び復活を遂げたのである。

マイバッハのマスコットはマイバッハの「M」と、モトレンバウ（マイバッハのエンジン）の「M」が絡まったものだ。

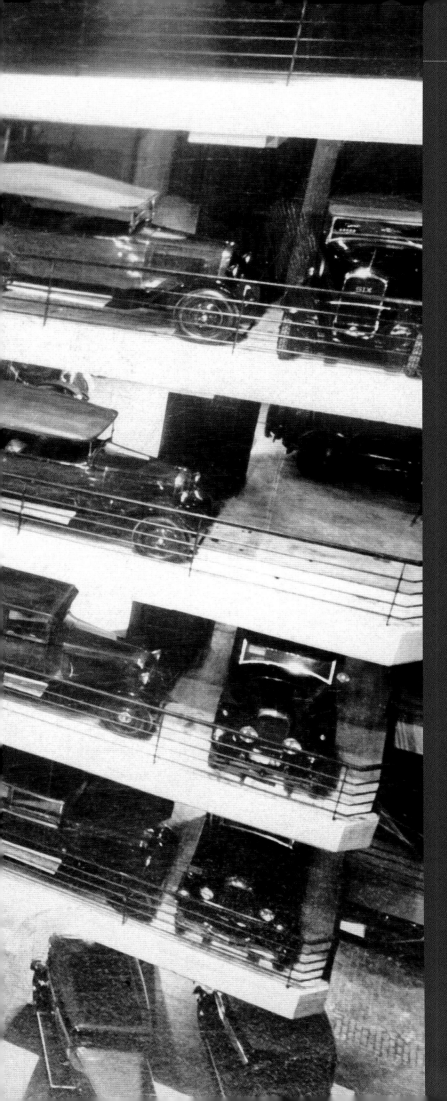

天空の駐車場

自動車人気は、あっという間に高まったため、専用駐車場の確保が早急な課題でした。これらの立体駐車場はしばしば巧妙な造りを見せ、神秘的な魅力に満ちていました。

　世界で最初の多層駐車場は、1901年にロンドン、ソーホーのデンマンストリートにある「シティ＆サバーバン電気会社」によって建てられたものだと思われます。7階建てで100台分のスペースがあり、電動リフトで車を上下させていました。また翌年、「シティ＆サバーバン電気会社」は、ウェストミンスターの2番目のビルを改修し、230台分のスペースを創出しました。会社の名前が示すように、その駐車場には電気自動車で埋め尽くされ、それらの電気自動車は洗車や点検、保険、そしてオーナーへの集配サービスが付与されていました。未だに稼働している最も古い駐車場は、ロンドン、メイフェアのカーリントン通りにありますが、それは1907年に「エレクトロ・モービル・ガレージ」として開業したものです。

　アメリカ最古の多層駐車場は、1918年にシカゴのダウンタウンで「ラサール・ホテル」の顧客用として造られたとされています。そしてその建物は、ホテルの本館から数ブロック離れた位置にあり、ホテルが廃業した後、30年近くもの間生き残っていましたが、2005年に取り壊されてしまいました。

　初期の駐車場ビルは、それらの単純な目的が暗示しているよりも、しばしばスタイリッシュで、建築家は彼らのデザインに工芸的要素を含めて「アール・ヌーボー」と、後には「アールデコ」の要素を取り込んでいたのです。顕著な例はニューヨークの『ケント・オートマチック・ガレージ』で、後にはアパートに改修されてしまいましたが、アールデコの史跡でもあったのです。その自動駐車システムは、油圧メカニズムで自動的に車を吊り上げて積み重ねるというスタイルで、元祖は1905年にフランスで新たに開発されたものでした。そして1920年代になり、アメリカで人気が高まったシステムです。

　「パターノスター」型自動駐車システムは、観覧車のようになったシステムで、観覧車のボックスが駐車スペースになっているという概念でOKでしょう。上記と同じく1920年代にアメリカで開発されたもので、21世紀の日本ではよく見られるシステムです。

　1920-1930年代は駐車場ビルが急増し、地球規模で見られるようになりました。多くの都市のアパートメントでは、地下に駐車場が造られ、他方、開発業者や地方自治体が土地を買い上げて、専用の駐車場を建設したのです。

◁ **雄大なスケール上の形式と機能**
この印象的なパリっ子の多層駐車場は、シトロエン用に建てられた駐車ビルで、その当時、この種の建築物では世界でも最大規模を誇っており、8階建てで500台の収容能力を持っていた。その角ばった建築様式は明らかに「アールデコ」の影響が見て取れる。

経済的なサイクルカー

サイクルカーは自動車の所有を一般化させる、低コストの試みでした。小さく、必要最小限の車は、時に危ういこともありましたが、フルサイズの車を買うほどの出費をしなくても、車で走る喜び、実利性を味わえるという利点を提示していました。

△「グリフォン・トライカー」のポスター 1900年代
最初期のサイクルカーの1台であるフランスのグリフォンのポスターは、無謀にも自転車と自動車をまとめて追い越しているシーンを表現している。

△ ブルックランズサーキットでの「ジャビック・サイクルカー」 1925年
極小の車の中でドライバーは、上着の肘がタイヤのゴムに触れないようにするため、パッドの装着が必要だった。

ミニマリスト（最低限度支持者）的な粗末さにもかかわらず、サイクルカーは自動車を買う余裕のなかった人々に車で走る経験を与え、オートバイと自動車の間のギャップを埋める存在でした。それはまさしく、1900年代初期のフランスに現れたVoiturett（仏・ヴォワトレット／車）として知られる小型車から進化しています。1912年までに、フランスと英国にはおよそ12社のサイクルカーメーカーがありました。そして2年後、その数はそれぞれの国で100以上に増大しました。アメリカをはじめ、ドイツ、オーストリア等のヨーロッパ中のいたるところで急成長していました。

様々なデザイン

サイクルカーの機構的な造りは様々でした。主流は4輪でしたが、3輪のものや、中には簡易荷馬車そのままのような5輪のものさえあったのです。クランクシャフトから車輪に力を伝達する手法と同様に、エンジンのタイプも多様でした。単気筒、2気筒、そしてまれに4気筒、そして空冷、水冷、エンジンはまさに何でも有りだったのです。ディファレンシャルギアの重量とコスト高を嫌って、微妙な摩擦をするクラッチを使用し、ギアボックスから車軸にパワーを伝達するドライブチェーンあるいはベルトと相互作用させて、道路のコーナー付近では通常のホイールの動きを、左右で多少異なった（回転）スピードで回すことを可能にしていました。それらのメカは、エレガントなフルサイズカーのミニチュアから、常軌を逸した極悪なプロポーションに至るボディデザイン同様、多くの選択肢があったのです。原因の1つは、実際の場で実証された長距離走行の信頼性の保証があるにもかかわらず、大半のサイクルカーは、通常のホイールではなく、細長い大径のホイールが装着された脆弱な外観を持っていたことです。

サイクルカーは多少なりとも有能なエンジニアがいれば、在庫のエンジン、ギアボックス、ホイールを組み合わせて極めて容易にニューモデルが創れるほど、シンプルでした。そしてこれは、サイクルカーを新しいデザインに発展させようという自然な願望の結果として、奇異に見える"珍妙なマシン"が頻繁に創出されることに繋がっていたのです。

多くのエンジニアが多くの場所で、雑多なデザインに取り組むという状況では、これらの車両の珍妙な進展は避けられませんでした。例えば、1921年の「カードン」の広告では「No、ベルト！」、「No、チェーン！」、「No、フリクション！」とまで謳われていたのですから…。

短かった生涯

英国では、これらのサイクルカーの専門誌、「ザ・サイクルカー」が1912年、週刊誌として創刊されました。その雑誌は10年後にも、「軽量自動車とサイクルカー」という名前で発刊されていました。が、名前の変更は不吉でした。この間に、フルサイズカーは機能性と信頼性だけではなく、価格に関しても同様に変化を見せていました。

アメリカの「フォード」やフランスの「プジョー」、英国の「オースチン」や「モーリス」、「シンガー」のような主要メーカーが大量生産法を取り入れて、安い価格を実現させていました。そして、それらはサイクルカーの領域深くにまで品質を改善して乗り込んできたのです。

◁ モーゼル・モノトレース・カー
モーゼル社は第1次世界大戦後、この2輪自動車を製作。510ccの4サイクルエンジンを搭載し、1対のスタビライザー輪はレバーを引くことによって下がってくる仕組みだった。

経済的なサイクルカー | 77

英国の1922年型の「オースチン・セブン」は、特に多くのサイクルカーを死滅させました。サイクルカーの小ささ自体が、我が身を滅ぼしてしまったのです。それは水冷4気筒エンジンと共にやって来ました。素早い改良は電気式始動装置、冷却ファン、スピードメーターの改善を含んでいました。結局、この『セブン人気』の急成長がサイクルカーの崩壊を早めたのでした。

小さく経済的な自動車への興味は、最終的には第2次世界大戦後の、1950年代と'60年代の"バブルカー"としての再燃に繋がっています。

クルマ人生
エンジン付き「バックボード」カー

前後の車軸の間に板を渡しただけの簡易馬車は、「バックボードカー」と呼ばれていた。このサイクルカーの5番目の車輪は、驚異的な珍品であって、肝心のエンジンが最後部から推進力を伝達している。これはカーブを曲がる時に、車の駆動輪の内側と外側の回転速度に差を与えて安定性に役立てている高価なギアシステムである「デフ」を不要にする試みでもあった。左右の中央に設置された動力付きの車輪が、左右に等しく動力を伝達するというアイディアは、後輪のシングル化という意味で、後に「モーガン・ランナバウト」にも採用されたように経済的なシステムでもあった。

エンジンが最後部の車輪に動力を伝達する。

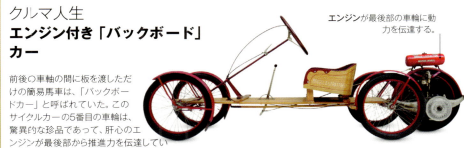

△ ブリッグス&ストラットン・フライヤー 1919年
芝刈り機のエンジンメーカー「ブリッグス&ストラットン」によって製作されたこのバックボードカーは、1925年まで125ドルという価格だった。エンジン付きの第5輪は、フレキシブルな木製シャーシを駆動するため、下げられていた。

△ 「ベデリア・ナイクルカー」
フランスのパリで1910年に製作、発表された縦列2人乗りのベデリアは後席から操縦し、前席の乗客はギアチェンジを補助する必要があった。

| 自動車産業の誕生：1906-1925

中流階級の車事情

初期の自動車は裕福な階級の人々のものでした。しかし、より小さく、より安いモデルが、オートバイとサイドカーよりもちょっぴり高いだけの価格に設定され、中流階級の自動車好きが車を保有できる時代が訪れました。そして車の販売は、ブームと言える状況になったのです。

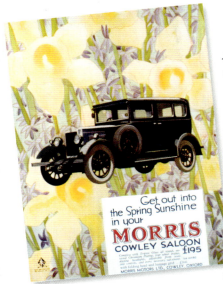

△ モーリスのポスター、1920年代
このモーリスのポスターは、春の日光浴へのお出かけは『コーリー・サルーン』で！と謳っているが、そのためのコストはたったの195ポンドだとも謳っている。

1919年、フィアットはまさにイタリアの中流階級に彼らの憧れだったものを与えました。それは官能的で素敵で、逞しいファミリーカーでした。この車、「501」は4気筒エンジンと、4速のギアボックスで1920年代のイタリア全土に自動車文化を押し広げたのです。それは本当の意味での「国民車」ではありませんでしたが、好況な職種の人や専門職の人々に大きなアピールとなりました。そして65,000台以上の「501」が販売されたのです。恐らく「501」の持つ吸引力は、自動車エンジニアになる前は弁護士を目指して勉強していた、同社の41歳になる技術部長、カルロ・カバーリに負うところが大きかったでしょう。

英国、フランス、そしてドイツ

フィアットと並行した戦略は、ヨーロッパ中、いたるところで噴出していました。自動車の開発にあっては今なお主役の1人でもあるフランスにはシトロエン「タイプC」、ルノー「6CV」、とプジョー「201」がありました。ドイツにはオペル「4ps/Laubfrosch」(ラウプフロッシュ/アマガエル)が、そして英国には、ウィリアム・モーリスが社外の部品供給業者から部品を買い、それを組み立てることで生産コストを下げたモデル、「ブルノーズ」(団子鼻)ことモーリス「オックスフォード」がありました。彼はその後、さらに安く供給可能な部品を見つけ、モーリス「コーリー」用に、アメリカ製のエンジンとアクスル(車軸)を採用しています。

オースチンの参入

ライバルメーカーであるオースチンは、当時、大型車に集中していたのですが、世間の安くて軽量な自動車というニーズからは、足を踏み外しているという事実を悟っていました。そしてハーバート・オースチンは、ロングブリッジの彼の工場近くにある家のビリヤード台の上に、18歳の製図係、スタンリー・エッジの助けを借りて設計図を拡げていました。そして1922年、オースチン『セブン』は発表されました。それは軽量なスチールシャーシと、主として軽量素材の車体回りが採用され、エンジンは「スピット&ホープ」式と名付けられた飛沫オイル散布式の潤滑システムを持ったコンパクトな4気筒。そしてさらなる特徴がありました。それはブレーキが前輪にも装着されたことで、全輪ブレーキが標準装備された最初の生産車の1台であったことでした。

オースチンは、フォーマルなセダンから2シータースポーツまで、様々なバリエーションで『セブン』を数万台売り上げていましたが、『セブン』の影響はさらに拡大していったのです。車はフランスとドイツでライセンス生産され、日本では最初のニッサン車が、極めて類似したスタイルで登場しました。

おもな出来事

- **1911年** アメリカ国外で最初のフォードの工場が、英国、マンチェスターのトラッフォードパークにオープン。
- **1913年** モーリスは「オックスフォード」製造のための部品をコンポーネントで買い入れる。
- **1919年** シトロエンがライトカー、「タイプA」を発表。
- **1921年** モーリスが値下げを断行。年間売り上げを3万台にまで伸ばす。
- **1922年** フィアットがトリノの巨大な工場で、ファミリーカーの大量生産を開始。
- **1922年** フォードが年間製造台数100万台を超える最初のメーカーとなる。
- **1922年** オースチンがアメリカ、ドイツ、フランスで小型車『セブン』のライセンス生産を発表。
- **1924年** 『4PS』がオペル最初のベルトコンベアでの生産車となる。

1920年代中期のモーリスの工場。室内装飾部門が、需要数の達成にチャレンジしている。

◁ 路上のオースチン・セブン
1920年代、二人の女性が路上のオースチン・セブンとともにポーズを取っている。セブンは、サイズの小ささと求めやすい価格でヒットした。

中流階級の車事情 | 79

△ **自動車乗り。**イタリアで彼女たちのフィアット『501』に給油する。1925年

マハラジャの車

第2次世界大戦前、英国のメーカー、ロールス・ロイスにとって唯一最大の顧客グループは、英国からは何千マイルも離れた遠方にいました。

インド各地の支配者、マハラジャは、住まいのある英国植民地からは、遥か彼方にあったロールス・ロイスに、ひと際ならぬ情熱を傾けていました。細部に至るまで巧みに装飾された彼らの豪華車は、特有な「パラディオ」様式のラジエーターグリルを持ち、王朝の長が王族らしい壮大さで臣民の前をパレードするうえで究極の乗り物だと見なされていました。

車の装飾に懸けられた高額な費用は、多くのマハラジャにとって日常だった行き過ぎた贅沢と完全に一致していました。これらの車は、「車輪の付いたミニチュア宮殿」と評しても過言ではなく、その豪華さを際立たせている完全オーダーメイドのカスタム化は前代未聞のものでした。他のどの自動車メーカーも、これに合わせることは不可能でした。

マハラジャたちの愛顧を、英国、ダービーのロールス・ロイスは大いに評価していました。230人のマハラジャが出したオーダーは、1908年から1939年までの売上げ全体の約10%を占めるほどでした。例えば、ハイデラバードのニザム殿下は、1913年に最初の『シルバー・ゴースト』を買いましたが、その車は黄色く塗られ、室内は錦の布が使われており、金で飾られた"動く"王座といった風でした。彼が所有したブランドは、噂によると最終的には50に及んだと言われています（同時に12,000人の使用人がいたとの噂も）。一方、マイソールのマハラジャは一度に7台注文し、そういう重要な注文は間もなく工場で「マイソールの任務」と呼ばれるようになりました。

ロールス・ロイスとしては、それらの車がインドに出荷される前までに、ありとあらゆる機能を組み込めるよう手配していました。それには、特定の衣服や靴下に合わせた車体色から、夜のトラ射ち用の強力スポットライトまで多岐に渡っています。車体の造りは、車のオーナーが人々に敬意を表されることが出来るようオープンであったり、オーナーの家族の女性が一般の男からジロジロと見られないよう、厚めのカーテンで囲ってあることもありました。中には、エクステリアに宝石が散り嵌められている場合もあり、その壮麗な装飾が盗まれないか監視する警備員も必要でした。インドはこれら国宝の輸出を禁止していたため、今日でもその1/4が、インド国内の美術館や個人によるコレクションとして現存しています。

▷ **ロールス・ロイス『シルバー・ゴースト』、1920年**
この徹底的にカスタマイズされた『シルバー・ゴースト』は、ミュンガーのラジャ、ラフウマンダン・プラサド・シン卿のために造られたもので、インドの道路を飾る最も精巧な車の1台である。

右？左？

道路には、世界で統一された行動規範というものは存在せず、それはドライバーが道路のどちら側を運転するか、にまで及んでいます。163の国では右側を通行する一方、76の国では左側を通行しているのです。

伝統的に、世の交通というものは、人間の大半が右利きという単純な理由で決められてきました。もしあなたが右利きであったなら、左側から馬に乗ったり、あなたの右側にいる対戦相手と馬に乗って戦い易かったに違いありません。また剣の鞘を左に装着していれば、鞘は敵から遠くなり、武器を奪われて捕虜にされる危険性を減らし、馬をただ歩かせている場合には、手綱を右手に持てば道路左側の方が歩きやすくなることでしょう。左側からの乗馬は、中世から、古代ローマ、ギリシャ、そしてエジプトでもそうだったように、全てが都合よく、かつ最も普遍的であったに違いありません。しかしフランス人とアメリカ人は、1700年代に逆のことをし始めました。

アメリカでは複数の馬に引かせた大型の荷馬車が普及してきた際、駅者は右手の鞭で全ての馬をコントロールできるよう、最後尾左側の馬の近くに座ることが半ば習慣でした。そして前を走る車に接近した時、鞭を前車から離れた状態に保つため、左側から追い越すようにしていました。そのため駅者は右側を通行するようになったのです。

ヨーロッパでは、ナポレオン戦争がアメリカと同様の交通習慣をもたらしました。戦争に勝った後、ナポレオンはフランスの道路を含めた全ての分野に、自分の意見を押し付けようとしていたのです。あらゆる政策を左から右へと変更させる彼の決定は、道路が右側通行に移行されたのも含めて、小作農に強制する古い上流階級への抗議だったとされています。理由が何であれ、左側は全てが"古いやり方・考え方"とされ、そんなものは

▽ アメリカ、ミネアポリス 3番街、1915
初期の自動車は、路面電車や馬車と道路を共有していた。右側通行は18世紀には、ごく普通のことであった。

△ T型フォード、1908
初期モデルの運転席は中央に据えられていたが、ドライバーにとって道路中央部の視界の良好さが必要であることが明白になると移設された。モデル車では既に左側になっている。

全て取り止めねばならなかったのです。その後フランス帝国が拡大していくと、西インド諸島、フランス領インドシナを含めて、ヨーロッパとアフリカの広大な地域に右側通行が押し付けられたのでした。

入り混じった慣例

T型フォードのようなアメリカ車人気があった結果として、現代では世界の多くの国が右側通行になりました。独立前のアメリカは習慣の寄せ集めで、英国、オランダ、スペイン、ポルトガルの領土は"左側"通行で、フランス領は右側だったのです。

しかし独立後右側通行を選択したため、アメリカは、右側通行に最適化した左ハンドルの自動車を製造しました。それらは最初の大量生産車で、高い信頼性を備えており、世界中にマーケットを持っていました。それらが輸出されると、その車を買った国々では、車に合うように右側通行に移行しています。

英国はこの全てにわたって例外でした。1773年、英国政府は伝統の左側通行を奨励する「ゼネラル・ハイウェイ法」を発表しました。このハイウェイ法は1835年に強化され、英国本土だけではなく、植民地にも及んでいます。日本でも、「これまでずっとそうしてきたから」という理由もありましたが、英国のエンジニアが左側通行で鉄道を建設し、高速道路もそれに従ったという理由で、伝統の左側通行を持続しました。

1960年代、英国で短い間ですが、ヨーロッパ大陸との連携を取るため右側通行に切り替えることが検討されました。しかし、その実行にはあまりに多くの人的、財政的な支出が不可欠であろうとの結論に至り、現在まで英国は、アイルランド、キプロス、マルタと共にヨーロッパにおけるたった4つの左側通行国のままでいるのです。

◁ 車線変更の想い出
「アムハースト・デイリー・ニュース」紙の一面記事は、その翌日、読者に早速この件を伝えている。ノバ・スコシアのドライバーは、右側を通行しなければならなくなった…と。

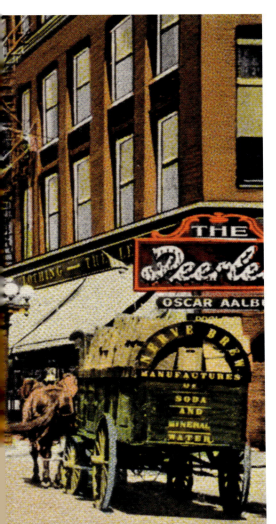

おもな出来事
ダゲン H

「ダゲン・H」あるいは「Hデー」とは、スウェーデンが左側通行から右側通行に変えた日のことだ。Hは、スウェーデン語で右側通行を意味する「Hogertrafik」の頭文字。その日は1967年9月3日に訪れた。その目的は道路交通法を近隣諸国のそれと揃え、またスウェーデン人の90%が左ハンドルの車を運転していたという事実に対処するためである。当日は、午前1時から6時まで不要不急の交通を遮断。そして午前4時50分、全ての交通は一度停止して、慎重に右側に移動されたのだ。変更の結果として多くの路面電車は運休し、バスは運転席と乗客用のドア位置を右側通行に見合った位置に移設する改造がされたのである。

「ダゲン・H」で車はレーンチェンジ！ その日、スウェーデンは左側通行から右側通行への切り替えを断行した。

"（スウェーデンで）短い間ではあったがとんでもない交通渋滞が発生！"

スウェーデンの「ダゲン・H」に関する「タイム」誌の記事

84 | 自動車産業の誕生: 1906-1925

砂漠を越えて

自身の自動車の強靭さと、フランス植民地の偉大さを証明するため、実業家アンドレ・シトロエンは、初めてサハラ砂漠に挑戦しました。砂漠に勝つためには"どこにでも行ける"新しい自動車が必要でした。

標準的な車では、刻一刻と位置を変える砂と、敵対してくる地形に対応するのは全く不可能だったでしょう。しかし、1921年に導入されたシトロエンのautochenilles(仏・オートシェニール、英語ではキャタピラー車)は、この困難なチャレンジには完璧な車でした。この後輪を強力なキャタピラーに付け替えた「半トラック(無限軌道=キャタピラー)車」のアイディアは、ロシアでそのコンセプトを思いつき、既に成功し始めていたアドルフ・ケグラッセから得たもので、彼は皇帝ニコラス2世のガレージで開発を始めていました。ケグラッセのそれは第1次世界大戦時の戦車に使われた重い鉄製キャタピラーと異なり、ゴムと帆布が使われていました。

シトロエンは、マネージャーであるジョルジュ=マリ・アールトに最初の遠征隊を組織するよう指示しました。車両5台と10人の男たちで編成されたチームは、1922年12月17日から、1923年3月7日までの期間に、アルジェリアのトゥグルトからマリのトンブクトゥまでの往復横断を成功させました。トンブクトゥにはちょうど20日間で達し、北アフリカと西アフリカを結んで走った最初の自動車となっています。フランスは本国と植民地の辺境間の連絡道路を必要としていましたが、遠征のルートは、まさにそれだったのです。

この成功に鼓舞されたシトロエンは、隔絶したフランス領マダガスカルへの2万kmにわたる陸路での遠征に着手しました。シトロエンはアルジェリアのコロンブ=ベシャールから南アフリカのケープタウンまでのアフリカ全域を征服するつもりで、この冒険を「Croisiere Noire」(仏・クルーズ・ノアレ=英・ブラック・クルーズ)と呼んでいました。

この遠征車隊は1924年10月28日に出発しました。8台の車と16人のメンバーは、常に身の周りを清潔にし、きれいに髭を剃っておくようアールトから命じられていたので、逞しくもなお規律正しいクルーでした。そして1925年6月26日、一行はマダガスカルのアンタナナリボに到着。ゴム製キャタピラーは減りが早く、絶えず修理を必要としていたので、車がその旅に耐えたのは特に印象深かったと言います。1年後、その遠征隊の70分にわたる冒険映画は、絶賛の内に公開されました。

▷ **キャンプの設営**
ジョルジュ=マリ・アールトの一隊は、1922年から翌23年にかけて、トゥグルトからトンブクトゥ間のサハラ砂漠横断を行なった際、その場しのぎのキャンプで休息をとっていた。前人未到のこのルートは、最終的に贅沢なホテルとレストランが点在する、大規模な貿易や観光の道となることが予想されていた。

"スポーツあるいはビジネスのために
砂漠を通ってナイジェリア地域に出向く旅行者たちを
可能な限り速く輸送することを目的としてる"

アフリカ横断自動車ルートを創設したアンドレ・シトロエンの言葉

1926-1935

スピード、パワー そしてスタイル

1926–1935
スピード、パワー、そしてスタイル

　成功の要因としてのスピードとスタイルは、1920年代後期における自動車の基本的な輸送の役割に関係しており、自動車はそれに固執していました。そして、ラップタイムが更新されるにつれて、スプリントレースと耐久レース、双方の競技が開催されるペースも、大幅に増えてきました。パワーを押し上げるスーパーチャージャーのような新しいテクノロジーは、元々レース用に考案され、次に道路を走る一般車両に応用されるという傾向となり、それは今日に至るまで続いています。

溢れる関連産業

　アメリカと英国では、世界最速記録を更新するという、妄想に近い執念を持った向こう見ずなドライバーにより時速300マイル（482km/h）の壁が突破されました。しかし、それら"雷"のようなマシンには、一般車両との共通点はほとんどありません。巨大な航空機用エンジンと、航空工学を応用した車体は、フィアットやMGのような洒落た車のメーカーがショールームに持ち込んだ、楽しく手頃なスポーツカーとはかけ離れた世界の産物だったのです。

　空気力学、あるいは"流線形デザイン"等は、人気車のデザインに影響を与えましたが、それらは特に科学的という訳ではなく、むしろ建築や家庭用製品のデザインで人気のあった「アールデコ」の傾向と密接に結びついていました。自動車産業は競争力を獲得し、各国はより注目を集める仕掛けを強く求めていました。しかしその舞台裏では、振動を減らし、ロードホールディング性を向上させる完全にシャシーの無い車体構造など、重要な変更がエンジニアによって導入されていったのです。

　イタリアとドイツ両国は、初めての長距離運転専用道路—まるで魔法によって風景が縮小したかのような、快適で整理された複数車線の高速道路—を創り出していました。そしてモーテルや洗車場、24時間の救急サービスのような全く新しいビジネスが、新しさに飢えた新世代の自動車乗りのために出現したのです。しかし、さらに多くの車が道路交通に参入して来る状況となり、さまざまな規律も登場してきました。1930年代初頭とは、立法者が猛烈な激しさで制限速度や運転免許、そして保険といっ

自動車レースで得られたテクノロジーは、やがて一般車両にも採用されていった。

流線形のデザインは特に空気力学に焦点を当てたものではない。

イントロダクション | 89

"さらに多くの車が道路交通に参入して来るというような状況も出現し、規律も押し付けられねばなりませんでした。"

た問題にまで調査を始めていた時代でもありました。オースチン『セブン』のような人気の高い小型車が中古で安く買えるようになると、さらに多くのドライバーと膨大な数の車を台頭させたのです。なかでも「大切に扱われていた中古の」車は特に人気がありました。

ブームと破綻

この騒々しい時代の最中、1929年のウォール街の"大暴落"と、その結果としての大恐慌がやって来ました。1920年代遅くに伝統的な価値観を無視して、短い髪とスカートで街を闊歩していた若い女、"フラッパー"時代の騒々しいパーティがもたらした長い二日酔いのような時代のことです。アメリカの「スタッツ」、英国の「ベントレー」や「サンビーム」、そしてフランスの「ダラック」等、既存の最高級車の一部は、客が離れてしまったため、存続が困難になり買収されるか、永遠に消滅することになってしまったのです。

しかし1930年代半ばまでには、あの楽天主義が戻っていました。郊外の新築の家々には、決まってガレージが付いていました。休日のドライブ（たまにはキャラバン（トレーラー）を牽引して）によって、中流階級は斬新な気分を味わえたのです。さらに、商魂たくましい新たなブランドのSS（ジャガーの前身）車は、手頃な価格で庶民にもたらされたスタイルでもあり、SS車自体が新進のメーカー、「ジャガー」の基礎となっていきました。一方、世界の向こう側の日本は、まさにこの時、自動車産業を興すことが出来た喜びを認識していたのです。

SS車以外の多くの高級ブランドは、1930年代に経営破綻に直面した。

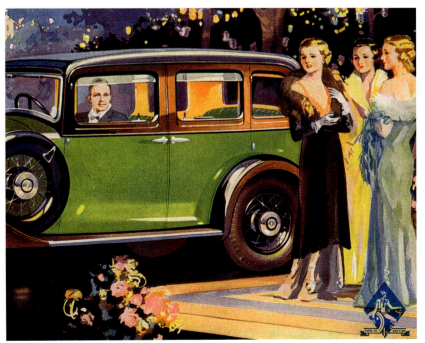

自動車は、中流階級の生活には不可欠なものとなっていく。

自動車レースの主な流れ

「世界グランプリ」、「ル・マン」、「インディアナポリス」でのレースは、車とスピードに対する大衆の関心を高めました。また同時にモータースポーツは、技術的回復を見せたドイツの宣伝ツールにもなっていったのです。

「グランプリ」のタイトルを掲げた、真の意味での世界最高レベルのレースは、既に1906年、フランスで始められていました。「フランス・グランプリ」は、第1次世界大戦前までに5回以上開催されていたのです。1920年代までにはヨーロッパ中の国々で「グランプリ」レースが創設されました。まず先陣を切ったのはイタリアでした。そしてベルギー、スペイン、英国が続き、少し遅れてドイツ、モナコ、そしてスイスも参入したのです。今日まで、アメリカでの第1級のレースとして認定されてきた、『インディアナポリス500』は、1923年に始まり、1930年にそのレギュレーションが変更されるまで、grandes épreuves（仏・グラン・エプルーヴ・大いなるレース）として、グランプリと同様に見なされていました。ますます高速化し、特殊化するレーシングカーは、公道を走る車の開発を優先させようとする機運から、アメリカのレースイベントでは違法ということになっていました。

パワーと政治的駆け引き

ヨーロッパのイベントでは、純粋なレーシングカーは依然認められていました。そしてレギュレーションはピットクルーがタイヤを交換することを認めるよう改定されたため、サービスカーに乗ったメカニックはもう必要とはされませんでした。1922年、レースカーが1台づつ時間を空けて出発するスタート方法は、任意に割り当てられたグリッドポジションによる一斉スタートに変更されました。そして1933年の第1回「モナコGP（グランプリ）」では、ドライバーの完熟走行（予選でもある）のタイム順に決定されるグリッドからのスタートという方式が導入されたのです。

新世紀が始まった当時のレーシングカーは、パワーが最優先され、常により大きいエンジンを使ってパワーを絞り出していたため、印象的ではありましたが扱いにくく、ハンドリングとブレーキ性能に優れた、小さくて低い車にとって代わられたのです。その小さな車に搭載されたエンジンはスーパーチャージャー（過給機）が装備されていました。これは、さらに多くのパワーを絞り出すため、シリンダー内に強制的により多くの混合気を送り込むメカニズムでした。

ドイツの航空系エンジニアは、スーパーチャージ技術のマイスター（達人）でした。そして彼らの創り出すマシンを駆使した自動車レースを、ナチのプロパガンダの手段として使えるよう、その専門知識はアドルフ・ヒトラーによって統制されたのです。ナチの第3帝国は、これまでにないほど強力で洗

△『モナコ・グランプリ』のポスター、1931年。
ロベルト・フィアクッチのデザインのこのポスターは、第3回『モナコGP』の広告。レースはルイ・シロンのブガッティが勝利した。

練されたレーシングカーを開発するために、「アウト・ウニオン」（アウディの前身）と「メルセデス・ベンツ」に資金を注ぎ込みました。結果、ナショナルカラーの銀色に塗られたドイツのマシンは、1930年代を通じてグランプリレースを席巻することになります。

レーシングカーが発展してより専門的になるにつれ、モータースポーツも異なった形式に分岐しました。街から街への一般公道を走るレースは、あまりに危険なため放棄されていました。しかし、それに類似したレースが1911年に遡って人気を持続し続けていたイベント、「モンテカルロ・ラリー」として生き残っていました。

公道でのラリー

「モンテカルロ・ラリー」は、競技者がそれぞれのスタート地点からそれぞれのルートで「モナコ」に集結（ラリー）するレースです。競技は比較的穏やかなペースで推移しました。勝者は指示速度に対しての正確さと、乗員の快適さに対する評価を下す審査員によって決定されましたから、到着地点での車の状況は、スピードよりも重要でした。「モンテカルロ・ラリー」は、1924年に確立し、世界でも最も知られた自動車競技の1つになっていきます。

他にも大きなレースイベントが挙げられます。

▽ ラリーへ出発準備完了
英国の選手、J.A.ドリスコル少佐（左）が、1934年の『モンテカルロ・ラリー』のためにロンドンで出発の準備をしている。が、彼は勝てなかった。

△『ニース・グランプリ』でのスターティンググリッド。1933年。

イタリア人ドライバー、タツィオ・ヌヴォラーリは、事前に行なわれる予選タイムで決まるグリッドにおけるポールポジション位置、最前列中央に陣取る。彼は「マセラッティ8CM」を駆ってレースに勝利した。

1923年に始まったフランスでの『ル・マン24時間』がそれです。そのマラソン的長さと同様、『ル・マン』のレースは、ミュルザンヌの6kmに及ぶストレート（直線）があることでも注目に値しました。その直線がサーキットの一部を形成しているため、最高速度のより高いマシンほど有利になっているのです。元々は航空機デザインから生まれ、蒸気機関車からサイドカーにまで応用された空気力学の「流線形」での経験は、間もなく、『ル・マン』でのレーシングカーのスペシャリストに応用されたのでした。

おもな出来事
ムーンシャイン（密造酒）モータースポーツ

アメリカの南部諸州では、アルコールに対する税金逃れのため、一部の人々によって非合法の蒸溜器を使った「密造」ウィスキーの蒸溜が行なわれていた。それら密造酒を運ぶ車は、外見的にはごく普通の標準仕様のものだったが、法執行官から逃げ切るために、極めて頑丈なサスペンションが装着され、ハイチューンなエンジンが搭載されていたのだ。そしてそのような連中は、仲間内で誰の車が一番速いか、誰が一番運転が巧みかを競ってレース始めたのだった。その結果として、新しいカテゴリーのモータースポーツが誕生し、レースが公正であることを期してルールが作成された。そんな彼らのレース統括団体、NASCAR (National Association for Stock Car Auto Racing) 公認の最初のレースは、1948年に開催されている。

1930年代の禁酒法時代のキャンペーン。警官が飲酒運転で引き起こされた事故現場で、当該車を晒しものにしているシーン。

スピード、パワー、そしてスタイル：1926-1935

長いテールは最高速達成に必要な空力デザイン。

リバティエアロ製V型12気筒27リットルエンジンは450馬力を絞り出す。

2機のサンビーム・マタベレ製22.4リッター航空機用エンジンが動力源だった。

フルカバードの車体は空気抵抗を低減。

右後輪は最後の記録チャレンジ中に故障してしまった。

△ "ベイブス" 1926年
ポーランド人のレーサー、ルイ・ツボロウスキー伯爵によって造られた後、ウェールズ人、ジョン・ペリー＝トーマスによって再生された"ベイブス"は、1926年に275.23km/hをマーク。1927年に再び新記録に挑んだペリー＝トーマスはクラッシュし、死亡している。

△ サンビーム『1000hp』1927年
サンビームはジャック・アービング大尉によって設計された、レコードブレイカー時代最初期に造られた1台だ。ヘンリー・セグレイブはデイトナビーチで1927年3月、327.97km/hの新記録を達成した。

レコードブレイカーズ

記録にチャレンジし、そして破る。陸上、水上、そして空で…、その挑戦は1920年代から30年代にかけて大流行しました。陸上でのスピード記録は、1925年早くには235km/hに達していましたが、その後何度も破られていきます。この時代、最も畏敬の念を集める数値を記録したのは、2人の英国人ドライバー、ヘンリー・セグレイブ卿とマルコム・キャンベル卿でした。セグレイブは1929年、フロリダ・デイトナビーチにおいて「ゴールデン・アロー」に乗り372km/hをマーク、その後、自身の持つ水上での記録を、魔法の領域である161km/h（時速100マイル）で更新しようとしたトライアル中の事故で亡くなっています。キャンベルは最初に402km/h（時速250マイル）を超えた後、442km/hでこれを更新。最終的にはアメリカ、ユタ州のソルトレイクのフラットコース「ボンネヴィル」で483km/h（時速300マイル）の壁を越えています。しかし記録は常に破られ続けているのです。第2次世界大戦が始まる前でさえ、ジョン・コッブとジョージ・イーストン（P.145参照）が製作したマシンが、より速く走り続けていたくらいですから…。

▽ ビーチの青い鳥
キャンベル"ネイピア"レイルトン・ブルーバードは、1931年、フロリダ州のデイトナビーチで、時速246マイル（396km/h）の世界最速記録を達成した。

レコードブレイカーズ | 93

ラジエータースロットはフロント部を横切るように開けられており、最高速アタック中は閉じることが可能。

スーパーチャージャー付36.7リットルのロールスロイス製R V12エンジンは2,300馬力を発生する。

シート位置は以前のモデルより低かった。

直立したフィンが直進安定性を提供。

アルミのボディはヴィッカースの風洞でテストされた。

△ ブルーバード 1935年
マルコム・キャンベル卿は1927年の282km/h（時速175マイル）以下から、1935年には483km/h（時速300マイル）にまで記録を引き上げた。これは英国のブルックランズでトムソン＆テイラーによって造られたマシンで、キャンベル最後の速度記録挑戦車であった。

ツインリヤホイールがさらなるトラクションを生み出していた。

▷「ゴールデン・アロー」、カストロールのポスター。1929年
ヘンリー・セグレイブ卿の新速度記録達成を祝うポスター。

"小さな点だった"デルフト・ブルー"が
あっという間にマシンとなり
通過した後、クラッシュした！"

「オートカー」誌によるブルーバードの記述より。

94 | スピード、パワー、そしてスタイル：1926-1935

BP、
英国、1920年代

シェル・クラウン、
オランダ、
1920年代

トンプソン・ガービ、
英国/アメリカ
1926年

ホークダブルポンプ、
英国/アメリカ、オーストラリアで使用
1930年代

ウェイン モデル520、
英国/アメリカ
1926年

シェル・ヴィッカーズ、
英国
1929年

カギとなる開発
ガソリンスタンドの拡大

ガソリンポンプは元来、ガソリンがランプ用のクリーニング剤として、あるいは燃料として売られていた所で、用意されていたものだ。ポンプの数の増大は、世界的な自動車の普及を反映していたのだが、最も早く自動車用専用のガソリンスタンドが設置されたのは、英国やアメリカのような、主要な自動車マーケットとなっている国々だった。ロシアは、第1次世界大戦が発生するまでには何百という数のガソリンスタンドが設置された国であった。ガソリンスタンドの数が少ないか、あるいは設置が遅れている国ではその普及を待たねばならなかった。例えばギリシャでは、1950年代までは、それが、どこにでもあるという施設ではなかったし、インドで最初のセルフサービスのガソリンスタンドが開業したのは、ごく最近の2011年のことだった。

選択の余地があり過ぎ！このドライバーは1つのスタンドで12種類もの異なるブランドを選ぶことが出来た。1930年代のドイツで。

サッソ キャビネットポンプ、
スイス、1932年

サタム ツインドア、
フランス、1930年代

セオーサモア、
英国、1932年

黄金時代のガソリンポンプ | 95

光る球体が客をひきつけつつ、給油場を照らしていた。

ポンプハンドル
地下のタンクからガソリンを吸い出すためのもので、手で動かしていた

インジケーター
ガソリンのブランドと量を表示。

セオ マルチプル、
英国、
1932年

ジェックス ビジュアルポンプ、
フランス、1932年

ミュラー"ビッグベン"、
ドイツ、1930年代

セオ 電動式、
アメリカ、
1936年

黄金時代の
ガソリンポンプ

初期のドライバーは、缶に入ったガソリンを薬局や金物屋で買っていました。しかしガソリンポンプの登場により、給油作業はより簡単、素早く、かつ安全になっていったのです。

最初のポンプは手で操作していました。それらのポンプは、客にガソリンの給油量が正しいことを明示し、安心させるために、量が印された透明なガラス製の計量シリンダーがポンプの最上部にあるのが特徴でした。一旦このシリンダーで計量したガソリンは、ホースを通して車の燃料タンクに重力落下で給油されたのです。

今日のガソリンスタンドが、単一ブランドの燃料供給会社と結びついているのに対し、この時代のドライバーにとって、1軒のガソリンスタンドが異なるブランドを提供することは、当たり前でした。それらは"マルチプル・ポンプ"といい、写真・左の「セオ・マルチプル」のような大きなポンプであり、複数ブランドの分配が可能だったのです。車で走ることがますます一般化すると、多くのドライバーたちにすぐ給油できるよう、給油ノズルが2つあるダブルポンプも導入されました。

ドライバーにとってのポンプが給油用であったのに対し、ガソリンメーカーにとってのポンプは商品を宣伝する手段でもありました。それ故、ポンプは一般的に明るい色に塗られ、ブランドを目立たせるためのホーロー引きの看板と、光で彩られたガラスシリンダーを特徴としていました。道路網とその他のインフラが、まだ自動車のために開発されていた時代、これらのカラフルなポンプは1920年代と30年代のドライバーに、現代というものの進歩の指針と捉えられていたに違いありません。

96 | スピード、パワー、そしてスタイル：1926-1935

洗車場にて

自動車が馬にとって代わり始めた途端、企業家は間もなく初期のドライバーたちのために、メンテナンスをするサポートネットワークの開発を始めました。そのようなサービスの1つが1914年、デトロイトに初めて出現した洗車場でした。

　20世紀初頭、街の外に1歩踏み出せば、舗装道路はほとんどありませんでした。そしてほとんどの場合、田舎でのドライブとは、車を土と、泥と、埃まみれの汚れの塊に変貌させるものだったのです。

　その不潔極まりない車に、2人のデトロイトの実業家、フランク・マコーミックとJ.W.ヒンケルは"金のなる木"を見出していました。ヘンリー・フォードの動くアッセンブリーラインによる製造方法に触発され、2人は広く世間に"世界初"だと信じられている、自動化された洗車場なるものを創り出しました。それがデトロイトのウッドワード大通り1221番地に出現した車の『洗濯屋』なのでした。彼らのスローガンは、「郊外は全部ダートだぞ！」でした。

　車の洗濯屋の言う"オートメーション"とは、まあ言ってみればエキゾチックなイメージによる機械によって行なわれる作業ではなく、「フォードの流れ作業」にも及ばない人力によるもので、ほぼ作業員の努力で成立していたのです。デトロイトの「歴史協会」の資料によれば、客は「脆い部品はすべて外れる！」という覚悟を持って自分の車を預けていたと言います。その作業工程では、バケツを持ってブラシを振り回している作業員の一隊が、水と石鹸で車体回りとホイールを洗う間に、数人の男が車をラインに沿って押していました。その後、車は手拭きで乾かし、真鍮の部品は磨き上げられます。これらのプロセスには30分を要し、その料金は当時では大金だった1ドル50セントでした。

　本当のオートメーションが出現し、普及するまでにはなお数十年を要しました。その歩みを振り返ってみれば、まず最初に車を動かすベルトコンベアが登場し、1930年代には水と石鹸を調合し、頭上から振りかける"スプレイヤー"が導入されましたが、未だに作業員が車を手洗いし、乾燥させていました。最終的には『車の洗濯屋』があった場所から1マイル弱の所に『ポールの自動洗車』が出来、最後に足りなかった装置を追加しました。50馬力の強力強風乾燥機がその最後の1ピースでした。『車の洗濯屋』が日に100台仕上げていたのに対し、『ポールの自動洗車』では、1日に180台の洗車が行なわれていたと推定されています。

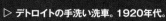 デトロイトの手洗い洗車。1920年代。
洗車用コンベアベルトの開発前は、作業員が人力で車を押していた。1914年には1台仕上げるのに30分かかっていたが、1920年代までに、すすぎ洗いから乾燥まで含めてたったの5分に短縮された。

流線形スタイル

1930年代、スリリングな外観と技術的習熟とを組み合わせた車を設計することにおいて、大西洋の東西で有名な高級車ブランドが競い合ったことにより、創造力とエンジニアリングが1点に収束したのです。

△ アルファロメオ『8C 2300ベルリーナ・スポーツ』1933年
成功したレーシングカーのラインナップに触発されて、アルファロメオは高性能仕様のツーリングカーを製作した。DOHCの直列8気筒を搭載した優雅なファストバックスタイルのベルリーナは、熟練工の手造りにより、たった249台のみ作られた。

△ タトラ『T87』1936年
このパンフレットのモデル、『T87』は、特有のフィンが強調されたデザインで、8気筒エンジンによるスピードが強調されていた。

自動車デザインは、技術とコーチワークスタイリングへの新しいアプローチの進歩に拍車をかけられて、10年以内の間に大改革を遂げました。「流線形」にするということは、広範囲に影響を及ぼす現象でした。スピードとエンジニアリングに影響を与えた「未来志向(Futurism)」と「構成主義(Constructivism)」というヨーロッパの芸術の動向は、「アール・デコ」デザインの傾向と共に、自動車デザイナーの意識の中に、少しずつ沁み出してきました。

デザインにおける科学

「アール・デコ」の影響を受けていましたが、流線形化は科学的なアプローチを支持し、スピードと動きを表現している装飾が取り除かれました。「アール・デコ」の鋭い幾何学的パターンは、曲線と細長いラインに置き換えられたのです。新たに発足した航空会社による、広告看板や、新聞や雑誌で宣伝する銀色に輝くダイナミックな飛行機のデザインも、同様にインパクトを与えました。デザイナーは科学と工業が世界を変えられるという考え方と、視覚的言語がこれらを表現しているように見え興奮していました。そして大きな影響力があることを証明した先見の明のある人物が、オーストリアのエンジニア、ポール・ヤーライでした。彼は航空機からキャリアを始め、1927年に自動車へ転向。流線形のコンセプトを開拓したのです。彼の行なった風洞実験は、流線形デザインの局面を研ぎ澄ますのに役に立ちました。ヤーライは大メーカーであるメルゼデス・ベンツ、アウディ、クライスラー、マイバッハ、フォードを含む大メーカーの車を多く手掛けています。もう1人の目立った「流線形」の使い手は、1932年出版の本、「ホライゾン」で、自動車デザインの未来的なビジョンに流線形を含めたミシガン生まれのデザイナー、ノーマン・ベル・ゲッディスでした。彼はその後、グラハム・ペイジ、クライスラー、ゼネラルモータースとコンサルタント契約を結んでいます。

テクニカルな側面

工学的な革新は、自動車デザインを急進的にするのに一役買いました。車の下の方を見た時に目線を遮っていたフレームをなくしたことで、ピラーレスウィンドウは滑らかなラインが可能になりました。巧妙に隠されたドアヒンジも同様に、継ぎ目のない滑らかな外観を実現するのに役立っていましたし、重心の低いシャーシは、ルーフラインの空気の流れを向上させ、シートがより低くなることを意味していました。そして2トーンカラーの配色設計が、乾燥時間の短いセルロース系塗料の登場で実現可能となり、スタイリッシュな外観を形成させたのです。英国のコーチビルダー、「アルベニー・キャリッジ」は、1927年に飛行機を彷彿させる『エアウェイ・サルーン』を展示モデルとした、流線形スタイルの早期の実践者でした。

チェコスロバキアのメーカー、「タトラ」も同様にいち早いスタートを切っていました。1930年代初期に、ポール・ヤーライの原理を応用してプロトタイプの製作をスタートさせています。その車両は前面投影面積を小さくするために、空気力学に優れたコーチワークを採用し、空冷エンジンをリヤに搭載していました。ハイライトは1936年のタトラ『T87』でした。最高速度は161km/h(時速100マイル)に達し、当時最も速い市販車の1台となりました。しかしタトラは、1933年のシカゴ世界博に登場したピアス・アローの『シルバー・アロー』を目の前にしてショックを受けました。その急進的なデザインは、低いエンジンルームに搭載された広角のV型12気筒油

レイモンド・ローウィと、彼の流線形自動車デザイン

伝記
レイモンド・ローウィ

機能的な様式への情熱がレイモンド・ローウィのキャリアを下支えしていた。そして彼は自動車業界における"流線形"に多大なる影響を与えたのである。1919年、マンハッタンで「ヴォーグ」誌と「ハーパーズ・バザー」誌でファッション・イラストレーターとして仕事を始め、後にフリーランスとなって「5番街サックス」と「メイシーズ」両デパートのショーウィンドウのデザイナーとして働いていた。そして10年後、工業デザインに転向すると、「ハップ自動車会社」に雇われたのを契機に、蒸気機関車、冷蔵庫、コカ・コーラのボトル、シェル石油のロゴ等のデザインを手掛けていく。自動車業界へ寄与した仕事のハイライトは1953年のスチュードベイカーの『スターライナー・クーペ』であり、これはニューヨークの「現代美術館」によって"美術品"とさえ評されたのだった。

流線型スタイル | 99

"我々は新しい
時代に入って
行こうとしてします。
来るべき
時代への準備は
出来ていますか？"

ノーマン・ベル・ゲッディス、『ホライゾン』より。

圧タペット付きエンジンを持ち、1万ドルというショッキングな正札が付けられていました。そして未来の車という称賛を受けていたのでした。同年、キャデラックはV型16気筒エンジンの『エアロダイナミック・クーペ』を初公開しています。

一方、イタリアではアルファロメオが、『8Cベルリーナ・スポーツ』を発表。ドイツではメルセデス・ベンツが魅力的なエアロダイナミック・サルーンを研究していました。1934年、生産ラインから生み出された、メルセデス・ベンツの『500K・アウトバーン・クーリエ・スポーツ』は、絶対速度記録車の製作に関わってメルセデス・ベンツで働いていたヴニバルド・カム教授の理論から多大な影響を受けていました。そしてこれはこの後何年もの間、ボディフォルムの標準になっていったのです。

競争が1934年のクライスラー『エアフロー』という形で来ました。その販売は不調でしたが、スラリとした外観を特徴としていて、立体的なフレームデザインと上質なハンドリングは、普及車クラスのフィアットから高価な『タルボ』まで、ヨーロッパのニューウェーブに影響を与えたのです。

▷ ニューヨークのクライスラービルに展示されるクライスラー『エアフロー』、1937年
未来的な車、クライスラー『エアフロー』は経済不安な時代の中、あまりに過激すぎることが判明した。その流線型の外観が幾分異質だっただけではなく、その造りの豪華さにより、小売価格はとても高価なものだった。

スピード、パワー、そしてスタイル：1926-1935

オーバーヘッドカムシャフト エンジンは、活発でレスポンスが良かった。

クローズドの車体上部は防水性の布で覆われている。

ワイヤーホイール はほとんどの新車がスチール製だった1930年代においては貴重。

△ **シンガー『9 ル・マン』1933年**
1928年、シンガーは英国第3位の大自動車メーカーであった。しかし、この『9』の活発なハンドリングとユーザーの定評にもかかわらず、会社は熟成と革新を怠って、最終的には時代に後れを取ることとなった。

弱いエンジンマウントがエアフローの性能を損なっていた。

△ **クライスラー『エアフロー』1934年**
このアメリカンサルーンは、流線形（それほどでもなかったが）の外観により、現代的な表現を試みた。しかし品質が低く、人気が得られなかった。

フェアリング付のリヤホイールにより流線形のイメージをアップ。

「単一」設計

庶民的な車は、1930年代に基本的な部分で変革を遂げました。それは一般の人々や、モーターショーで新型にうっとりしている誰彼にも明らかだったわけではありません。しかし、それらの車で一般公道を走れば、どのドライバーとその同乗者にもその変革が感じられたのです。

エンジニアが、1つの「単一」部品として、シャーシ（車台）とボディを製造し、それまでのシャーシとフレームが別個である必要性を排除する方法を考え出しました。この傾向は、以前ボディパネルをサポートしていた木製の内側フレームを廃止して、鋼板を溶接して造った1つの構造体のボディを、「ダッジ」が最初のサルーンカーのボディとして導入した1917年から、既に始まっていたのです。しかし、シトロエンは1934年、『トラクション・アバン』に採用した溶接された「ボディ／シャーシ」で、その概念をさらに近代化していました。

それがなぜ、重要なのかですって？

「単一」あるいは「モノコック」デザインが利用可能な工場ではオートメーション化が進み、大きく向上した剛性と強度によってロードホールディングが格段に向上した上、振動と路面からの突き上げが際立って減少したために、ドライバーとその同乗者に、ずっとずっと快適な乗り心地をもたらしたのですよ！

エンジンは、別体のフレームに格納されていた。初期型は1.3リットルを特徴としている。

鉄製の支柱が床に配置され、車体剛性を強化。

△ **シトロエン『トラクション・アバン』の構造。1934年**
この図は『トラクション・アバン』のボディとシャーシがどのように結合され捻じれに強い1ピースユニットとなっているのかを示している。エンジンは、メインシャーシとは別の、車の前部分のサブフレームに取り付けられている。この車両はまた、初の前輪駆動大量生産モデルの1台であった。

▽ **モノコックデザインの使用**
1930年代、オペル『オリンピア』と3人の乗客がオーストリアの高原を走る旅での1コマ。小型車『オリンピア』は、モノコック設計されたドイツ最初の大量生産車で、1935年から40年の間に16万8,000台が生産された。

「単一」設計 | 101

前輪駆動とフロントのトーションバーサスペンションが良好なグリップとハンドリングを生んでいた。

広々としたトランクが、高い積載性を提供。

ファストバックスタイルは、風洞実験から生まれた。

コンパクトなV型4気筒エンジンをボンネット内に搭載。

△ シトロエン『11 ラージ』1935年
『トラクション・アバン』(前輪駆動車)は、よく知られた存在であり、シトロエン先進のファミリーカーデザインは、正真正銘水準向上の牽引者であった。W.O.ベントレーも1台所有していて、その上質なハンドリングを称賛していた。

クリーム色のホイールが、黒い塗装を引き立たせる。

△ ランチア『アプリリア』1937年
この超現代的な小型車には、最新の「単一構成」技術が盛り込まれていた。ボディ強度は非常に高く、前後ドア間のピラーは不要だった。そのスラリとした車体は風洞実験によるものである。

"『エアフロー』だけが持つデザイン原理を凌ぐクルマは他にありません!"

クライスラー「エアフロー」の宣伝コピー

102 | スピード、パワー、そしてスタイル：1926-1935

高速車線の交通

自動車用に造られた多車線ハイウェイが、国と大陸全般を広げました。そういった道路をアメリカでは「フリーウェイ」といいますが、それら道路が、運転が一般化した世代にもたらした自由をまとめてみました。

　自動車専用に確保された道路は、モダンライフに不可欠な要素です。ドイツはこれらを発明した国としてよく引き合いに出されます。1921年10月にベルリン近くの2つの有料道路「AVUS」(アブス) が開通し、公共交通の場として開かれてはいましたが、その主な役割は走行試験場もしくはレース場でした。

　実質的には、1924年にイタリアが、ミラノから北イタリアの湖を結ぶ「アウトストラーダ」を建設したのが自動車専用道路の始まりでした。企業家の伯爵、ピエロ・プリチェリとエンジニアによる独創的発案物は、イタリア国王によって、1924年9月に開通しました。それはそれぞれの方向に1車線しかない構成でしたが、その1車線が区分けされたのは大英断でした。これにより、イタリアのドライバーは北イタリアの山岳方面に素早く、そして容易にアクセスが可能になりました。道路建設はとても偉大なことに思われたようで、特別な制服を着た士官が、完全装備の軍用車で、やって来た個々のドライバーを歓迎したほどなのです。

　自動車専用道の建設というアイディアはかなり大胆なものでした。何故ならば1924年当時のイタリアには全体で57,000台の車しかなかったのです。しかし、1938年までには毎日2,000台以上の車がこの道路を利用し、建設コストの全額は既に償却されていたのです。他の国々はイタリアの例を素早く研究し、自国に導入するために多くの視察団を派遣していました。

　多車線高速道路の実現までには、さらに時間を必要としました。最初の2車線のハイウェーは、ドイツのケルンとボンの間に建設されました。「アウトバーン」という用語は、この時点ではまだ生まれていません。その呼び名はナチスがドイツを席巻した後に生まれたものだったのです。そして、その時、アドルフ・ヒトラーは最初のアウトバーンをフランクフルトからダルムシュタットまで建設するよう命じ、1935年に完成しています。ご存知のように、ドイツのアウトバーンには今日に至るまで制限速度に上限はありません。アウトバーンでの過去最高の速度記録は1938年にレーシングドライバー、ルドルフ・カラッチョラによってマークされた432km/hという驚くべきものです。

　そして多車線ハイウェイへの熱情は、各国に広がっていきました。それぞれの開通年度は、アメリカがフリーウェイとして1940年。以降スウェーデン1953年、フランス1954年、そして英国の1958年と続いたのです。

旅行での革命
ドイツのアウトバーン、1935年の光景。1920年代に最初に計画されたドイツの新しい多車線ハイウェイは、ドライバーが速いスピードで走行することを可能にした。対向する車線間の中央分離帯は、安全性改善に大いに寄与した。

アール・デコの優雅さ

アール・デコは、ステンレス鋼、クロムといった最新素材で構成された、柔かく、そして湾曲した縁を用いて過去からの芸術スタイルを再処理することにより、1930年代デザインに革命をもたらしました。それは自動車業界を含め、生活の多方面に影響を与えたのです。

△ モーリス『ビッグ6』の広告。1936年
アール・デコの影響が、この保守的に洗練された車の販売に一役買っている。そしてこのモーリスの広告の色遣いは、典型的なアメリカの魅力を車に反映させている。

アール・デコが本当に定着する前には、自動車のスタイルは乗客のための箱であり、エンジンを収容する箱であり、また車輪の上にある泥除けとしてしっかりと確立されていました。細かい部分では違っていたかも知れませんが、いかなるクラスの車であっても、車の過半数は大まかに言って類似して見えたものです。アール・デコの影響の到来により、自動車メーカーは1930年代、40年代、50年代を通じて、そういう概念に対してどちらかというと自由な表現を可能にしていました。

機能の後に続く形式

「コード」のような自動車メーカーが、新しいスタイルを技術的進歩の告知として使いました。コード『810』はアメリカに出現した、最初の独立したフロントサスペンションを売り物にした前輪駆動（FF）車の1台でした。ラジエーターグリルの代わりに丸い縁、隠されたライト、精巧な輪がね等と共にマッチさせることを考えた最新のボディデザインはただ自然でした。アール・デコがそのようにうまく要約されことは、歴史によって操縦される未来を具体的に示したのです。

流線形スタイル

ウィリアム・スタウトは彼の『スカラブ』（P261参照）を空前絶後のアール・デコ車の1台に列しました。自動車と飛行機の胴体のミックスを意図したボディデザインで、伝統的な分割型シャーシを廃止。内部は3列目のシートを装着してその前側には取り外し可能なテーブルを装備。2列目のシートは回転して3列目と向き合うことが可能なことを売り物にしていました。MPV（ミニバン）の熱狂的流行が定着する50年も前に、この『スタウト・スカラブ』は、単なる移動の手段としてだけではなく、オフィスや家族用スペースとしての使用が可能でした。未来的なビジョンは"前向きな"デザインと評するに値した

△「ウェイクフィールド・トロフィー」 1929年
このトロフィーは新しい地上絶対速度記録、372.341km/hの達成に対し、チャールズ・"チアーズ"・ウェイクフィールド卿から、少佐であるヘンリー・オニール・セグレイブ卿に授与された。

のです。その滑らかにカーブしたポントン（架橋）様式≪全幅にわたって統合されたウィングと厚板の壁板、そして廃止されたランニングボード（踏板）≫は革命的で、自動車デザインというよりも航空

カギとなる開発
アール・デコの動き

アール・デコは、芸術的思考の時代の数々を効果的に寄せ集め、その最善のものを新しい素材や技術と融合させることで、これまでにない斬新な進歩を生み出した。その分かり易い例がニューヨークのクライスラービルである。第1次世界大戦の直前にフランスで始まったアール・デコを、既にアメリカの大恐慌の時代までには、わずかながらもやや外交的な「アート・モダン」スタイルへと洗練されていた。これには技術的な文化の面で見られる流線形を反映するために、曲面、プラスチック、そしてクロームメッキが利用されている。アール・デコデザインの要素は1950年代にも多く見られ、今日においても熱狂的なアンティークファン間で高い人気を保っている。

ロールス-ロイス『ファントム1　エアロダイナミック・クーペ』。製作者はヨンクヒールで1925年の作。

アール・デコの優雅さ | 105

機の考え方に近いものでした。全部で9台が製作され、そのうち5台が現存しています。

ヨーロッパでは「ドラージュ」と「タルボ・ラーゴ」のような自動車メーカーが、アール・デコの自動車デザインのパイオニアとなっていました。それらタルボ・ラーゴ『T150クーペ』を含む1930年代後期のデザインは、アール・デコ時代の柔らかな縁とクロームの衝撃的な影響を示していて、自動車の世界を無限に多様なものとしています。このようなスタイルの車は、そもそもタルボ・ラーゴのような車が極めて裕福な市民だけのものであったにせよ、安い筈がありません。他のほとんどのドライバーは、彼らの退屈なセダンの中から、羨望の眼差しで凝視するしかなかったのです。

けれども、富裕層にアール・デコスタイルを提供していたのは、単に自動車メーカーだけではなかったのです。ベルギーの「ヨンクヒール」のようなコーチビルダーは、彼らのもとに運び込まれたどのシャーシにも豊富なアール・デコデザインのボディを造っていました。彼らが提供するものは、この一対の丸いドアとテールフィンを持ち、流線型のボディフォルムを身に纏ったロールス・ロイス『ファントム1』（左参照）のような車を含め、顧客にすれば贅沢すぎるものではありませんでした。

長引く影響

車のアール・デコスタイルは、ハーレー・アールのジニット機を彷彿させる創造物と並ぶ初代シボレー「コルベット」のようなモデルと共に、1950年代までアメリカでは持ち堪えました。しかし、柔らかな曲線は既に過去のものになろうとしていて、クロームの使用が活気を帯びる中、自動車界のアール・デコの本当の時代は終わりを告げたのです。

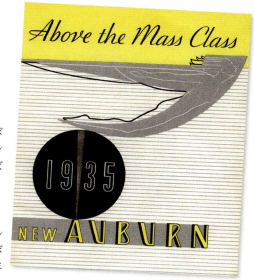

◁「オーバーン」のセールスパンフレット。1935年
「オーバーン」と姉妹会社「コード」と「デューセンバーグ」が、アメリカでのアール・デコ様式を自動車に取り込んだ最先端メーカーであった。オーバーン『スピードスター』は、1930年代アメリカの最もスタイリッシュな車の1台とされていたのである。

▽『SS 1』の中の日の出。　1935年
SSカー（後のジャガー）が、アール・デコスタイルをわずかとはいえ英国中流階級にもたらした。この『SS 1ツアラー』のような車は、当時最も精巧なものの1つとされていた。

ザ・ベントレー・ボーイズ

英国のスポーツカーブランド、ベントレーの裕福なドライバーたちはスピードへの強い熱情により連帯していました。そして彼らのがむしゃらな姿勢が、レース場での成功をもたらしたのです。彼らは不摂生な生活を楽しみ、1920年代のプレイボーイのライフスタイルを謳歌していました。

戦前の英国自動車事情の中で、誰が最も感動的なフレーズを考え出したかは知られていません。が、魅力的な「ベントレー・ボーイズ」が一般に知られるようになったことから、1920年代のモータースポーツについての熱狂的で面白く、かつ大胆であったすべての側面を要約してみました。"ベントレー・ボーイズファンクラブ"という非公式のクラブに加入するためには、高級車ベントレーでもレースの勝者になれたという確固たる常識の転換が必要です。

ダイアモンド鉱山の跡継ぎ、ウルフ・バーナートや、元戦闘機パイロットヘンリー・ティム・バーキン卿のような裕福な上流階級人が、この精神の典型を示しました。ベントレーの執着心とパワーを利用し、目一杯情熱に拍車をかけ、そして結果を出したのです。バーナートは「ル・マン24時間」に3度優勝し、一方バーキンはスーパーチャージャー付ベントレー『ブロワー』を造って、ブルックランズサーキットの最速ラップだった222km/hを達成しています。

会社創設者のW.O.ベントレーは、グループの懐深いゴッドファーザーとしての役目を果たし、ボーイズがもたらした自身のブランドが放つ魅力に酔いしれていました。そしてグレン・キッドストン大佐、宝石商のバーナード・ルービン、カナダのレーシングドライバー、ジョン・ダフ、そしてレポーターのサミー・デイビスたちのような才気あるキャラクターが結集して無敵のチームを作り、1927年から30年にかけての「ル・マン」4連覇という偉業を達成したのです。

W.O.ベントレーはかつて彼自身の口で、「ベントレー・ボーイズ」の引き起こしたバカ騒ぎを伝えるメディアについてこう語っています。「一般大衆はね、彼らが、高価で豪華なメイフェアの超豪華マンションに何人かの女性と住んでいて、もちろん何台かの非常に速いベントレーがあって、ナイトクラブでシャンパンを飲み、乗馬を楽しみ、株の取引をして、週末のレース場では猛烈にかっ飛んでいると想像をするのが好きなんだよ。だが、少なくとも、そのいくつかについてはインチキだ！」と。

彼らは"駆け足で"生き、チームは1930年のシーズンの終わりに解散しました。そしてベントレーの自動車レースにおける短いけれども目のくらむような物語は、終わりを告げたのです。

◁ **勝利のベントレーボーイズ**
ベントレー『スピード6』で1930年の「ル・マン24時間」に勝った後のグレン・キッドストンとウルフ・バーナート（左から2番目と3番目）。そして2位でフィニッシュしたディック・ワットニー（左）とフランク・クレメント（右）

遠く離れた彼方へ

20世紀初頭の10年というもの、世の中の大半はまだ自転車とおとなしい家畜で間に合わせていました。それにもかかわらず、この後数十年の内に自動車はすべてを手に入れ、まさに世界を征服してしまったのです。

△『GAZ（ガズ）－M1』、1936年
1930年代半ばまでに、ソ連のメーカーGAZ（ガズ）は、その時代、ソ連のアイコンともなっていた『GAS－M1』を生産していた。最高速度は105km/hで、赤軍によってスタッフ・カーに採用されていた。

自動車業界のグローバル化はその勢いを増すのに数十年を要しました。しかし、それはフランスの新聞「Le Matin（ル・マタン）」が企画した、「北京〜パリ」レースの開催によって1907年に一気に促進されたのです。これは自動車が、人をどこにでも連れていけることの証明でもありました。

北京からパリへ

当時自動車がまだ珍しかったことを考慮すると、40人の参加者がエントリーしたのは驚くべきことですが、6月10日にフランス大使館前でエンジンをスタートさせる準備ができたのはたったの5チームでした。北京からのルートは、特派員が途中でリポートを送信できるようにとの理由で電報のラインに沿っていました。チームはモスクワへ向かう途中、バイカル湖を迂回して外モンゴルとウランバートルへの山と大草原、砂漠を渡り、その後パリを目指して、ロシア、ポーランド、ドイツ、ベルギーを横断したのです。

全般的に見れば競技参加者は、これまで誰も車で通ったことのない土地を14,994kmも走破しました。これらのエリアでは地元の人たちがチーム員たちのポンコツ化した車で通るのを、信じられないといった目つきで、ただ傍観しているだけでした。ゴビ砂漠では遊牧民が、フランスの3輪車「コンタル」のクルーを救助しましたが、それは彼らにとって最初の車との遭遇でした。そして、その車自体

▽ 泥でのスタック
1907年の「北京〜パリ」レースで、ゴビ砂漠の泥から引き上げられる『ド・ディオン・ブートン』車と、ドライバーのビクター・コリニョン。

▷ コンゴでのオーサ・ジョンソン
「北京～パリ」レースの後、冒険家は自動車を最大限に活用することに着目していた。1930年、オーサ・ジョンソンは『ウィリス・オーバーランド』を駆ってベルギー領コンゴを探検。途中、「イトゥリの森」でムブティの人々と友達になる。

は砂で進むのが困難になり、放置され錆びるに任せたのでした。

イタリアのジャーナリスト、ルイジ・バルジーニは、出会った地元の人々の反応を記事にしています。中国人が「chicho（チチョ）」、あるいは燃料チャリオット（古代の戦車）と呼んでいたものには無関心な一方、モンゴルではあるグループが、自動車の力は、見えないが「羽の生えた馬」によるものと確信していたと書いています。

結局、最初にフィニッシュラインを越えたのは、イタリアのシピオーネ・ボルゲーゼ殿下でした。シベリアで橋から落下するというアクシデントにもかかわらず…。

広範囲にわたる自動車産業

自動車はアジアでは、少なくとも1930年代までは希少品のままでした。インドでは、最初の自動車がカルカッタの住人によって輸入され、1897年に陸揚げされました。そして翌年までにボンベイにはさらに4台が輸入されていましたが、そのオーナーたちの1人が、インド最大の自動車メーカー、「タタ・モーターズ」の創立者、ジャムシェトジ・タタでした。ちなみに現在ではタタが「ジャガー・ランドローバー」社のオーナー企業となっています。マドラスではサミュエル・ジョン・グリーンが、1903年に蒸気自動車でセンセーションを巻き起こしています。が、もし、これらがなければインドでの自動車は、ゼネラルモータースの子会社がボンベイの工場で組み立てを始めた1928年まで空白のままだったのです。

他の遠方、とりわけ経済基盤を持たない地方では、自動車の需要がますます高まっていました。ハリー・タラントは1897年、オーストラリアで初のガソリン車を造り、その後さまざまな改良型も手掛けています。そして彼は1907年に国内初となるアッセンブリー（組み立て）と販売のための「フォード」のフランチャイズを引き受けました。南アフリカではペルー人のエンジニア、ファン・アルベルト・グリエブが1908年に、アフリカ大陸初の自動車を製作しました。しかし彼が政府に助成金の申請をした時、国が必要としているのは、ペルー人の「実験」などではなく、質の高い外国製品の輸入であることを告げられたのです。

他の極点に目を移すと、中国では愛国心を啓発するために、自動車の輸入を制限していました。そして中国最初の国産車、『Jiefang（解放）』トラックは1956年に"出発"しました。そして1980年代に入ってさえ、中国では首都以外では自動車は希少でした。そして主として存在していた自動車は中国産の官僚向けのリムジンか、ソ連製の『ラーダ』でした。

で、そのソ連自身の自動車産業は、1936年にソ連のアイコン的存在である『GAZ（ガズ）－M1』を生み出し、第2次世界大戦までにはしっかりと確立していました。

▽ 道路の共有
1930年、自動車はカルカッタでは未だ珍しい存在だった。写真では『モーリス・サルーン』と『シマウマ馬車』が道路を共有している。

"車を持っている限り 人は何でもできるのです！"

1907年1月17日号のフランスの新聞「ル・マタン」の記事より

110 | スピード、パワー、そしてスタイル：1926-1935

道路をより安全に

1920年代半ばまでに、自動車の販売は急増していました。しかし効果的な速度制限はなく、運転免許試験も最少年齢制限もないままで、交通事故があまりにも頻繁に起きていました。そして、法規がドライバーと歩行者双方の安全のために必要だとされたのです。

△ 秩序を守る
デモ参加者が、横断歩道のような道路の安全性改善を要求している。1920年代。

英国では国としての制限速度20マイル（32km/h）が、1903年から施行されていましたが、ほぼ無視されていました。それを是正するため、制限速度は1930年の道路交通法によって撤廃されたのです。これにより、車のオーナーたちは捕まる恐れなしに、国中どこでも好きな速度で走れるようになったのですが、バスとトラックでは、最高速度が時速30マイル（48km/h）に制限されました。

また飲酒運転、薬物摂取による酩酊運転への予防措置として、不注意・危険・無謀運転罪の法規も導入されたのです。ドライバーは保険に加入する義務も生じましたし、体の不自由なドライバーは運転免許試験を受けなければいけませんでした。そしてドライバーの運転エチケットを普及、標準化するための「道路交通規則集」（The Highway Code）の初版が、1930年に発行されました。

制限速度の無い状態は、死者の増加に繋がってしまいました。その数は、1926年には4,886人であったものが、1930年には7,305人に急上昇。その5年後には、半数が歩行者を巻き込む7,343人となってしまったのです。これらの結果を受けて、1935年に施行された新しい道路交通法では、市街地での速度制限として時速30マイル（48km/h）が規定されました。

この法令は、1934年に改訂された、ドライバーは全員が運転免許を所持している必要があると定めた条項を含め、その大半がその後も効力を持ち続けていました。その他では、1935年の、道路の左右どちらかにポールの上のオレンジ色に光った電光球のある場所を横断歩道に設定する、という条項の導入もありました。これは後の英国の運輸大臣レスリー・ホア・ベリーシャにちなんで「ベリーシャ・ビーコン（信号灯）」というニックネームで呼ばれたもので、英国の道路の特徴的な風景となっていきました。

アメリカとヨーロッパ

ちょうどこの頃、道路の安全は一様に改善され、アメリカ中、ヨーロッパ中で標準化、共通化が行なわれて、ドライビングの在り方も議論されていました。アメリカ自動車協会（AAA）はドライバー教育のカリキュラムを開発。国際連盟は運転の基準と道路標識を批准しています。他方、当時発明された3色、4方向の信号機（P66-67参照）は世界中に導入されていきました。自動車メーカーも同様に、ブレーキランプと方向指示器のような機能部品を導入して、安全性を真剣に受け止め始めていたのです。

主な年表

- **1920年代** カナダ、イタリア、スペインが右側通行においてアメリカに追随。英国とその植民地、および日本は左側通行に決定。
- **1926年** 自動車交通に関しての国際協定委員会がパリで、道路標識の統一についての会議がジュネーブで開催される。
- **1926年** 国際運転免許証の認定に着手。
- **1930年代** 大多数の東欧諸国が右側通行を採択。
- **1930年** 制限速度を撤廃した道路交通法が英国で施行。
- **1934年** アメリカ、ペンシルベニア州で高校生対象のドライバー教育が初めて行なわれた。
- **1935年** 英国の新道路交通法で、市街地での制限速度が時速30マイルに制限される。
- **1935年** 横断歩道を示すために「ベリーシャ・ビーコン」が英国で導入される。
- **1935年** アメリカ政府は「統一交通管制装置マニュアル」を制作。
- **1936年** アメリカ、インディアナ州の化学の教授が、アルコール検出装置を開発。1938年にはインディアナポリス警察によって初めて使用された。

「ベリーシャ・ビーコン」の光球が設置場所に向けて梱包される。1930年代。

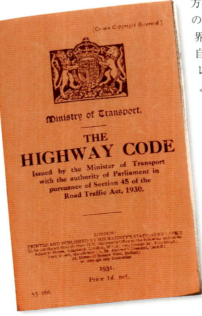

◁ ハイウェイ・コード（道路交通規則集）
乗馬する人や自転車乗りを含むすべての英国の道路ユーザーのために、このポケット版交通ルール集が1930年に初めて出版され、今日なお出版され続けている。その内容は運転免許試験合格には必須だ。

△ アメリカ、ニューヨークの5番街の手動操作式信号機。1929年の光景。

▽ 憧れを煽る広告
1930年代の自動車業界のマーケティングが、潜在的な購買層の願望を煽り立てるために、美しい背景の中に車を置き、最新のスタイリングを強調している。この絵では、魅力的な女性を車の脇に配し、最新の車に関心がある雰囲気を描いて見る人の憧れを刺激している。1934年、「モーリス」の広告。

初期の日本車

近年の日本は、自動車生産において世界の原動力となっています。しかし、自動車がアメリカとヨーロッパで生産されていた1920年代と30年代には、本質的に、日本にはこのような産業は何も存在しなかったのです。

▽ 損壊した道路
日本のヨチヨチ歩きだった自動車業界は、1923年の関東大震災によって停滞を余儀なくされた。それは何十万という犠牲者を出し、無数の鉄道と路面電車を滅茶苦茶に損壊し、道路と同じ惨状を作り出した。

1920年代から30年代の日本を走っていた自動車の大半は、裕福な人たちのステータスシンボルとして、あるいはオモチャとして外国から輸入されたものだったのです。しかしながら、4座席の『タクリー号』（1907年）、『DAT 41』（1916年）、そして三菱『モデルA』（1917年）のような数少ない顕著な例外もありました。

東京と横浜に壊滅的打撃を与えた1923年9月の関東大震災は、輸送と人々のコミュニケーションに重大な問題を引き起こしました。そこで、緊急措置として日本はアメリカから1,000台のフォード『T型トラック』を輸入し、それらをタクシーとして使用したのです。そのフォード車は逞しく、日本の貧相な道路でも大いに役立ちました。その後、『T型』フォードは、ヘンリー・フォードが1925年2月、横浜に建てた組み立て工場で、"キット"カーとして組み立てられてヒットしています。そして他のアメリカメーカーも日本のマーケットに参入しました。その結果、アメリカ車の数は増大する一方で、日本車の生産は少ないままでした。アメリカ車抑制のため、日本は高い輸入関税を掛けた後、日本側の所有権が50％以上ある会社にのみ製造を認める「自動車製造産業法」を1936年に発令したのです。そして第2次世界大戦の始まりにより、日本におけるアメリカの工場は永久に閉鎖されたのです。

国内の自動車製造

この大戦前の期間にダットサンは4気筒の『ダットサン・タイプ10』を製造、続けて一連の小型サルーンを製造。続いてオープンの"トーピード（魚雷）"型の『タイプ14』、同『15』、『16』を製造するなど、日本では最も積極的に動いていた自動車メーカーでした。そしてダットサンが軍需産業として車両製造に協力するため、一般車の製造を中止する1年前には、より上級のアメリカンスタイルの6気筒モデル、『ニッサン・タイプ70』がベールを脱いでいます。しかし、戦前の日本の本当の意味での画期的なモデルのデビューは、多分、クライスラーの『エアフロー』をモデルに造られた大型の流線形の6気筒サルーン、『トヨタ・AA』でしょう。

今日のスズキ、ダイハツ、スバル、マツダそしていすゞの各社はその後自動車メーカーとして名乗りを上げるわけですが、この時代には存在していません。そして第2次世界大戦後までは製造もしていませんでした。

主な年表

- **1902年** ヘンリー・フォードは日本に最初の自動車を輸出。
- **1907年** 『タクリー号』製造。これが日本初の国産車だと見なされている。
- **1923年** 関東大震災が東京と横浜に壊滅的打撃を与える。それはアメリカからの『T型トラック』のシャーシ1,000台が日本に輸入される原因となった。
- **1925年** ヘンリー・フォードは横浜に『T型』フォードの組み立て工場を建設。
- **1927年** ゼネラルモータースが大阪に組み立てラインを開設。
- **1929年** 『A型』フォードの真新しい工場が横浜にオープン。
- **1930年** 日本を走る自動車100台の内98台がアメリカ製となる。
- **1934年** 日産自動車が横浜で公式に組織される。
- **1935年** トヨタは、前例がないほど斬新なモデル『AA』を発表。
- **1936年** 日本はアメリカの自動車メーカー抑制のため「自動車製造産業法」を導入。
- **1941年** 日本は第2次世界大戦に突入。日本におけるアメリカメーカーの製造工場はすべて閉鎖される。

この高級車『A型』の後、三菱は1960年まで自動車の製造を中止していた。

◁ 皇族の承認
1934年、秩父宮殿下（日本の上皇陛下の弟）が、ダットサンに乗って大喜びしているシーン。このごく小さな自動車は、アメリカ車よりもわずかに安く、西欧メーカーへの日本の挑戦であることが意図されていた。

初期の日本車 | 115

△ 1930年代のトヨタ自動車。愛知県、挙母工場(旧挙母市、現在の豊田市)の生産ライン。

116 | スピード、パワー、そしてスタイル：1926-1935

所有可能で"速い"車

戦争の間に、MGが小型の『M型』、『J型』、『P型ミゼット』そして大型の6気筒モデル『マグナ』と『マグネット』を製造した時、それらは"所有可能な"スポーツカーと同義語になったのです。これらの車は運転すること自体が楽しく、週末のスリルを味わうために熱狂的なオーナーたちは頻繁に、サーキットでのレースか、オフロードでのスポーツトライアルにエントリーしていました。モーガンの風変わりなVツイン（2気筒）3輪車、そしてイタリアからフィアットの『バリラ508S』のような多くの手頃なロードスターが後に続きました。しかし、MGは巨大なマーケットの中に、自社特有の特定領域を持っていたのです。

堅いスプリングと"柔軟性"あるシャーシーがそれらの車の典型でした。しかし剛性の高い車体構造と抑制の効いたサスペンションで洗練されていたBMW『328』が、それら全てを変えてしまいました。この車はスポーツカーにとっての未来の青写真とも呼べるものだったのですが、ただMG等のモデルとは異なり、安くはなかったのです。

独立サスペンションにより、各ホイールは自由に動くことができる。

低い車高により、加速やブレーキ時の傾きが少ない。

995cc直列4気筒エンジンにより、最高速113km/hを達成。

コックピットは、2名乗車用の狭い空間。

△ DKW『FA』、1931年
オートバイのエンジンを搭載しており、安価でありながら速いモデルだった。DKW『FA』は、最初のFF車シリーズで、ドイツのツヴィッカウで組み立てられた。

△ フィアット『バリラ 508S』、1933年
フィアットがファミリーカーとしての『バリラ』を発表した1年後、このスポーツバージョンも発売された。コーチビルダー、「カロッツェリア・ギア」のデザインによるこのモデルは、間もなく典型的な小型スポーツカーとなった。

先細テールは簡素なデザインの一部を形成。

所有可能で速い車 | 117

◁ コーナーを曲がる
1931年、英国、ブルックランズサーキットで、2台のオースチン『アルスター』がMGに追いつめられる。トップのドライバー、ビクトリア・ウォズレイは、7番目にやって来たが、結局MGに捉えられた。

アルミニウムのボディは木材フレームの上にマウントされる。

4気筒エンジンが、前輪を駆動する構造。

貧弱な積載能力をサポートする**荷物用ラック**。

垂直方向のラインを持つグリルが、前モデルと識別するためのポイント。

△ BSA『スカウト』、1935年
BSAはライフルからオートバイ、そして自動車まで多岐化したメーカーだ。この『スカウト』は前輪駆動（FF）で前輪独立サスペンション、そしてフロントアクスル（車軸）上には推進軸ブレーキ（センターブレーキ）を持つ4気筒のスポーツカー（あるいはツアラー）である。

△ MG『PB』、1935年
P型のMG『ミゼット』は、より長く、そして強化されたシャーシーを持ち、J型にとって代わったモデル。1935年型の最新の『PB』は、「ウーズレー」から供給された、43馬力を発生するビッグボアの939ccエンジンを搭載していた。

重量を低減してくれる**ワイヤースポークホイール**。

1936–1945

自動車の成熟

1936–1945
自動車の成熟

　第2次世界大戦は、5年の長きにわたって自動車の実質的な進化を止めてしまいました。ヨーロッパでは、戦闘が始まるとすぐに、ほとんどすべての自動車製造が止まりました。フランスの場合、かつて自動車乗りたちの要求を満たしていた工場は、省庁または独裁権力から指示され、軍に占拠されてしまいました。そして一夜にして工場の目標は車を造ることではなくなり、戦車や飛行機、その他の軍用品を造る戦争マシンの一部と化してしまったのです。それは1941年、真珠湾爆撃後の、アメリカ自動車業界もまったく同様でした。

人々のための自動車

　道路上に自由があった1930年代の繁栄の興奮に対して、即刻惨事が訪れました。燃料の欠乏によって私的理由で車を走らせることがほぼ不可能になったのです。そして多くの車が休眠状態になり、いつかやってくる希望の日のために保管を余儀なくされたのです。ただし、戦争は自動車に若干の恩恵も与えてくれました。それらの中でも、最も特筆すべきは、今日のSUV（多目的スポーツ車）の祖父とも言える、多才なジープスタイルの軽量な4輪駆動車の開発でした。軍用の全輪駆動システムと産業は一体でした。しかし、戦場のタクシーあるいは偵察用車として開発されたジープは、この時点で独自の世界を持つに至っていました。そして、その時代の政治に縒り合されたもう1台の車、ドイツ語の「Volks Wagen（フォルクス・ワーゲン）」、つまり「国民車」の製造は、戦前、アドルフ・ヒトラーが大多数の国民が入手できると約束していた運命の車でもあったのです。しかしその約束が守られることはありませんでした。

　VWが造られていた立派な工場は、連合軍の爆撃によって破壊され、ナチスによって保障されていたドイツ国民の自動車購入プランもズタズタにされたのです。しかしながら、VW、フィアット『500』と共にオペルとルノーからも、そそるような値段をつけられたモデルが、「全ての人々のための自動車」という動きの先頭に立っていて、間もなく夜が明けるはずであった時代を示していたのです。

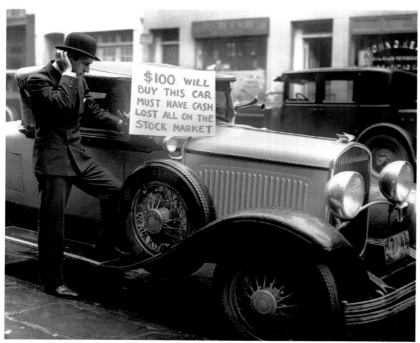

アメリカの大恐慌は、グローバルな自動車業界を揺さぶった。

第2次世界大戦は、破壊を世界中の都市にもたらした。

"大多数の中流階級の人々は、金銭的に余裕さえあれば自動車を所有したいと思っていました"

神話の創造

1940年代までに、大多数の中流階級の人々は、金銭的に余裕さえあれば自動車を所有しようと思っていました。そのため、ショールームは掻き立てられた欲望の宮殿でもあったのです。車のオーナーとなったからには、人間工学の粗末さゆえに、操作系の動きは時に重く、時に煩わしく、必須となるメンテナンスも果てしなく続きはするものの、計器盤（ダッシュボード）と親しくなることは出来ました。

映画館の心地よい闇の中、銀幕の中ではハリウッドのトップスターと並んで金属製の魅力的な車が画面の一部となって、最早、車無しでは完結しえない日常生活を指し示していました。特に男にとっては、車の無い生活など想像不可能なことであって……、あるいは示唆された神話というべきでしょうか。

しかし多量の広告があったにもかかわらず、車の普及が進んでいない国は、スペインのように驚くべき数に上っていました。北米では、デトロイトの工場が低い唸り音を発している一方、国境のすぐ向こう、カナダでは、最も基本的な組み立て工場しかありませんでした。新たに登場した技術と製品は、与えた影響の点で様々に異なっていました。カーラジオが使われるようになると、誰もがそれを欲しがりました。しかし、メルセデス・ベンツが登場させたディーゼルエンジン搭載モデルが用いる、前例がないほどランニングコストの安いディーゼル燃料（軽油）を受け入れたのは、ほんの少数に留まったのです。

自動車メーカーは、戦時中にもかかわらず車を宣伝し続けた。

ドライブする歓びは、1940年代になってゆっくりと戻ってきた。

中古車取引

1920年代、自動車の所有はブームとなりました。しかし多くの人々が新車を買うにつれて、中古車ディーラーは、多くの場合で自動車取引に問題を生じさせた、新しいボディを使っての中古車販売を始めたのです。

自動車の大量生産。『T型』フォードの組み立てラインを改善したヘンリー・フォードは、車両価格を下げ、自動車の保有数を一気に拡大させました。1929年までにアメリカではすでに2,600万台以上の自動車が走っていました。そしてカリフォルニアの場合、2.1人に1台の割合で自動車が普及していたのです。1913年に、自動車の全生産数の75％が、初めて自動車を購入する客を対象としていました。しかし、それが1924年になると、新車の65％以上が買い換え需要となっていたのです。

それから、そして今もですが、ピカピカの新車の買い手は、それまで乗っていた古い車の行方にはほとんど、もしくは、まったく注意を払っていませんでした。これらの車の何割かは、中古車ディーラーの店頭に並べられて、新車を買う余裕のなかった人々に再販されていったのです。

しかし、メーカーは常に増産を続け、それがさらに車の生産コストを減らすことに繋がって、新車がさらに多くの買い手にとって魅力となっていきます。

中古車問題

ディーラーが下取りに出された中古車を処分することは、ますます困難になっていきました。もっと悪く言えば、競争の激しいマーケットでは多くのディーラーが、客の気を引くために気前の良い下取り価格を提示していましたが、それは、損失を出しながら販売することを意味することが多かったのです。自動車の再販価格を最大限にしようとする手法の一つ、中古のシャーシに新しく造ったボディを載せることは当たり前のことでした。ツアラーだった車両を再販するためにスポーツボディに変更するかもしれませんし、サルーンを農場で使用するピックアップトラックに仕立て直すことまで、まさに何でもありでした。「中古車問題」を解決するためにアメリカのメーカー、シボレーとフォードは下取り車を買い戻してスクラップにする案を導

△ **解体工場に送られる**
古い車の供給過剰は、メーカーの下取り政策の陰に隠れた車を集めて商売する、クズ金属扱い業者の増加の原因となった。

▽ **手頃な支払い**
ニューヨークのグリニッジ・ビレッジ19305番地のこの広告の、支払い回数でみられるように、中古車市場は価格の動向に強く左右されていた。

入しました。フォードの案は、ミシガン州のディーラーに下取りされていた全ての車を、デトロイトの工場で一日最高600台を解体するというかなり発達したリサイクルシステムの稼働を伴っていました。全ての使用可能な部品、あるいは素材が取り外され、エプロン（ホイールとエンジンの仕切り板）から窓ガラスまで全てがリサイクルされたのです。

1930年には産業全体にわたるリサイクルのプログラムが、メーカーの産業団体である「全米自動車商工会議所」によって導入されました。何十万という、まだ使用可能な中古車がさらに「新しい1台」に道を空けるためにスクラップにされたのです。が、これらの案は、究極的には持続不可能であることが判明しました。その理由の一部は、鉄鋼が第2次世界大戦や朝鮮戦争下のように不足する事態が起きれば話は別なのですが、中古車をリサイクルすることが安くつくとは言えないほど、鉄鋼価格が低かったことです。アメリカでは、共通の協定や連邦法によって下取り額を調整する努力がなされましたが、これも実行不能であることが判明しました。その代わり、自動車ディーラーが下取り価格についての情報を共有し始めていました。そして、売買人による過剰な価格提示を避けるためのガイドブックも出版されたのです。そのアメリカの『ケリー・ブルーブック』は1926年に初号が出版され、有名な英国の車取引のガイドブック、『グラスズ・ガイド』も1933年に続いたのでした。

> "支払う価格で、何が買えるのかいつも考えてください！"
>
> シボレーの広告スローガンより

カギとなる開発
郊外の住宅が車を求めた

自動車の大量生産。『T型』フォードの組み立てラインを改善したヘンリー・フォードは、車両価格を下げて、自動車の保有数を一気に拡大させた。1929年までにアメリカにはすでに2,600万台以上の自動車が走っていた。1930年代初期、経済不況にもかかわらず西洋では、自宅の所有が、都心の過密地区のスラム街一掃プログラムと低金利によって促進され、多くの国々で増加していた。アメリカと英国では、新しい郊外の団地が今までよりも多くの人々に、僅か1ポンドの頭金で自分の家を所有するチャンスを与えていたのである。その多くが、自宅に車を収容するスペースを備えていた。そして街の外に住む人々にとって車は、日常生活には不可欠な、生活のアシとなっていったのである。

家に備え付けのガレージは、車に生活を左右されている人々には非常に好ましいものである。

経済的に乗る

1930年代の大恐慌に続いてやって来た時代、低額所得者で新車を買うことが可能になりました。彼らの多くは、各メーカーの最も安いモデルを選んだのです。

△ シボレー『マーキュリー』 1933年
1933年にエントリーモデルとして登場した6気筒の『マーキュリー』は、翌年にはシボレー『スタンダード・6』と改名された。

この時代、小さくシンプルな車が世界的に、僅かな予算でも車に乗ることが出来るという条件と需要を満たしていました。しかしアメリカでは、より大きな車への好みが広がりつつあったのです。結果として、アメリカン・オースチン(後のアメリカン『バンタム』)のような小さなファミリーカーのメーカーは、この国でのビジネスの足場を得るのに苦闘していました。大抵のアメリカの車購入者は、小さな車ではなく大メーカーから発売される"エントリークラス"の大きな車に関心を払っていました。シボレーは「ストーブ・ボルト」のニックネームで知られる直列6気筒エンジンを搭載した『マーキュリー』、『スタンダード』、『マスター』をラインナップする、そういった市場のリーダーでした。これに対するフォードのサルーンはフラットヘッド(サイドバルブの別称)のV型8気筒エンジンを売り物としていて、その低コストの2.2リッターバージョンが1937年に発売されました。

エコノミースタイル

フォードの最も安いヨーロッパ車は極めて異質でした。V型8気筒エンジンではなく、933ccのサイドバルブ4気筒エンジン搭載の小さな『Y型』が、1932年から37年まで生産されていました。フォード恒例のビームアクスルはトランスバース・リーフスプリングに吊り下げられ、ギアボックスは2段階シンクロメッシュ機構付きの3速。最も安い2ドアの『Y型』は、最初に発売されたサルーンカー(セダン)で、英国では100ポンド以下で買えたのです。そしてそれはドイツでもフォード『ケルン』として生産されていました。

ライバルのヨーロッパ車

英国における『Y型』フォード最大のライバルは、地元のモーリス『エイト』でした。2台は良く釣り合っていて、モーリスは、フォードよりもパワーがありましたが、より重く、ブレーキ性能は良かったものの、多少値が張りました。そしてモーリスのゆったりとしたデザインがスチール・ホイールと共にモダンなスタイリングを持った1938年の『シリーズE』として結実し、一方のフォードは『Y型』を、1939年に『アングリア』となる『7Y型』として造り直しています。両車とも、1922年の生産開始から1939年の終了までに29万台を販売したオースチン『セブン』と、1939年の時点で競い合っていました。

フィアットのエンジニア、ダンテ・ジアコーサは、オースチン『セブン』と同じくらいの大きさで、技術面ではさらに進歩した車を、イタリア向けに設計していました。1936年から生産が始まったフィアット『500』("小さなネズミ"を意味する、"トッポリーノ"というニックネームが付けられた)は、従来の直立したグリルに代わって、傾斜したフロントエンドが採用され、ラジエーターがエンジンの後ろに置かれ、車内のスペースが改善されて低さが与えられるなど、かつてない斬新なレイアウトを持っていました。巻き上げ、下げ式のドアガラスに代わって採用された前後スライドのドアガラスは、肘のスペースに余裕を持たせるために、ドアの内側がえぐれていることを意味していました。『トッポリーノ』はまた独立前輪サスペンション、油圧作動のブレーキそして多くの車が3速で間に合わせていた時代に、4速ギアボックスを装備して、1955年までには50万台が売れていたのです。

ドイツではディキシ社がオースティン『セブン』をライセンス生産していました。そしてDKWオートバ

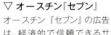

▽ オースチン『セブン』
オースチン『セブン』の広告は、経済的で信頼できるサルーンとしての適格性を強調していた。そして『セブン』は当時の英国では最も人気の高い車の1台であった。

▷ 1939年のプリムス『コンバーチブル』
プリムスはアメリカで最も価格が安く、最も人気のある車の1台だった。1929年の『コンバーチブル』の広告では、「スリル満点のパフォーマンスと卓越した経済性」を高らかに謳っていた。

イ会社が1931年から、FF（前輪駆動）車としては最初に成功したモデル、2ストロークのDKW『F1サルーン』を発売していました。一方、オペルの最も安いモデルは『オリンピア』（1936年、ベルリンで開催されたオリンピックにちなんで命名された）でした。そしてそれは1935年から第2次世界大戦で生産が打ち切られる1940年まで購入が可能だったのです。その『オリンピア』は、かつてなく斬新なモノコック構造を持ち、その後まもなくさらに価格の安い『カデット』がラインアップに加わりました。戦争はまた、フォルクスワーゲンの『ビートル』の生産も遅れさせました。その『ビートル』は『オリンピア』の半額か、それ以上に安い、1,000ライヒスマルク（ドイツマルクの前身）で販売される予定だったのです。

そしてオペル『オリンピア』に触発されたルイ・ルノーは、1938年、フランスで『ユバカトル』発表します。このモデルは1948年に『4CV』に置き換えられるのですが、『エステート』と『バン』のバージョンは1960年まで現役でいたのです。

カギとなる開発
自動車産業の輸入

西洋の大抵の国では、20世紀初頭にはその国固有の巨大な自動車メーカーが存在していた。しかしスペインの場合、最も有名な自動車のブランドは第2次世界大戦のすぐ後に姿を消した最高級の「イスパノ・スィーザ」だったのである。そして、ほぼフィアットのコピー版とも言える「セアト」（P194-195参照）が初めて登場したのは1950年代になってからであった。カナダの場合は、国内独自のブランドはなかったものの、アメリカの"ビッグ・3"、フォード、ゼネラル モーターズ、そしてクライスラーの全てがカナダに組み立て工場を設けていて、短期間のうちにカナダを世界第2位の自動車生産国に押し上げていたのである。

セアトは手頃な価格の車を生産するスペイン初のメーカーだった。

"この最低コストで車生活を始めましょう！"
オースチン『セブン』の広告スローガンより

ハリウッドの グラマー（魅力）

キラリと光るグリル、長いボンネットと誇張された曲線のボディラインの、1930年代から40年代初期の官能的なアメリカの自動車は、性的な魅力を発散し、オーナーの成功を象徴していました。

大恐慌が終わりを告げてやって来た"ハリウッド・グラマー"の時代は、車をスポットライトの中に押し上げました。車は、緊縮にウンザリした観衆に、マジックをいかんなく発揮して、完璧な服装をしたスターに、誘惑的なパートナーの役を振り当てられたのでした。アール・デコの流れによって拍車をかけられ、自動車デザインはその創造的ピークを迎えていました。そして究極のスタイル的アイコンとしての車の位置づけは、タイミング的に最良と言えました。

「デューセンバーグ」のような贅沢で高級なブランドが、"ハリウッド・ドリーム"を象徴していました。デューセンバーグは1937年に休眠してしまいましたが、同じ年、ヒットコメディ「トッパー」に、プロデューサーはケーリー・グラントを主演させて、劇中に『デューセンバーグとコード』をハイブリッドさせた姿に作り変えたビュイックを登場させ、オマージュとしていました。デューセンバーグの『モデルJ』や『ドゥジィ』は実業家ハワード・ヒューズ、アル・カポネ、グレタ・ガルボ、メイ・ウェスト、ゲーリー・クーパー、クラークゲーブルなど有名人が多数乗っていました。

ハリウッドと自動車業界がお互いを売り込み合うのには、さほど時間はかかりませんでした。1935年のビュイックの広告は、「ハリウッド、その流行の創造者は、成功するためにビュイックを選んでいます！」と宣言しています。キャロル・ロンバードは1938年の『デ・ソート』（クライスラーのブランド）の広告に、自身が出演するデビッド・O・セルズニックの「似合いのカップル」（1939年）の相互広告として起用されています。同様にビュイック『フェートン』は、ハンフリー・ボガートとイングリッド・バーグマンの「カサブランカ」（1942年）において、2人の別れの間に置かれる最重要の小道具でした。

この時代、ビング・クロスビーの1939年型オールズモビル『クーペ・コンバーチブル』、ケーリー・グラントと1941年型ビュイック『センチュリー』、リタ・ヘイワースの1941年型リンカーン『コンチネンタル』等を含む有名人オーナーと車が、しばしばファン雑誌に特集されたりもしていました。ハリウッドのグラマー・カーは、映画館に出かける庶民には手が届かない存在でしたが、いつの日にかそういう立派な車を手に入れるかも知れないという、空想を楽しむ手伝いはしていたのです。

▷ **リタ・ヘイワースとリンカーン『コンチネンタル』**
1941年、ハリウッド女優が、有名な『コンチネンタル』の横でポーズをとる。この車はアイコン的な存在ではあったが、映画アイドルと連携させることで、もしかしたら、手に入るのかな、と思わせたりもしたのである。

128 | 自動車の成熟：1936-1945

アトラス オイル缶

シェル オイル缶

ランディニ オイル缶

モービルオイル オイル缶

ニールズ オイル缶

カストロール オイル缶

レッドライン グリコ オイル缶

ペン ヒルズ オイル缶

カギとなる開発
シンセティックオイル

エンジン内部のストレスが増加するにつれ、より効果的な潤滑油が必要とされた。近年では原油から精製されるオイルよりも、化学的に製造される合成エンジンオイルの方が、より摩擦を減少させるとともに、素晴らしい耐久性を示すことが証明されている。合成オイルは、1930年代に航空機用エンジンのために開発されたもので、自動車用合成オイルが入手可能になったのは1970年代になってからで、「モービル」、「アムゾル」、そして「モチュール」等がその草分けである。また、従来の鉱物油と合成油を混合した半合成オイルも、より安いコストで多くのパフォーマンスを得られることから、同様に普及している。

「モービル1」は1974年に発表された。モービルはモータースポーツのスポンサーでもある。

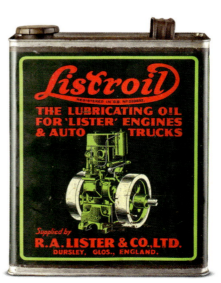

リストロイル オイル缶

ダッカム オイル缶

エンジンオイル | 129

エンジンオイル

石油会社は、ドライバー達の選択を得ようと競い合っていました。そして、各会社のブランド化が華やかなオイル缶と看板という形で現れ、それぞれにアピールしていました。

ジョン・エリス博士は、世評によれば、蒸気機関用に鉱油から潤滑剤を作って成功した最初の人物ということになっています。その重要な特性の1つが、バルブに堆積物を付着しにくくすることで、それがブランド名に結びつきました。「ヴァルボリン」がそれです。もう1人のエンジンオイルのパイオニア、チャールズ・"チアーズ"・ウェイクフィールド卿はロンドンで1899年にヒマシ油を添加したエンジンオイルの製造会社を設立します。そのブランドネーム「カストロール」は、そのヒマシ油（castor oil）から生まれたのです。石油会社はまた、自動車レースと「レコード・ブレイキング」（記録挑戦）イベントの結果を公にするのをバックアップする最初のスポンサーの1つでした。そして多くの会社が、ドライバー向けビジネスを勝ち抜くために、人目を惹くブランド戦略を採用したのです。

現在、多くのブランドが大企業によって吸収されてしまいました。そして「シェル」、「BP」、「テキサコ」、「ガルフ」等が老舗として存在する一方、「ダッカム」や「バキューム」、そして「パワーループ」といったブランドはマーケットから消えてしまったのです。

ブリティッシュ エアロ ルブリカンツ
オイル缶

スピードイル
960 オイル缶

ドラゴイル
オイル缶

価格表は1パイントあたりの価格を表示している。

ハンドポンプを使い、オイルをタンクから計測用ジョッキに吸い上げる。

オイルタンクにはライト、ミディアム、ヘビー、3種のグレードが入れられている。

シェル オイルディスペンサーカート

ルブロル オイル缶

▽ オールズモビル『76 クラブ・サルーン』1946年
「Futuramic（未来的）」と名付けられたボディラインを持つオールズモビルのファストバックは、1946年、大きなショールームの中に展示された。「新車」を見ることが出来る都会の広い展示スペースは、潜在的な買い手にとって（売り手にとっても）必須となっていた。

大暴落の後で

1929年に大恐慌が起こり、自動車業界の再編を促しました。1930年代初期、失業率が上昇したことで自動車の販売が減速すると、メーカーは仕事を削減して工場を閉鎖し、低価格モデルを導入したのです。

1929年10月、アメリカ株式市場の暴落によって引き起こされた世界的な経済不況は、世界の自動車業界がこれまでに経験したことのない、最大規模の変動を引き起こしました。アメリカでは1932年までに、自動車の売上高は75%下落し、その影響は世界的にも同様でした。アメリカの産業は、1929年には4億1,300万ドルの利益を上げていましたが、1932年には1億9,100万ドルの損失を出しています。これは今日の金額では29億ドル相当の金額です。中～高級車を扱っていた小さな企業は、合併か閉鎖かを強いられました。ゼネラルモーターズ（GM）やフォード自動車のようなより大きく、より良く資本化された会社が、厳しい経済情勢に順応するため、ビジネスを運営してきた方法の急進的な変換に乗り出します。それはこの先の50年の成り行きをも決めたのです。小さな会社は閉鎖されるか買収されるかしかありませんでした。1929

◁ 「モービルオイル」のエナメル看板
1930年代
需要の減少と石油発見の急増と重なりは、1930年代に石油価格を引き下げた。

年、株式市場が暴落した時、GMとフォードは、アメリカの新車市場の約2/3を占めており、残りを「パッカード」、「スチュードベイカー」、「ナッシュ」、「ハドソン」そして「クライスラー」のような小さな会社と少量の高級ブランドが分け合っていました。1940年までに産業界が軍需生産に切り替わると、GMはそれまでよりも肥大化していました。1925年に創業されたクライスラーは、その時点で売上高では2位につけており、フォードは弱々しくも第3位の座にしがみついているといった状態でした。一方、世界で最も高性能な高級車の1つと考えられていた「デューセンバーグ」のような崇拝されるブランドは、

経済的に乗る | 133

◁ フランス、シトロエンの工場。1930年代
シトロエンはその草分けである、単一ボディ＆シャーシ（P100参照）の『トラクション・アバン』のような人気モデルを造る（写真）ことにより、1930年代を生き延びた。

「コード」、「フランクリン」、「ピアース・アロー」、「グラハム」、「マーモン」などと共に廃業を余儀なくされていました。

生き延びたフォードとGM

GMは、そのブランド全般にわたって並みの部品を使い、高級路線ではない「シボレー」の生産に重点を置き、経費を削減して成功しました。さらに、銀行が客にローンの貸し渋りをしていた時、GM自ら、大衆車の客向けにローンを設定したのです。不景気の時代でも、GMは損失を出しませんでした。主としてフォードがその犠牲になったのですが、市場の占有率は15％も増しています。一方、この不景気をクライスラーが生き延びたのは、主として「プリムス」のような大衆車ブランドの存在がその要因でした。クライスラーは「プリムス」の生産を50％増やし、1930年代には新しいディーラーを開店させています。

フォード（P52-53参照）は、高コスト、ルーズな会計実務、新製品の欠如、そして頭の固い上司などがたたって不景気の間中、苦戦していました。そして既に『T型』から代替していた『A型』の売り上げが、1931年までに50％も低下しています。またフォードは、海外工場で使用する部品を、ディアボーン（フォードの本拠地）で造り、それを世界中の工場に送っていたため、その出費はより高額になっていました。結果として増加した関税のため、英国とドイツでのフォードの操業は利益を生み出さなくなっていたのです。

ヨーロッパでの大恐慌

同様にヨーロッパの自動車業界も、1930年代には苦戦していました。しかし、英国、フランス、ドイツのメーカーはそれほどでもなかったのです。英国の自動車生産は、1929年の23万9,000台から、1937年には50万台以上に上昇し、1930年代は増加ということになりました。1930年からの10年、「オースチン」、「モーリス」そして「シンガー」は、英国の自動車市場の75％を支配しています。そして1940年までの英国には「オースチン」、「モーリス」、「スタンダード」、「ルート」、「フォード」、そして「ヴォグゾール」の6社が主要メーカーとして存在してました。大恐慌の時代、英国の中部と、工業化された南部は繁栄しましたが、鉱山業と輸送に依存していたエリアは苦闘しています。

ドイツの経済は第1次世界大戦の影響から抜け出せず、重荷を背負ったまま大恐慌の前にすら混乱の中にあったのです。1930年代、GMとフォードはドイツに下ろした根を拡げ、1926年のダイムラーとベンツの合併は成功し始めています。フランスでは「プジョー」、「シトロエン」、「ルノー」の3社に、イタリアのフィアットによって送り込まれた新しい競争相手、「シムカ」が加わろうとしていました。フランスで造られた最初の「シムカ」は、フィアットの設計に基づいたモデルだったのです。

◁ "大暴落"で大損したオーナーが車を売りに出している。1929年
1929年のウォール街の大暴落は、車1台から自動車会社までをも再評価させた。

自動車人生
「デューセンバーグ」その短命の高級車

ロールス・ロイスはほぼ1世紀近くの間、先端の高級車として知られていたが、それと同等かそれ以上のアメリカンブランドが存在していた。オーガストとフレデリックのデューセンバーグ兄弟は独学のエンジニアで、1920年に会社を設立。最初の『A型』は市場でも最高価格にランクされ、6,500ドルであった直列8気筒のエンジンを持ち、前輪油圧ブレーキという先進の装備を備えていた。この車は手作りで年産たったの150台。『J型』は8気筒265馬力のエンジンを搭載。スーパーチャージャー付は時速100マイル以上という最高速を誇っていた。そのデューセンバーグは1937年、大恐慌により閉鎖され、『J型』はたったの481台しか生産されなかった。

クラーク・ゲーブルとオーダーメイドの『J型』。車名は「ハリウッドの"やり過ぎ"」！

134 | 自動車の成熟：1936-1945

タイヤはパンクを避けるため、実質的にソリッドタイヤだった。

△ ダイムラー『デインゴ・スカウトMK3』1940年
この英国の装甲車は、1939年に設計され、前進5速、後退1速のプリセレクター（半自動変速システム）を持ち、4輪ステアリングで卓越した操作性を誇った。そして1970年代まで使用された。

6気筒ダイムラー製ガソリンエンジンを後部に搭載。

折りたたみ式フードが用意されていた。

△ VW『シュヴィム・ワーゲン』1941年
VW『ビートル』になったドイツの『KdFワーゲン』のエンジンとサスペンションを持ち、それらは『キューベル・ワーゲン』の製作にも流用された。『シュヴィム・ワーゲン』は水陸両用で、15,000台が製造された。

エンジンで動くプロペラで水上を移動する。

"これはホイールが付いた"強者（つわもの）なのです！"
ウィリス・ジープの広告より　1948年

▽ フランス、オマハビーチでのウィリス・ジープ　1940年代
ジープは第2次世界大戦時、どこにでもある、軽量の輸送マシンとなった。そして世界中で戦闘行動の目撃者となったのである。

厚い装甲が2名の乗員を保護していた。

シンプルなボディは人や荷物の輸送に最適化されている。

ウィリスのLヘッド"Go Devil" エンジンをフロントに搭載。

駆動軸はその両端がリーフスプリングにマウントされている。

△ **ウィリス『MBジープ』** 1941年
「バンタム」、「ウィリス」、そして「フォード」の各設計の最も良い部分を結合させた、第2次世界大戦の究極のジープ。ウィリスは35万台以上を生産し、フォードはそのライセンスバージョンの『GPW』を28万台近く生産した。

フロントマウントの3.5リットル6気筒エンジンは85馬力を発揮。

高いグランドクリアランスと前後の駆動軸を組み合わせている。

△ **GAZ（ガズ）『61』** 1938年
赤軍は厳しいロシアの冬でも取り扱えるようにするため、元となる車両を「どこにでも行ける」車両に改装するのに時間がかかっていた。『GAZ 61』は指揮車として特に将校に好まれた"間に合わせ"の4輪駆動サルーンである。

最初の4×4

戦争が、多種多様な軍の仕事で使われる、軽量で広い用途の自動車の開発を推し進めました。それらは滑りやすい条件下でも強力なトラクションが得られるよう、4輪に駆動力を伝達する装備が与えられていました。最もよく知られているのは「バンタム」と「ウィリス」そして「フォード」によって開発されたアメリカン・ジープでしたが、実はもっと多くの類似車があったのです。ドイツではフォルクスワーゲンが後輪駆動の軍用『キューベル・ワーゲン』に改造されましたし、『シュヴィム・ワーゲン』と呼ばれる水陸両用の驚くべき車もありました。戦後、これらの車両は非軍事的の用途に使われ、自動車マーケットの中に、まったく新しい一部門を創り出しました。ジープ『CJ』シリーズのような特注で造られた民間の4×4や、英国のランドローバーが、増大する需要を満たすために間もなく開発されたのです。

△ **ウィリス・ジープ『ジープスター』** 1948年
第2次世界大戦後、ジープはこの2輪駆動の楽しい車で、民間の自動車市場での需要を得るための努力をしていた。それは流行にはなり損なったが、ウィリス・ジープは多くのメーカーをSUVへと導き、公道を走る4輪駆動車を開発するよう刺激し続けたのだ。

第2次世界大戦時の車

1930年代も終わりに近づき、第2次世界大戦の影が迫ってきた時、世の中では、自動車産業が根本的な変革に備えていました。そしてドライバーたちの自由も甚だしく削ぎ取られていったのです。

戦争が始まった後、英国とその同盟軍によって取られた戦略の1つが、敵の工業地帯、とりわけ弾薬や戦車、航空機等の製造を割り当てられていた自動車工場の破壊でした。1940年にヴィシーがフランス政府の首都となった後、ドイツのダイムラー・ベンツから派遣された人員の指揮下に入ったパリのルノーの工場は、特に重要な攻撃目標になりました。そして工場は1942年3月、連合軍による戦時中最大規模の爆撃で破壊されたのです。驚くべきことに、ドイツのVWの工場では、連合軍の爆撃による脅威で、生産を停止せざるを得なくなった1944年8月まで、基本的には『ビートル』のシャーシを改造した多目的車両を造り続けていました。そしてもう一つのドイツの自動車メーカー、ブレーメンの「ボルグヴァルト」は戦時中ずっと、戦車とトラックの生産を続け、1945年まで破壊からは免れていました。

戦争努力

（ヨーロッパ）大陸と同様に英国では、自動車メーカーが戦争努力に寄与することを命じられていました。ロングブリッジとバーミンガムのオースチンの工場は、戦車の部品、地雷、爆雷、弾薬の製造を始めていましたし、フォードのマンチェスター

△ アメリカでは車の「相乗り」
1942年の宣伝ポスター。民間用燃料節減のため、車の共有を奨励している。

工場では軍用機用の『ロールス・ロイス・メルリン』エンジンを大量に作り出していたのです。そしてほとんど全ての自動車用設備が戦争努力のために時間外も稼働していました。戦争が宣言されて

数ヵ月以内に、最初の配給対象の商品となったのがガソリンで、タイヤがそれに続きました。世界の天然ゴムの大半は、1942年に日本に占領されていた東南アジアから供給されていたため、その後、タイヤは不足状態になっていたのです。工場では、軍用品の生産に出来うる限りのゴムを必要としていました。そして一般市民は、ゴム長から園芸用のホースに至るまでゴム製品の供出を求められていました。また民間では車で走ることが制限されていて、救急車や、他の必要な車両の運転手の需要は高かったものの員数が足りず、多数の女性たちをドライバーの後方要員として募集し、トレーニングする光景も見られました。

その英国と同様の事柄を反映して北米の自動車産業は、新しい製造機器を導入し、軍用車両、弾薬、爆弾からヘルメットに至るまで、事実上夜を徹して増産し、政府から受注した莫大な契約のための再編成をしています。自動車の販売は1942年1月1日をもって停止され、生産も"ギーッ"という音と共に停止しました。商用車あるいは部品だけは1942年2月から1945年10月までの間生産されました。

備蓄用に残されていた50万台の自動車は、軍事労働者や医療スタッフのような「必要不可欠なドライバー」用に配給扱いとなりました。燃料とタイヤに関しては、自発的な制限を呼び掛けて失敗した後、厳密なコントロールに切り替えられ、国の法定速度は時速35マイル(56km/h)に引き下げられました。一般市民は燃料の節約に貢献するため車のシェアが奨励され、パラシュートに使うナイロンや絹、武器を包む紙、そして爆弾を造る金属にも同様に統制がかけられたのです。

民間モデルの復活

国内では自動車の生産はしていないにもかかわらず、大きなブランドは"戦争努力"への寄与を促進させるため、宣伝は続けていました。1944年秋、最終的に戦時生産委員会はフォード、クライスラー、ナッシュ、ゼネラル・モーターズに、新しい民間モデルの初期的な仕事を始める許可を出しました。一方、ドイツと日本の自動車会社は数十年以内には世界的に自動車の設計と生産の原動力となるのですが、この時点では戦争から受けたダメージからは立ち上がれないでいたのです。

◁「屑鉄」ドライブ
リタ・ヘイワースは一般市民に向けての、どんな金属(特にスズ、銅、鉄)でも供出し、戦争努力への協賛を求めるキャンペーンの主役を演じていた。

◁ 電撃戦下のロンドン市街
第2次世界大戦中、ロンドンの通りはドイツによる電撃作戦の爆撃で混乱していた。1940年、ロンドンのベル・メル街は両サイドの工場が、この「ハンバー」を含めて無数の個人車と共に破壊された。

自動車人生
ガソリンの配給

1939年9月、物品の統制が英国で導入された時、ガソリンはリストに載った最初の商品であった。バスはガスに切り替えられ、何人かのドライバーは車の後部上に石炭を燃料に、ガスを発生させる装置を据え付けていた。1942年ガソリンはさらに不可欠なユーザーのみに限定されたのである。同年、統制はアメリカにも導入されたが、これはさらに貴重なタイヤ類を節約させるためでもあった。そして英国は、オーストラリアに英貨の為替レートを維持するためガソリンを買うのを止めるように圧力をかけたが、英国やニュージーランドよりも50％以上も少ないガソリン量に対してオーストラリアは、最終的にこれに反抗。国を混乱させてまでもガソリンの備蓄を始めた。フランスではガソリン統制が農業の足を引っ張り、食糧の生産高が半分に下落してしまった。

1943年、自動車に取り囲まれたニューヨークのガソリンスタンド。配給は1年遅れでアメリカにも導入された。

国民車を造る

ナチスの構想が、世界中で最もよく売れたモデルを創り出しました。しかしその独創的なデザインとコンセプトが維持できたのは、英国陸軍のおかげだったのです。

　ナチスの総統、アドルフ・ヒトラーは「歓びの中にある力強さ!」という夢を持っていました。幸せで、強く、逞しいというドイツのビジョンです。休日のキャンプ、旅行、コンサート、演劇と並んで、ヒトラーは全てのドイツ国民が買うことの出来る(安い)自動車を考え出しました。それでフェルディナンド・ポルシェ博士が、「タトラ」の設計者、ハンス・レドヴィンカの仕事に触発されて、この「国公認の車」の設計を創り出したのです。しかし自動車業界はヒトラーの価格要求には応えられません。それでこのプロジェクトは「ドイツ労働戦線」に引き継がれたのです。そして、そのための工場が、流用された資金を使って建てられました。

　政府は預金案を提示しました。これは1週間に5(帝国)マルクの切手を買って切手帳に貼り、切手帳が一杯になった時に車が受け取れるというものでしたが、その資金が戦争の準備に流用されてしまったため、結局は誰も車を受け取ることが出来なかったのです。そして1965年まで長引いた法廷闘争が、新しいVWを割引で買う権利のある預金者を少数ではあるが生み出したのですが、負債が全額支払われることはありませんでした。第2次世界大戦の余波で、工場は英国のメーカーに貸与のオファーを出したのですが、興味を持った会社は皆無でした。そこで英国陸軍の士官、イワン・ハースト少佐が代わりに工場を任されました。英国陸軍には車が必要でしたし、ドイツ人には仕事が必要だったのです。彼はその車の長所をよく理解していました。そして車のデモンストレーションの後で、英国陸軍は2万台の注文を出します。

　オペルの前生産マネージャー、ハインツ・ノルトホフはこれを1949年に引き継いで、会社を現在の、押しも押されもせぬ地位にまで引き上げました。フォルクスワーゲン(VW)ブランドは、1974年に本来の『ビートル』と置き換えられる『ゴルフ』の発表に先立って、コンセプトの異なる車種の拡大を図ります。『ビートル』に関しては、ドイツでの生産は1979年まで、その後はメキシコの工場に生産は移管され、2003年まで生産は続けられました。

◁ **効率の車**
フェルディナンド・ポルシェ博士(左の黒い服)は、1938年のヒトラー49回目の誕生日に「国民車」の模型を贈った。『ビートル』はその名を知られると同時に、世界中にその人気を広げていった。

家から家へ

世界を見たいですか？　それとも、もっと自分の国を見たいですか？
キャラバンと旅行用トレーラーがドライバーの旅行熱と、自分の住む家同様の快適さを路上に求める行楽客の気持ちを満たしていました。

かつてはジプシーと行商人のものだったキャラバンが、初めてレクリエーション目的で造られたのは、スコットランド人の作家、ウィリアム・ゴードン・ステイブルスによって1885年に注文されたものでした。ステイブルスはこの「放浪者」と名付けたキャラバンを馬に引かせて英国中を旅しています。楽しみのためにキャラバン旅行をするというアイディアは、ある程度財力のある人たちの間でゆっくりと広がっていきました。そして1907年、「キャラバンクラブ」が英国で創立されたのです。その会員数が着実に増加した時、全国的なラリーやミーティングや、他のイベントの組織化を図っています。そして1912年までに、英国には全国に450もの専用のキャラバンパーク（現在のオートキャンプ場）が開設されていました。

第1次世界大戦が終わり、平和と繁栄が戻った時、キャラバン旅行は自動車という新しい駆動力のもとに再開されます。戦争のちょうど1年後、「エックルス・モーター輸送社」は、自動車の牽引用に設計された最初のプロトタ

△ エックルス『キャラバン』　1926年
休日を楽しむ家族と、彼らの4つのベッドが収容されているエックルス『デラックス・キャラバン』。そしてこれを牽引するモーリス『オックスフォード』。

経済的に乗る | 141

▷『エアストリーム』トレーラー
旅行者がハイウェイの脇に『エアストリーム』を停めて、一息入れている光景。1956年、アメリカ。

> "ホイールの付いている家に住むことが、
> どれほど素晴らしいことなのか……"
>
> イーニド・ブライトン著 『ガリアーノ氏のサーカス』より

イプのキャラバンを開発しました。300ポンドという高額な値が付けられたそれは、2名の"居住者"が収容でき、外壁と、内壁のマホガニーパネルの間にはフェルトの断熱材が入れられ、洗面台とコンロという設備がフィーチャーされていました。それは、「解決された休日の問題」という触れ込みで宣伝され、1920年代の間、販売は極めて好調でした。そして、製品の耐久性と、キャラバンが実現させた高い適応力を宣伝するため、会社は1932年のモンテカルロ・ラリーに、「ヒルマン」によって牽引されたこのキャラバンを参加させます。またそれ以上の販促用スタントという意味で、「エックルス」は再びヒルマンに牽引させたキャラバン1台でサハラ砂漠を横断し、アフリカ旅行を首尾よく成功させたのです。

路上の家

アメリカでは商業的に生産された最初の「旅行用トレーラー」は、1920年に登場しました。それはヨーロッパ製の"いとこ"よりも常に大きく、より大胆なスケールで1936年に発表された「エアストリーム・クリッパー」の洗練された素晴らしさは想像を超えるものでした。部屋数は4つ。備え付けの給水設備と電灯。それはアメリカン・フリーダムの"象徴"でした。

キャラバンはまた、ヨーロッパ大陸でも人気でした。しかし、やはり第2次世界大戦の勃発で、生産は見合わせられました。それは燃料統制、物質的な欠乏、そして経済的困窮の複合の結果、キャラバンが再び路上の普通の光景になるのは1950年代まで待たねばなりませんでした。彼らが最終的に路上に帰ってきた時、キャラバンは繁栄を迎えたのです。近代的な軽量素材が、キャラバンをより安く、巧妙な設計をフィーチャーしつつ製作することを可能にしました。そしてキャラバンはもう裕福な人たちの占有物ではなくなり、1980年代まで続いた黄金時代に入っていきます。

自動車人生
キャンパーバンの台頭

どこにでも乗って行けるベッドスペースを確保するには、配達用バンを改造するのが論理的解決策と思われていた。しかし、ほとんどの標準的なバンが、快適とはほど遠く窮屈過ぎた。これが英国の改造のスペシャリスト、マーチン・ウォルターを、1954年の『ベッドフォード・ドアモバイル』に搭載された、駐車した時に屋根を上に拡張可能なキャンバス製のポップアップルーフの設計に向かわせることになった。追加のヘッドクリアランスが与えられたことで、例えば人が真っ直ぐ立って、小さなコンロで調理することも可能になったのである。このアイディアは、ドイツのVW『コンビ』用キャンパー変換キットとして、これと同様のポップアップ式屋根が1956年から「ウェストファリア」社より発売されている。

1962年のベッドフォード『ドアモバイル・ロマニー』の広告。用途の広いポップアップ式屋根のメカニズムを実演している。

◁ 家族での野外活動　1934年
1930年代に専用のキャラバン用スペースが既に出来ていて、日頃とは異なる場所での家族団らんに役立っていた。

△ スピードを超えるスタイル
SS社（1945年に「ジャガー」と改名される）製の『SS1』は、パフォーマンスよりも、そのスタイリッシュな外観で知られていた。しかし次第にこの車は、有能なラリー車であることが判ってきたのだった。この写真はスコットランドでの競技中の1コマ。

ディーゼルの台頭

ルドルフ・ディーゼルの工学的ブレークスルー。より経済的に燃料を燃焼させるそのエンジンは、彼の名前を有名にしました。ディーゼルパワーの自動車は次第に理解されるようになり、最終的にはドライバーたちに好感を抱かせるようになったのです。

△ ディーゼルポンプ
ディーゼル車が普及する数十年前の1930年代、既にディーゼルトラックは普通にその辺を走っていた。そして専用のポンプで給油していたのである。

1893年という年は、ドライバーたちにとってある重要な意味を持っています。その年の12月24日、電気自動車がカナダで発明されたそのほんの数週間後に、ヘンリー・フォードはガソリンを燃料として作動する最初のエンジンの一切合切を完成させたのです。その4ヵ月前の8月、フランスではすでに運転免許試験を導入していました。しかし、同年2月23日、これらよりも光り輝く出来事がありました。ルドルフ・ディーゼルは、後に自分の名前で呼ばれることになるエンジンの特許を取ったのです。

効率と経済性

蒸気機関よりも7倍高効率なディーゼルエンジンは、(これより20年早くニコラス・オットーによって発明された)ガソリンエンジンよりも、その燃料自体がより多くのエネルギーを含有しているため、際立って効率的でした。その上、既存のガソリンエンジンと異なり、ディーゼルの機器は燃料に点火するための火花を全く必要としなかったのです。その代わり、ディーゼルエンジンはシリンダーの中で点火させるため、燃料は高温にするために圧縮されていました。その燃焼がピストンを動かし、エンジンを作動させます。このエンジンはまた、異なるタイプの燃料を使用しています。それはガソリンほど精製されていないためより安い、蒸留液と呼ばれる燃料でした。ルドルフ・ディーゼルがこのエンジンを発明した時まで、石油の精製は40年の間、主にランプ用のパラフィンと灯油の抽出を目的としていて、蒸留液はこのプロセスの副産物でした。つまり、本質的には不要な廃棄物だったのです。そしてこの新しいタイプのエンジンが、最終的にその用途を見出されると、その蒸留液は1894年、「ディーゼル」と命名し直されました。ルドルフ・ディーゼルは、最良の選択として蒸留液を採用する結論を出す前には、石炭の粉、アンモニア、ピーナッツオイルを含む様々な物質を使った実験をしています。

1900年代初期、ディーゼルエンジンは機関車、トラクター、トラック、そして船舶にまでそのパワーを

◁ 用途の広いディーゼルパワー
1930年代までにディーゼルは、多用途車のユーザーにとって最適な燃料となっていた。このドイツの広告は「シェル」のディーゼル配達トラックが巡回している様子を描いている。

供給していましたが、そのサイズは巨大でした。まず扱いにくい石炭エンジンの代わりに使われ始めました。継続的な改善が、特に海運の分野においてディーゼルエンジンの応用範囲を広げました。既存のディーゼルエンジンは、船のスクリューを回すにはスピードが速すぎました。スクリューの回転が速すぎると、船は推進力を失ってしまいます。しかしディーゼルエンジンとスクリューの間に電気モーターを設置することにより、回転速度が制御され最適なレベルを保つことが可能となりました。これにより、最終的にはより高出力で、スクリューの回転速度の遅いシステムが実現し、ディーゼルエンジンが貨物船と軍の船に採用されるようになったのです。ディーゼルはまた、第2次世界大戦の陸上と海上の輸送において頼みの綱でした。

より小さいディーゼルエンジンが、ヨットと自動車用に開発されました。しかし、ディーゼル燃料によるドライビングは、ディーゼルのもつ燃料効率の良さが、ヨーロッパの疲弊した戦後経済に意味を持ち始めた1950年代から60年代までにおいて本当の成功とは言えませんでした。メルセデス・ベンツは既に1936年のベルリンモーターショーで『260 D』の生産モデルを出展し、マニアを仰天させていましたし、「ハノマーグ」は同年、パリでディーゼル車を事前公開しています。また、英国陸軍の大尉、ジョージ・イーストンがディーゼル車による陸地での絶対速度記録に挑み、260km/h近くに達したことを含め、その10年の間に数回、メディアの"見出し"を掴

◁ メルセデス・ベンツ『260 D』、1936年
メルセデス・ベンツ『260 D』は、ディーゼルエンジンを搭載した車両で初めて大量生産された乗用車だ。当時、他のディーゼル車といえば、『ハノマーグ・レコルト』があるだけだった。1940年までに2,000台が生産され、後にダイムラー・ベンツは軍用車両製造に専念している。

△ カール・ヘーベルレ技師とディーゼル車「ハノマーグ」。1939年
ドイツのエンジニア、カール・ヘーベルレは、1.9リッターのディーゼル車「ハノマーグ」で4つの世界記録を樹立し、メディアの注目を集めていた。その車はディーゼルエンジンだったため、3年前既にパリのモーターショーでセンセーションを巻き起こしていた。

んでいましたが、一般ドライバーにディーゼルが浸透するのはかなり遅れてしまいました。本物の進歩がやって来たのは1990年代でした。ターボチャージャーが改良され、より高いパフォーマンスと経済性が実現し、普及していったのです。その後、1990年代の終わり頃、コモンレール燃料噴射技術が、ディーゼルエンジンに大きな飛躍をもたらしました。
ドイツの「ボッシュ」が開発したコモンレールシステムは、エンジンの全てのシリンダーに、一定の圧力で燃料を供給し、単一の燃料噴射のサイクルの中で、複数の噴射を使用可能にするというもので、最終結果としてエンジンはより静かになり、少ない排ガスを実現しています。そして20世紀の終盤には、ターボチャージャーとコモンレール技術の組み合わせが、ディーゼル車を効率と望ましさの点で新しいレベルまで引き上げたのです。

> "将来、自動車エンジンが登場したなら
> 私は、生涯の仕事が完成したと
> 考えることだろう"
>
> ルドルフ・ディーゼル

伝記
ジョージ・イーストン

第1次世界大戦において、イギリス陸軍「王立野戦砲兵隊」で兵役に就いた後、ジョージ・イーストンはケンブリッジでエンジニアリングの勉強をしていたが、それは彼のレースと記録への挑戦にかける情熱に拍車をかける結果となった。そして1932年には「マジック・ミゼット(小びと)」とネーミングされた750ccの自動車で時速120マイルを越えた最初のドライバーとなっている。「アソシエイテッド・エキップメント」社に勤務していた間、彼はディーゼルエンジンによるレース車を企画。そして1934年には、「AECロンドン」のバス用エンジンを搭載したクライスラーで、185km/hというディーゼルでのスピード記録を樹立。イーストンはまた575km/hという最高速度も達成し、1937年から2年間で3つの絶対速度記録を達成した。後に彼は、それ以上の記録更新を狙って、スターリング・モスや他のドライバーと共に活動したのである。

ジョージ・イーストンが、彼のMG『ミゼット』でブルックランズ・サーキットでのレースに出場。1931年。

"「車では行けない！」と言われていた場所へ
今の車でなら行ける
それは新たな興奮と呼べるものだった"

ラルフ・A・バグノルド著　「リビアの砂 ― 死の世界の旅」より

自動車での冒険

1930年代に増した自動車の信頼性と精巧さが、この時代の10年で、新しいヨーロッパの広範囲にわたる冒険ドライブへの熱狂と、向こう見ずな精神を結びつけました。

　それら数々の偉業の多くはエキゾチックな場所、特にアフリカと中東を舞台にしたものでした。砂漠でのドライビングは挑戦でした。しかし、陸軍准将、ラルフ・A・バグノルドの、『T型』フォードによる実験の成果によって、砂漠の走行は1930年代に可能となったのです。バグノルドは砂漠の横断用に竹とワイヤーで作られた梯子(はしご)、ダッシュボードに取り付けた太陽コンパス、そしてラジエーターの水を節約するためのシステム等を創作しています。そして砂の上を走るためタイヤの空気圧を下げるというシンプルな策も導入していました。

　スウェーデンのラリードライバー、エバ・ディクソンはこれらのアイディアを、1932年、サハラ砂漠を渡る最初の女性となるために導入しました。彼女はスウェーデンのフォン・ブリクセン男爵と1ケースのシャンパンを既に賭けていたのです。そしてその時代の最も大きな業績の1つがチェコ人ドライバー、ブレティスラフ・ヤン・プロチャスカとインジヒ・クビアスによって、1936年に試みられた世界1周でした。それはプラハから始まり、15の国と3つの大陸を97日間（内53日間は航海中）で4万4,600kmを走破したのです。使用した車は1.4リッターの4気筒エンジンを搭載し、独立サスペンションと油圧ブレーキを装備したシュコダ『ラピッド』で、多少の改造点がありました。そして車は最高水準にありました。それでも2人は骨がきしむ砂利道を1日に平均して630km走り、車を酷使していました。

　ルートはドイツ、ポーランド、ラトビア、アゼルバイジャンを通過して現在シュコダ「ラピッド」が組み立てられているロシアのカルーガに至ります。カスピ海を航海した後、彼らは途中、砂嵐を切り抜けつつ、イランを突っ切りました。そして時間を稼ぐためパキスタンのクェッタからインドのムンバイまでを3日間で走り抜けた後、香港と上海を経由して日本に向かって出帆したのです。ホノルルを通過した後、彼らは記録を破る時間、100時間55分を残してサンフランシスコに到着。そしてアメリカを横断しています。旅の最終段階は、フランスの港町、シェルブールからパリに、その後、ドイツのニュルンベルクからプラハに帰還したのでした。

◁ ルートと車
ブレティスラフ・ヤン・プロチェスカと副ドライバー、インジヒ・クビアスの改造シュコダ『ラピッド』が、1936年のパン・コンチネンタル冒険ドライブの全ルートを示したディスプレイの横に展示されている。

もう1人のフォード氏

ヘンリー・フォードの1人息子エドセルは、支配的な父親とは違って、物静かで内気な男でした。しかし彼は、1919年から「フォード自動車」の社長として、1枚岩としてのフォードのグローバルな成功を助けるために、父親との重要な戦いに勝ったのです。

△ 新しいフォードを歓迎する
「前から後まで、皆さん方の部屋です」。これは新しいフォードV8『デラックス』の、1937年の雑誌広告のコピーである。

エドセル・フォードは、1903年に父親が創立した会社の社長に弱冠25歳で就任。そして多大な貢献の後49歳という若さで胃がんのため、1943年に亡くなっています。

エドセルの影響力

父親によって影を薄くされているものの、エドセルという名前は、彼の名前を冠せられたモデルにより、多分最も記憶されている名前であると思われます。『エドセル』。それは1957年にフォードから発売された壮烈な失敗作の名前でもありました。しかしながらエドセル自身には、先見の明ある優れたビジネスセンスが認められています。1922年、彼は倒産した高級車メーカー「リンカーン・モーターズ」を800万ドルで買収し、後に中間価格志向の「マーキュリー」ブランドを1938年に設立することでフォードブランド全体の拡張を図っています。

フォードの社長としてのエドセルの主な懸念の1つが、自動車の外観でした。彼は父親とは異なり、車のスタイリングとデザインがフォードの顧客にとって、パフォーマンス、信頼性、そして技術力と同じくらい重要であろうことを認識していたのです。それを念頭において彼は1931年、デザイン部門の責任者としてE.T.グレゴリーを任命しています。その任命はタイムリーでした。フォードは自らのデザインスタジオを設立し、アートとカラーを充実させて、4年前からすでに新たな人目を惹くモデルの導入を進めていたゼネラル・モーターズに追いつく必要があったの

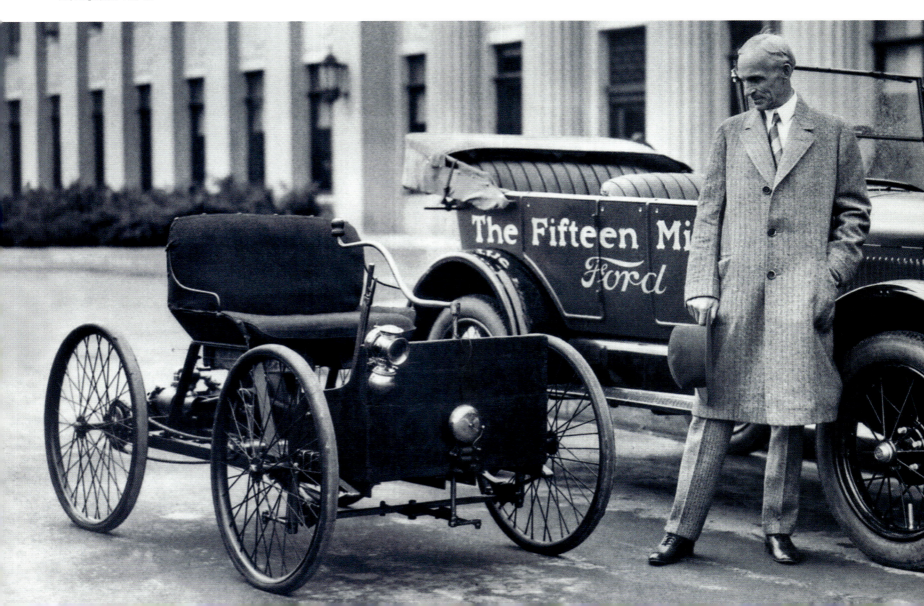

▽ 自動車の進化
1927年のヘンリー・フォード（左）と息子のエドセル。父ヘンリーが最初に開発したオリジナルの『クアドリサイクル』と、ミシガン州デトロイトの工場から出てくる1,500万台目の『T型』を見比べている。

▷ 2,000万分の1台のフォード。1931年
18年間生産された後で、『T型』フォードは、最終的に『A型』にとって代わられた。ここで新しい『A型』(2,000万台目のフォード)が組み立てラインを離れた。その瞬間。

です。さらにエドセルは、安全面を見落としてはいませんでした。飛散防止ガラスと油圧ブレーキのような革新的なフィーチャーも要求したのです。そして彼は顧客に向けて、支払いやすい回数のローンを組んでフォード車の購入を促進するクレジット部門も創設しています。

優勢の要因

会社の未来に備えたエドセルのビジョンは、アメリカだけには限りませんでした。彼はヨーロッパでの低迷の中に可能性を見出して、それを好転させることに成功しました。英国での成功は、英国の道路とドライバーに特化して設計された車両によっても

"彼は会社の歴史の中でも 特筆すべきことを多く手がけた。"

ヘンリー・エドムンズ、フォード資料部の責任者の言葉

たらされたのです。しかしながら、エドセルの最も大きな業績は『T型』の生産が1927年に終わった後、フォードが力強く成長する原動力となった2台の車、アメリカでの『A型』と、英国での『Y型』の開発でした。そしてその『Y型』は、フォードが最終的にオースチンやモーリスと競うことの出来たモデルでした。

エドセルは『T型』が技術的に時代遅れであっただけではなく、会社の負債でもあったことを父親に確信させた後、『A型』の開発は承認されました。さらに彼は、もしそれがGMの「シボレー」等と競うのであれば、なお一層パワフルなモデルが必要であると論じました。そしてエドセルは『A型』の基本的な大きさを決定し、ヘンリーは彼のエンジニアに指示していました。その車はいくつかの点で新たな局面を切り開いていました。油圧ショックアブソーバーを備え、飛散防止安全ガラスを採用するモデルは1927年の時点では唯一の非高級車だったのです。20馬力の『T型』の最高速が時速40マイル(64km/h)をだったのに対し、『A型』は時速45マイル(72km/h)で楽々、かつ経済的なクルーズが可能でした。そして8つのボディスタイルを持った『A型』は、1928年1月までのオーダー数が60万台に達していました。

追悼

1970年、フォードの資料部の責任者、ヘンリー・エドムンズはエドセルについて語っています。

「彼は会社の歴史の中の良い出来事について………、製品のスタイリングにおける活気と勢いの主張や、信頼でき、より安全な製品について、ディーラーと一般客への公正で丁重な関係について責任を持っていました。また彼はヘンリーが拒絶してやろうとしなかったことを全て行ない、結果として会社は一体となっていたのです。彼なしにして、今日

会社が持っている堅実なイメージを身に着けることは出来なかったかも知れません」と。

カギとなる開発 『Y型』フォード

1932年の『Y型』は、英国とドイツでの海外事業で利益を確保できたモデルである。『A型』はアメリカではベストセラーとなったのだが、ヨーロッパでは当たらず、特に英国では高級車の範疇に入れられて、それなりに税金も高かったのである。『Y型』はフォード初の海外向けのモデルで、ミシガン州ディアボーンにてたったの4ヵ月で設計され、1932年2月にはヨーロッパで公開された。そして10月には販売開始となったが、その時には英国フォードのダーゲンハム工場と、ドイツのケルン工場で生産されていた。その後はこの『Y型』の子孫が27年間にわたってフォードのラインナップに留まっていたのは注目に値する事柄である。

933cc直列4気筒 — エンジン
スポークホイール

『Y型』はアメリカ国外のマーケットに向けられた最初のフォード車である。

▽ プジョー『402』1935年
フランスのこの大型のプジョーは、流線形スタイリングが採用された最初の主力車の1台である。新し物好きな顧客は、その手旗式方向指示器、2つのサンバイザー、そしてダッシュボードに埋め込まれた時計を含む標準装備に感動したのであった。そして『402』は16種類ものボディスタイルという、極めて広い選択肢があった。

操縦する

自動車の操縦装置は標準化されていましたが、多くの自動車には個別の癖が残っていました。これらを使いこなすためには、特にズラリと並んだ、注意力を必要とする計器類を持つスポーツモデルでは、かなりの技術を必要としていました。

通常、近代的な車を始動させるには、1つのボタンを押すだけで、他には特に何も必要とされません。しかし、1920年代から30年代のドライバーは、より複雑なプロセスに精通していました。冷間時の始動では、始動をより容易にするため、シリンダー内の燃料と空気の混合量を濃くするために、チョークを引きます。またある車では、(通常は)ステアリングの真ん中に取り付けられている点火タイミング調整レバーを、バックファイアーを避けるために"下げる"か、"遅らせる"かに設定します。しかし、この点火タイミングを合わせるという難しい仕事は、次第に自動処理されるようになりました。また始動後、暖機運転時の回転保持(ファスト・アイドル)のため、手動のスロットルが装備されている車も、多く見受けられました。

始動とギアチェンジ

最初のスターターモーター(セルモーター)は、1911年アメリカで開発され、今日では当たり前の装置となっています。通常、モーターはダッシュボード上か、床のペダルの脇にあるボタンで操作します。しかしながら、車のバッテリー上がり、あるいはモーターによる始動が失敗した場合に備えて、メーカーは未だに、クランクハンドルを使って手動で始動する機能の準備はしてありました。

シフトアップすることは、シンクロメッシュが普及した現在、より容易に行なえます。しかし、常に1速ギアにシンクロメッシュが付いているわけではなかったので、ドライバーはシフトダウン時用に「ダブル・クラッチ」を習得せねばなりませんでした。コツはクラッチを切りギアレバーをニュートラルにしたら、クラッチを少しの間つないでからアクセルを踏んで回転を合わせたら再びクラッチ切り、ギアを下げること。この操作を正確に行なうことで、ギアの騒々しい衝突を防げるのですが、それには多少の熟練を要しました。

オートマチックギアボックスは未だ発明されていませんでした。しかし、従来のマニュアルギアボックスには選択肢が加わりました。それが英国のエンジニア、W. G. ウィルソン少佐によって発明されたウィルソン式「プリセレクター」でした。このシステムはドライバーはギアレバーを使って任意のギアを選ぶことができましたが、実際のギアチェンジは、チェンジペダルを踏んだ時に行なわれるようになっていました。

スピードと方向転換

アクセルとブレーキペダルは、近代車では同様に踏んで作動させます。しかし、それらは現代のドライバーが思うほど速いレスポンスではありませんでした。ステアリングにはアシスト機構はなく、回した時に、極めて重い操作感がともなうことが少なくありませんでした。そのためステアリングは大径で、ドライバーはステアリング近くに座らねばなりませんでした。

点滅する方向指示ランプは目新しく、多くの車には手旗式方向指示器「トラフィケーター」が装備されていました。これは交差点で自分の進行方向を示す時、その方向の側面からアームが飛び出す方式でした。この「トラフィケーター」のスイッチはダッシュボード上か、ステアリングの上に取り付けられており、ステアリングコラムに取り付けられたスイッチアームはこの時代にはありませんでした。

◁ 「ベントレー」に取り付けられる計器盤。1930年代
ベントレーのような高性能車には、情報を表示する多彩な計器類が装備されていた。

▽ ブガッティ『タイプ51』1930年代
この時代、レース用に造られた車は重量を抑えるため、外部に取り付けられたハンドブレーキレバーを含めて、シンプルなコントロール類を特徴としていた。

操縦する | 153

△ 1930年代の『SS 1』のインテリア。フロントガラス最上部のワイパーを動かすモーターと、大きなステアリングに注目!

1946–1960

世界の再構築

1946–1960
世界の再構築

　第2次世界大戦後の欠乏のため、新車に向けられる抑圧下での欲求は途方もないものでした。しかし、自動車産業には回復するための時間が必要で、購買力のある潜在的な顧客は、辛抱強く待たねばなりませんでした。結果として、平和が訪れた後の最初の自動車は、多少、改良の手を加えられた戦前のモデルだったのです。これらの車両は燃料と、限定された配給品の原材料とが組み合わさって、世に蔓延る緊縮ムードの一端に加わっていました。

急成長するマーケット

　しかし1950年までには、魅力的で多様な新しい小型ファミリーカーが一般市民にも入手可能になっていました。ルノーとVWはリアエンジンを採用し、一方、英国のモーリス『マイナー』は、登場は遅かったのですが洗練されていました。フィアットの改良版『500』は安く、そして親しみやすく、シトロエンの『2CV』はミニマリズムを内包しており、スウェーデンの新顔、「サーブ」は、空気力学上の効率が考慮されていました。そして、スケール的にはそれら以上の優秀なタクシーを兼ねた実用車が、間もなくプジョーとメルセデス・ベンツから登場します。オーストラリアでは自国製の頑丈なサルーン、「ホールデン」が登場し、世界的にはステーションワゴンの出現が、ビジネスと娯楽を結合させ、市場の新たな選択肢に加わりました。そして「ランドローバー」は民間の車社会に4輪駆動を持ち込んだのです。

　一方、轟音を上げて1950年に突入したアメリカでは、エンジンの排気量が劇的に拡大して、安定的な技術力を背景に、この10年で自信に満ちたカースタイリングは頂点に達し、デトロイトの巨大メーカーでは航空機を彷彿させるスタイルとV8パワーがすでにスローガンとなっていました。しかしながら、同時にヨーロッパの自動車メーカーは、アメリカへの静かな侵入を始めていて、とりわけフランスのルノー『ドーフィン』、ドイツのVW『ビートル』、そして英国とイタリアからの俊敏なスポーツカーは歓迎され、成功していたのです。

　長距離、ハイスピード、そして機械的な強度はまた、レースと

自動車生産は第2次世界大戦後、最終的にはペースを取り戻していた。

メーカーは想像力豊かなデザインに着手。

"航空機を彷彿させるスタイルとV8パワーが、すでにスローガンになっていました!"

ラリーの勝者を国際的なヒーローに祭り上げ、スポーツカーの需要を創出するなど、モータースポーツブームもまた明白でした。そして競技の果ての搾りかすのような末端でさえも、廃品置き場だけが似合うポンコツがストックカーレースで蘇り、最後の最後の混沌と歓呼の声を楽しめたのです。

新しい世界的なチャレンジ

ハンドルを握る生活が、新たな"常識"となりました。アメリカでは映画館やレストラン、銀行までもドライバー達にとって「ドライブ・イン」となっていました。またヨーロッパで強調すべきは外国旅行の日常化でした。トンネル、橋、フェリーなどの整備が新たなルートを開拓し、新たな視野拡大を促進したのです。

アメリカの拡張されたフリーウェイネットワークが、スピードを持続したまま長大な距離を走るドライブを促進する一方、旧世界の都市では交通問題が突き付けてくる要求への対処に苦闘していました。英国での高速自動車道路「モーターウェイ」と、同じくフランスでの「オートルート」の建設はゆっくりと進んでいました。数少ない都市だけが、車が必要とする機能を持つよう造り替えられたのですが、結果としてその大半が、解決されるべき問題を抱えることになりました。

日本の場合は幸い、そのインフラは急成長した自動車業界と同じペースで進展させることが出来ました。一方、南米とロシアでは、アルゼンチンの太平原パンパも、ロシアの大草原ステップも、その大空間を運転すること自体が、ドライバーのチャレンジだったのです。

ドライバーにとってのより一層の問題は、変化する世界秩序の不安定な地政学のために起きています。中東での植民地からの独立後の騒動から生じた石油危機は、1956年以降のガソリンの価格変動という形で感じられています。しかし例えそうであっても、自動車業界はオートバイエンジンを搭載した「バブルカー」のような新種の極小の自動車を開発して、想像力豊かに返答したのです。

ヨーロッパのスポーツカーは、アメリカでのマーケットを既に見出していたのである。

燃料欠乏時、巨大なアメリカンV8には、動かすのにも資金が要ることを実感させられていた。

路上に戻った活気

世界の主要な自動車メーカーが、第2次世界大戦後の放心状態から抜け出した時、彼らは政府からの命令を含む、ガソリンの配給、鉄鋼の欠乏といった新たな現実への対応に迫られていました。

▷ 配給品リスト
ガソリンの配給は、戦後1950年まで英国では継続されていた。ただ、スエズ動乱時の1957年、一時的に復活した。

第2次世界大戦後、英国とヨーロッパ各国で継続していた緊縮政策に直面していた自動車メーカーは、新車需要の高まりに応ずるために奔走していました。フォードは税金の拠出のお陰で設置された精巧な機械を使用して、政府契約による軍用車両の生産をするなど戦後期を利用して、いいポジションにつけていました。他方、モーリスのような他のメーカーは、その設備を航空機関連の生産用にシフトしていたため、自動車用に再整備する必要があり、不利な状況にあったのです。

戦後のアメリカ

フォードはその主たる競争相手、クライスラーに先駆けて1946年モデルを発表するなど、アメリカでは戦後すぐに立ち直った最初の自動車メーカーの1つでした。そしてその車は、外観的には1942年の戦前モデルによく似てはいたのですが、より大きな3.9リッター、100馬力のV8エンジンが搭載されていました。自動車市場をリードするこれら2社に先行される形でプリムス、ビュイック、ダッジ、そしてポンティアックも自動車購買ブームに寄与する形で、戦後モデルを相次いで発表しています。一方、アメリカ政府は急成長している都市とその郊外の公益事業として道路建設計画に着手しました。

道路は、戦時中に新たな高速道路網のプランを描いていた英国政府にとっても優先事項でした。そして外貨獲得に必死な英国政府は自動車メーカーに、この目的のために国内の顧客を犠牲にしてまでも、全ての生産台数の50%を優先的に輸出に回すよう命じたのです。結果、1950年に生産された50万台の内、3分の2以上がアメリカに送られました。フランス政府もまた1945年、国内の主力メーカーであるルノーを国営化して、さらに一歩、自動車産業のコントロールを推し進めています。

全ての国で産業用の原材料が不足している中、鉄鋼の厳密な割り当ては当然のことでした。英国では輸出生産用の鉄鋼は自由に使えたのですが、各自動車メーカーに振り向けられた国内用の割当量は、それぞれの輸出実績に基づいていたのです。1950年に、ガソリンの配給量が増やされた時、内需は伸展しましたが、その時、車は人間16人に対して1台しかなかったのです。原料の供給が需要に追いついたのは1955年になってからのことでした。

みなぎる市場

戦後のマーケットでの新車のラッシュでは、多くのメーカーが重点車種に的を絞ることはせず、多過ぎるほどの車種を一気に投入することを試みました。英国では1948年のモーターショーでベールを脱いだモーリス『マイナー』にその前途の希望を託します。この小型車は瞬く間に英国で大人気になったのですが、輸出市場でその可能性を試す代わりに、モーリス『オックスフォード』、『コーリー』、『シックス』を含む国内モデルに余力を注ぎ込んだのです。結果として輸出市場で『マイナー』を生かすことには失敗しています。ローバーも、1948年に発表された新しい『ランドローバー』に焦点を当てる代わりに他のモデルに力を注ぐ、モーリスとよく似た戦略上の動きをしています。そしてオースチンもまた海外市場で、新しい『A40』をVWのライバルとしてぶつけることが出来るはずだった時、多くの大型サルーンと共に多角化しました。戦後、VWは爆撃破壊された工場でゼロからのスタートとなったのですが『ビートル』（P138-139参照）の製造をすることで、このハンディキャップを埋め合わせていたのです。フランスの巨大市場においては大抵のメーカーは成功していました。

◁ 道路再建の必要性。1940年代。
建物と敷地の破壊に加えて、ドイツの都市の破壊状況を示すこの写真のように、第2次世界大戦はヨーロッパ中に膨大な数の道路の荒廃を残したのだった。

△ パリ・モーターショー 1848年。
メーカーは戦時の崩壊から立ち上がろうとする努力の一環で、最新型を展示していた。ここでは誰もそれを買う余裕はなかったのだが、客たちが魅力的なデラヘイ『135』に見入っている。

しかしフランスの贅沢な高級ブランド、「ブガッティ」、「オチキス」、「ドラージュ」、「ドライエ」そして「タルボ」等のメーカーはどれも、2リッターか、それ以上のエンジンを搭載する車種に掛けられていた、懲罰的な消費税のために苦闘していました。そして先進国世界の多くには、未だ第2次世界大戦からの回復期に、この物質的制約を相殺できるだけの輸出市場はほとんどなかったのです。

"本物の、純然たる価値は揺るぎません!"

モーリス『マイナー』の広告スローガン 1960年代

カギとなる開発
メーカーの合併

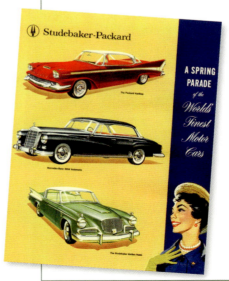

アメリカのいくつかの小さな会社にとって、大戦後の生き残りは難しく、1950年代には一連の合併が目撃されることとなる。特に注目すべきは「ハドソン」と「ナッシュ・ケルビネーター」コーポレーションが合併したAMC(アメリカン・モーターズ・コーポレーション)と"スチュードベイカー・パッカード" コーポレーションだ。スチュードベイカーはOHVのV8エンジンのパイオニアだったが、販売は不調で、1954年にパッカードと合併する。その後会社は、スチュードベイカーの名を冠して1966年まで販売を続けた。

「スチュードベイカー・パッカード」の雑誌広告。1959年。ラインナップの幅広さをアピールしている。

イージー・ドライバー

車の黎明期から初期のドライバーたちは、頑健な人々でした。過酷な自然条件に晒されながらも車の維持管理や進歩によって、どうにかこうにか快適さを手に入れてきました。そして時間が過ぎ去ってみれば、車は人々にとって必須のものとなり、なお一層快適さを増していたのです。

△ クライスラー『インペリアル』 1957年
『インペリアル』は装備されていたエアコンで、乗員の誰もが涼しい時間を過ごせた。このモデルは映画監督のハワード・ヒューズも所有していた。

自動車の基本的なシステムの多くは、1940年代までにテストされ、試みられてきました。そしてメーカーは、運転をより容易にすることを目指した改良をドライバーに提示することに自信があるように思われました。

ゼネラルモーターズが1940年型の「オールズモビル」と「キャデラック」で初めて搭載した『ハイドラマチック』トランスミッションに油圧システムを導入する前にも、自動ギアチェンジは何十年にもわたって研究開発が行なわれていました。このトランスミッションは、アクセルの開度とスピードに応答する前進4段のギアボックスでした。ブレーキとアクセルの2つのペダルを片足で操作するシステムは、ドライバーにリラックスした運転を可能にさせました。最初それはキャデラックで25ドル、オールズモビルでは100ドルの追加費用（オプション）が必要でした。そしてそれが、最初に「トルクコンバーター」と結びついた1948年、自動ギアチェンジは「ビュイック」クラスにまで拡大されたのです。ライバル意識の強いクライスラーは、その『トルクライト』オートマチックのリリースがなかなか出来ず、この心をそそる新しいオプションに関しては、後れを取り戻すのに随分と手間取っていました。

1939年、「パッカード」は既に自動車にエアコンを導入した最初の高級ブランドになっていました。そして「ビショップ＆バブコック・ウェザー・コンディショナー」がそのユニットを製造中止とした同年、キャデラックは『194』にそのユニットを使ってエアコンを導入しようとする試みを捨てています。エアコンに関してはクライスラーがその概念を調査するため、1953年まで研究を続けていました。ウォルター・クライスラーは、自社ビル用に『エア・テンプ』と名付けられたエアコンを新たに開発していましたが、後にそれは同社製の車のオプションとして1953年の『インペリアル』用に選択可能となっています。また同年、キャデラック、ビュイック、オールズモビルは『フリッジデール』社のライセンスでエアコンシステムを導入したのです。

ドライビング支援の機器

パワーステアリング、サーボ付きブレーキ、オートチョーク、そしてクルーズコントロールのような発明の全てが、ドライブをより容易にすることに役立ちました。道路上でのスピードを維持するため、スピードメーターケーブルの回転に基づいて電気的にスロットルケーブルの位置を調整するシステム「クルーズ・コントロール」は、ラルフ・ティーターの考案により1948年に登場しました。これは「オートパイロット」（自動操縦装置）と呼ばれ、1958年のクライスラー『インペリアル』に合わせて実用化されています。そして1965年までにはAMCによりシンプルな真空ベースのシステムを開発していますが、以降それは、電子制御に替えられています。

年表

- **1939年** パッカードは自社の製品に「ビショップ＆バブコック・ウェザー・コンディショナー」を導入。そのシステムはヒーターをフィーチャーしていた。
- **1948年** キャデラック、リンカーン、ダイムラーは完全電動のウインドウを発表。それは最初の手動の上げ、下げ式からたった29年後のことだった。
- **1951年** クライスラーは、駐車場での出し入れに威力を発揮する世界初のパワー・ステアリング装着車のメーカーとなる。
- **1951年** ワーナー・アームストロングは世界初のオートチョークの特許を取る。それはどんな気温下においても容易な始動を実現していた。
- **1953年** クライスラーは『インペリアル』に、当時最先端のエアコン、「エア・テンプ」を搭載して発表。
- **1955年** パッカードはメーカーの標準装備となるには複雑過ぎるが、電気的にフル制御される「セルフ・レベリング・サスペンション」を導入。
- **1955年** 運転席から操作できるトランク・オープナーが最新のキャデラックに装備された。
- **1959年** 数社が、RCAの「ヴィクトリア」のような自動車用のレコードプレーヤーを発売。

クライスラーのハイウェイHi-Fiは自動車用としては最初のレコードプレーヤーだった。

◁ オールズモビル『88』 1955年
オートマチック・トランスミッション、パワーステアリング、ラジオ、デフロスター（霜取り装置）、ヒーター等がフィーチャーされた『88』は、当時もっとも装備の整った中級クラスの1台であった。

イージー・ドライバー | **161**

△ 1950年代に入るとサンルーフ、クルーズコントロール、ラジオ、そしてエアコンの登場で、ドライバーはリラックスした時間を楽しめるようになっていた。

162 | 世界の再構築：1946-1960

湾曲したボディデザインには美的な流体理論が反映されている。

760ccエンジンと3速のトランスミッションをリアに搭載。

△ **ルノー4CV　1946年**
第二次世界大戦でフランスがナチスに占領されたとき、ルノーのエンジニアは秘密裏に4CVを設計した。1947から61年にかけて製造され、100万台を超える販売台数を達成した最初のフランス車だ。

4ドア 第二次世界大戦後の経済車。

空冷エンジンはガスケットのないシンプルな設計。

キャンバスルーフスチール製よりも安価。

△ **シトロエン『2CV』　1948年**
『2CV』の背後にある「単純さ」という思想は、多くのフランス農民の使う馬と手押し車にとって代えられるように意図されたものだ。信頼性が高く、安いというコンセプトは実用に耐え、42年間の生産期間中380万台が販売された。

後部のフェンダーは、リアホイールのカバー。

赤ん坊が最初に覚えるべき言葉は、"パパ"と"ママ"と、シトロエン"でしょう！

アンドレ・シトロエンの言葉

▽ **ルノー工場　1957年**
フランスのルノーの工場に、真新しい車がズラリと並べられている。自動車メーカーは戦後何年も経ってから、一般市民にも取得可能な、信頼性の高い車の必要性を認識したのだった。

庶民のクルマ | 163

エアロダイナミックボディ は小排気量を使用して、燃費が向上。

キャンバストップ は若いユーザーの実用車としてデザイン。

4気筒エンジン は最高時速96kmを可能にした。

△ サーブ『92』 1949年
この『92』は1949年から52年まで生産されたサーブ社初の生産型自動車であり、ごく普通のスウェーデン人をターゲットとしていた。強度の追求よりも軽量設計に主眼を置いて経済効率を図った設計が特徴だ。

初年度に製造された1,246台のサーブ92は、全て緑色にペイントされた。

△ フィアット『500C』 1946年
この小さなモデルは、2人用のコンバーチブルで、極小のエステート(バン)としても有能。オリジナルのフィアット『500・トッポリーノ』のフルモデルチェンジバージョンであり、圧倒的な人気を誇った。

全長3m以内に収めるシャシー。

庶民のクルマ

自動車を走らせることは、富裕層の娯楽として始まりました。自動車は極めて高価だったのです。たとえ中古車を購入するにしても大抵の人たちは何年も貯金する必要がありました。しかし、第2次世界大戦の余波で、ヨーロッパのいくつかの国では、大衆向けの高価ではないベーシックなモデルの開発が始まりました。VW『ビートル』とシトロエン『2CV』を含めて、何車種かは既に戦前に開発されていました。しかし民間の生産活動が始まるには戦争の終結が必要でした。一方オースチン『A30』やサーブ『92』のような車は戦後の風土のもとで開発されました。これらの車はいずれも快適な生活を満たすということではなかったのですが、それでも6年間の戦争と困難から回復しつつある社会の要求に対応したのです。

◁ フォルクスワーゲンの工場 1953年
生産ラインの上でVWのボディ(P138-139参照)が1列になって、シャーシーを待っている。この時『1200』として知られていたモデル(後になって『ビートル』と改称された)は、ヴォルフスブルクの世界最大の自動車工場でその後ずっと生産された。

皆が車を欲しがった!

戦後に訪れた平和は、マイカー使用の過激な拡大を招きました。多くの人々が、自分たちにも車を走らせる余裕があることに気付いたのです。そして、マイカー所有数の増加により、新たな道路網の必要性がクローズアップされていきました。

第2次世界大戦後の混乱が終息すると、経済革命は世界を揺さぶりました。それはマイカー所有数の膨大な増加の結果として生じたものです。VW『ビートル』やモーリス『マイナー』、そしてルノー『4CV』のような人気車の大攻勢に対処するため、道路を一変させなければなりませんでした。

新しい道路とビルのアップグレードという巨大なプログラムは、ヨーロッパとアメリカ双方で着手されていました。最も際立っていたのは、いくつかの進入路を持ち、交差点のない、ハイスピードで長距離旅行するための複数車線の高速道路(あるいはフリーウェイ)の設計でした。

数マイルの自動車道路

1924年建設のイタリアのアウトストラーダA8号(P102-103 参照)と、1935年のドイツのアウトバーンの、最初の2つのハイウェイを含む早期の道路実験は、翌年以降、多くの国々に広がりました。アメリカでの全国的なプログラムは、1956年まで始まりませんでしたが、最初のフリーウェイ「ペンシルベニア・ターンパイク」は1940年に開通しています。スウェーデンの高速道路(P213参照)は1953年に建設され、そして1954年にはフランスが続いています。英国では1958年にランカシャー(P213参照)に「プレストン・バイパス」が開通。それは後にモーターウェイ「M6」の一部になっています。

高速道路のインターチェンジの多くは巨大で複雑でした。英国で俗にいう「スパゲッティ・ジャンクション」がそれで、これは本来、バーミンガムの「M6」モーターウェイのグラベリーヒル・インターチェンジに付けられたニックネームで、以来、世界中の多くの複雑なインターチェンジで使われている名前です。

郊外の夢

市街地は時として、車の所有者にとっては不適当な場所でもありました。20世紀が進行するにつれて、多くの都市の住民は郊外…街外れの専用の住宅ゾーンでの新たな生活を始めていました。そして、より長距離移動が必要であっても、車を愛好し、それで通勤する新たな層が誕生したのです。

郊外居住者の間で自動車の保有数が爆発的に増大しました。そして新しい道路景観は、特に車のあるところにはますます計画、増大されていきます。このような道路網は徒歩や自転車を犠牲にして、車の使用が推進され、短い距離でさえ車が使われるようになっていきました。

そして新しい巨大な駐車場が(多層階のものを含めて)、新たな都市への流入に対応するために急増し、巨大なショッピングモールはますます他の街から車で買い物に来ることを推し進めます。そして車で乗り入れ可能なフードアウトレット(テイクア

△ **大衆のための大衆車**
この1950年代のモーリス『マイナー』のパンフレットは、ごく普通の人々の家族旅行に対する欲求を満たし、家族の中に車を迎えさせようと、誘っている。

△ **連結される高速道路**
自動車専用道路が多くのドライバーに、高速での長距離移動を可能にした。1957年のアウトバーンでのこのような衝突事故は極めて稀であり、ドライバーにこれを防止する手段はなかった

カギとなる開発
複雑なインターチェンジ

動きの速い道路における大きな問題は、伝統的な交差点に設置された「一時停止」標識や信号、そしてラウンダバウト(ロータリー)で、それらは交通の流れに酷く影響を及ぼしていた。そこを通行する車が大きく減速せず、高速道路への乗り換えを可能にするための、交差する連絡道路の発展的な合流点(ジャンクション)はその問題への回答であった。カリフォルニア州ロサンゼルスには1ダース弱もの主要なフリーウェイが張り巡らされてはいるが、街を突っ切るものは無く、各フリーウェイ間のインターチェンジが建設され、ローカルな進入路は全く設けられていないため、渋滞は随分と緩和されたのである。

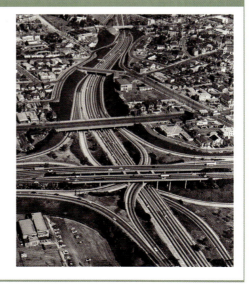

アメリカ、カリフォルニア州ロサンゼルスのインターチェンジ。

▷ 天国？ 地獄？
巨大な多車線道路は、気ままで自由な走行を約束したが、それら自身、成功のための被害者となってしまった。カリフォルニアの4レーンのパサディナ・フリーウェイのこの光景は1958年のもので、どのレーンもほぼ動いてはいない。

ウト）が出来、これは車の中で食事さえ可能になったことを意味していました。

　アメリカのロサンゼルスやデトロイト、オーストラリアのメルボルンのような都市は、「自動車依存状態」という新しい現象をもたらした自動車を他の何よりも優先させて都市を改造したのです。

連鎖的に変動する要求

　道路上の車の増大は、交通渋滞のレベルをも引き上げました。それはより多くの、そしてより大きな道路への要求に向かわせます。歩行者や自転車、路面電車のような、交通の流れに対する「障害」を交通システムから弾き出そうとする圧力もあり、橋やトンネルを含む全く新しい道路施設が標準になり始めました。

　このような変化は、自動車の使用の際限ない増加による交通量の増大に拍車をかけただけでした。自動車の運転は自動車の成功の犠牲になっていたのです。そして、その影響は、世界中で自動車が拡大を続ける地域で数十年前から感じられていました。

△ 郊外の至福
1957年のシボレーのコルベットとベルエアの広告では、車を収納するガレージのある超近代的な郊外の家の前に自然に車が置かれています。

"ぶっ壊し"ダービー

1950年代までに増加する一方の新車の販売は、寿命が終わりに近づき、使い古してダメになる車がより一層増えることを意味していました。そしてレース場でポンコツを激突させることがモータースポーツの新たなスリルを求める形式の1つになったのです。

　ストックカーレース（生産型のセダンによるレース）は1950年代半ばに、アメリカから英国とヨーロッパに広まっていきました。そのレースは主に、グレーハウンド（犬）レースと、オートバイの「スピードウェイ・レース」用に建設された頁岩（けつがん）で舗装されたオーバル（楕円形）のコースで行なわれました。一般的なレースが開催されるサーキットは田舎にあるのが普通でしたが、この頁岩の楕円形エリアはしばしば都市にあって、大勢の観客を引き付けていました。初期は英国のみで開催されていましたが、やがてアイルランド、ベルギー、そしてオランダにも広がっています。

　ストックカーレースは、建前としては非接触のスポーツでしたが、最高40台もの車が1/2kmのトラックに詰め込まれた状態では、突進し、衝突することは避けられませんでした。そしてその衝突がレース内容と同様かそれ以上に人気を集めていたことは、プロモーターには一目瞭然でした。アメリカではポンコツの『T型』フォードが容易に入手可能で、それで競争相手を粉砕することが目的となって、最終的に最後まで残って走ったものが勝利者と宣言されることが「ぶっ壊しダービー」を生む結果となっていたのです。英国では全く新しい「ソーセージ」レースのカテゴリーがでっち上げられ、チェッカーフラッグが振られるまで全速力で走るのが基本とはされていたものの、出場車間での接触による過激なエキサイトは許されていました。

　これらのレースで使用される車は量産車で、通常、取り返しがつかないほど錆びだらけのオンボロではありましたが、安全のため内装からはトリム類とガラスは取り外され、奇妙な配色のデザインで塗装されていました。このレースに引きずり込まれた車は大抵、その当時価値がなかった、1950年代と60年代に大量生産された大型のファミリー向けサルーン（セダン）だったのです。しかしながら何人かのドライバーは、1970年代初期に出現し始めた、クラシックカーを復元し保存するという流行に逆らって、珍しい車で競争することに喜びを見出してもいたのです。

◁ **群衆を引きつける**
フランス、パリ近郊の「バッファロー・スタジアム」で観衆がレースを見ている光景。多くのストックカーレースと同様、このスタジアムは他のスポーツ用として使用されていた。このスタジアムの場合は自転車レース、ボクシングそしてサッカー用として…。

△ オーストラリア市場向けに開発された最初の車、ホールデン『48-215』の、1948年のセールスパンフレット。ラフロードでも快適に走れることをアピールしている。

オーストラリア車、「ホールデン」

これまで、オーストラリアのドライバーは、他国用に設計された車を買わなければなければなりませんでした。しかし、1948年にゼネラルモーターズ・ホールデン（GM-H）は、ホールデン『48-215』という、純オーストラリア製の車を発表しました。

年表

- **1931年** オーストラリアのゼネラルモーターズは、ホールデン・モーター・ボディ・ビルダーズと合併。「ゼネラルモーターズホールデン社」（GM-H）創立。
- **1948年** 『FX』として知られる『48-215』は、アメリカ市場用としては不採用となったシボレーの設計に基づいて成功裏にスタート。オーストラリア原産初の大量生産車となる。
- **1951年** ホールデンのピックアップ多目的車『50-2106』=『ユート』が発表される。
- **1953年** ホールデンが従来の『FX』を、オーストラリア市場のシェア50％を握ることになる『FJ』にモデルチェンジ。
- **1972年** 「フォード・オーストラリア」は初の地元産の『ファルコンXA』を発表。これは市民の心をとらえてホールデンに対する圧力源となる。
- **2016年** フォード・オーストラリアは生産を終了。
- **2017年** 最後のホールデンが生産される。

ホールデン『48-215』は、オーストラリア人の心の琴線に触れ、実質的に全く新しいマーケットを掘り起こしました。その車はゼネラルモーターズによって、元々『シボレー』としてすでに開発済みのものでしたが、第2次世界大戦後の、沸騰するアメリカのマーケットには小さすぎると判断されていました。その決定は、この車をオーストラリア専用に発展させるためとされたのですが、それがオーストラリア初の量産車に繋がったのでした。GM-H（通常、ホールデンとだけ呼ばれる）は、『48-215』と並行して、ローカルな関心を満たす設計の多目的車で「ユートス」という愛称の『50-2106』も開発製造しています。オーストラリアにおける自動車は、ガタガタ道とその能力が試されるような地形に対応するため、ヨーロッパやアメリカモデルの同類ではなく、一層頑丈である必要がありました。国土の膨大な広さはまた、車が故障せずに走り切る能力が必要なことを意味していました。そしてホールデンの単純なメカニズムは、それらを完璧に具現化させる設計だったのです。『FX』として知られる『48-215』は、リリース直後からヒットしました。が、それはホールデンが国内マーケットの50％ものシェアを引き込むことを請け合った1953年の『FJ』にとって代わられます。そしてライバルたちは、際立ったフィーチャーを示すことを強いられていました。

マーケットを巡る競争

ホールデンの主な競争相手は、アメリカ用モデルを現地組み立てし、その後生産に移行したフォードで、1970年代まで、その『ファルコンXA』はオーストラリア専用モデルでした。これらの車は、ホールデン『キングスウッド』や『トラーナ』の対抗車種として真正面からぶつかり合い、激しく渡り合ったより上位の車種でした。フォードとホールデンの信奉者間のライバル意識は強烈でした。歴史的にこの両ブランドによって支配されてきた「バサースト1000耐久レース」のようなスポーツイベントでの競り合いだけではなく、日々、一般公道においても繰り広げられていたのです。

オーストラリアのドライバーが、これら車のことで、互いに"一枚、上手に出る"ことを望まないような緩衝材として、日本メーカーが参入。フォードとホールデンに代わる信頼に足り、かつ値の張らない選択肢を用意していました。実際、フォードの多くの車は『テルスター』のように名前を付け替えた「マツダ」の車だったのです。日本の中古車は右ハンドル仕様なので、容易にオーストラリアマーケットに浸透していきました。

オーストラリア、フィッシャーマンズベンドのホールデン工場のメイン生産ライン

△ ホールデン『FJ』
最初のリリースは1953年。『FJ』サルーンは市民に受け入れられて大ヒットとなった。1948年の『FX』では多少の変更ではあったが、スタイリングは華やかに、走りは快適さが向上していた。

▷ ホールデンの型取り
1948年、ホールデン特有のスタイリングは、デザイナーによって仕上げ段階に入っている。その時代のほとんどのアメリカ車よりは小さかったが、その丸みを帯びたラインは、多くのアメリカ車に共通していた。

170 | 世界の再構築：1946–1960

進入禁止
フランス

スパイクタイヤ禁止
スウェーデン

標高標識 アメリカ

車両進入禁止
ヨーロッパ

ハイウェイルート66標識
アメリカ

停止標識 モロッコ

多くの国の**高速道路標識**は、白または黄色の文字と緑色の背景の上にシンボルを持っています

方向指示標識
シリア

行き先表示 サハラ砂漠

動物横断注意 オーストラリア

標識は言葉だ！

交通に対する指示、案内、危険への警告等の標識が、ドライブをより容易かつ安全にするために、多くの国々で採用されました。

19世紀におけるサイクリングの急増は、アメリカとヨーロッパでの道路標識の大規模な導入に繋がりました。初期の標識は、20世紀の最初の年に政府によって引き継がれるまでは、自転車と自動車ユーザーの団体によって掲げられていたのです。

ヨーロッパ各国間の道路標識の標準化は早く、1908年に始まっています。ヨーロッパの標識は、各国間の異なる言語による問題を回避する「単語」よりも、むしろシンボルを使う方が理解しやすいことが認識され、世界大戦の間に既に展開されていました。英国の場合は、1930年に道路交通法によって正式化され、独自の標識システムが考案されました。そして英国ではさらに、1950年の高速道路設置に引き続いて標識が、ヨーロッパで使用されているものに沿って大修正されています。新しい標識はジョック・キネアーとマーガレット・カルバートによってデザインされ、1965年に導入されました（P212–213参照）。アメリカの場合は、州によってこれらの施策の完全な実行は1960年まで要求されませんでしたが、1935年に初版が出版された「交通コントロール統一図案集」によって定義されています。しかしそう決まってはいるものの、若干の地域による差異は認められていました。そして現在、世界中の多くの国々で、緑地には目的地表示や指示、赤い輪郭の中には各種警告を描くなど、同一の取り決めがなされています。

三角形の標識
1968年以来、ヨーロッパでは赤い枠線付きの警告記号が標準的。

エルクに注意 スウェーデン

標識は言葉だ！ | 171

黄色かオレンジのダイヤ型
人、動物、または車両の横断道路を表す

戦車横断注意 アメリカ

長い道路トンネルなど、車の火災が非常に危険な場所に見られる**車が炎上している標識**

可燃性液体運搬禁止
フランス

波止場につき注意 イギリス

工事中 アメリカ

単純な記号は言葉を必要とせずに重要な情報を与える

世界中の**野生生物の警告**には、シカからラクダ、クマ、ヘビ、ペンギンまでの動物が登場する

ペンギン横断注意 ニュージーランド

蛇横断注意 カナダ

アーミッシュの非動力車両に注意
アメリカ

交通工学
スピードカメラ

最初のスピードカメラは1960年代にアメリカで開発された。その時から、センサーの開発と画像処理技術の向上が図られ始め、デジタルカメラの導入がスピードカメラのより高度で正確な計測と、コストの安い運用を可能にしてきた。カメラは2つの方法で作動する。レーダーかレーザーセンサーを使って走行車両をキャッチし、同時に、車の移動距離と時間からスピードを割り出すのである。

スピードカメラは、車が制限速度を超えた場合に、デジタルか、従来のフィルム方式かで撮影している。

172 | 世界の再構築：1946–1960

△ モーリス『オックスフォードMO』、1948年
モーリス『オックスフォード』は、『マイナー』のスケールアップ版とも思えるが、実際一時期はそのままであった。トーションバーの前サスペンション、モノコックボディ、サイドバルブエンジン等は『マイナー』のコンセプトを踏襲していて、『オックスフォード』用に大型化されただけである。

サイドバルブエンジンは41馬力を発生する。

1950年代には珍しい一体型のシャーシとボディ。

△ メルセデス・ベンツ『ポントン』、1954年
メルセデスの戦後最初の主要モデル『ポントン』の車種構成は、4気筒エンジンの『180』と『190』、そしてロングバージョンである上級の6気筒モデル『220』の3機種。これらは美しい「フィンテール」発表までの間、メルセデスの80%以上を占めていた主要モデルであった。

180と190ではディーゼルかガソリンエンジンが選べた

「ポンツーン」タイプの典型的な一体型ウイングは、ポントンという車名の由来になる。

ヨーロッパの働き者、商用車

ヨーロッパにおいての1950年代は質素な時代でした。戦争が終わったばかりで、金銭的に窮乏しており、人々はクロームメッキの虚飾よりも、生活必需品について真摯に心配していたのです。アメリカの自動車メーカーが魅惑的なけばけばしさで盛り上がっていた間、ヨーロッパの自動車産業は、ただ単純に仕事をこなすに足る実用的な車を好んでいました。それは確かに、何かに必要な、ある程度の強靭さで立ち直ろうとしている国の人々への、有意義な投資を象徴していました。

メルセデス・ベンツ、プジョー、モーリスのようなブランドは、この時代に信頼性が高く、かつ頑丈だという、車に対する評判を確固たるものにしています。一方、アメリカの大手フォードは、いわゆる"スリー・グレイセス（三美神）"の『コンサル』、『ゼファー』、『ゾディアック』の融合体の中にスタイルを加えようとしていました。また"鉄のカーテン"の向こう側では、アメリカンボディスタイルの小型版、『GAZ-21』にシベリアの冬にも耐えられるようシンプルなメカと信頼性が組み合わせられています。

△ フォード『フェアレーン』のパンフレット　1958年
アメリカ市場は、翌年のモデルが登場するまでの間、魅惑的なけばけばしさと、過剰なデザインで満たされていて、ヨーロッパの事情とはかけ離れていた。信頼性と節約は、ヨーロッパ市場を促進する合言葉でもあった。

ヨーロッパの働き者、商用車 | 173

ボディワークはコンサル、ゼファー、ゾディアックで共有され、2トーンカラーはオプション。

6気筒、2.6Lエンジンはあり余るパワーを生む。

リクライニング式のフロントシート、ラジオ、シガーライターを装備する装備の良いインテリア。

厳しいロシアの環境にも耐えられるように、強力に防錆されたボディワーク。

△ フォード『ゼファーMK2』 1956年
フォード「スリーグレイセス」の中の1台で、この『ゼファー』は英国のスケール感と堅実さを結合させる試みであった。ゼネラルモーターズのライバル車、「ボグゾール」とともに、『ゼファー』は、アメリカン・グラマー(魅力)が英国の路上でも見慣れた光景であることを証明していた。

△ 『GAZ 21 ボルガ』 1956年
『ポベダ』の後継モデル『ボルガ』は、より速く、広範囲な輸送を可能にするよう意図されたモデルだった。ロシアの河にちなんだ名前を付けられ、広くタクシーとして普及していたが、それは普通のロシア人の購入資力を大きく超えた価格であった。

"これらはタフな車でした。
そして当時は速い車でした!"

スチュアート・ヒルトン著「戦後の英国のレジャー」より、フォード『ゼファー』と『ゾディアック』の記述。

▽ プジョー『403』 1955年
プジョー『403』は、大きく、頑丈で単純なメカニズムと、余分なものが何もない簡素な造りで、ヨーロッパの緊縮経済にとっては理想的な車であった。そしてそれは多くの中流フランス人にとっても望ましい車であった。

都市における交通の膨張

戦後の期間、自動車人気がブームとなり（しかし、その多くは地方自治体により促進されていたのですが…）、その交通量に頭を悩ませている都市を生み出していました。一方、新しい道路システムは、その要求に対処するため構築される必要がありました。

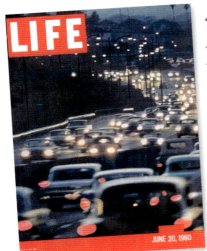

△ モダンライフ
この写真の『ライフ』誌の1960年の表紙のように、カリフォルニア州ロサンゼルスの交通渋滞は、市民の日常生活の一部になっていた。そして都市全体が、余分なプレッシャーに対処するため改造されていったのである。

第2次世界大戦の後、道路交通量の劇的な増加が、世界中の都市に影響を与え始めていました。

例えば英国の場合、自動車による年間の走行距離はパッセンジャー/マイルという数値で測られていて、1952年から69年までの間に580億kmから2,860億kmと、ほぼ5倍に跳ね上がっています。ヨーロッパでは戦時中瓦礫になった都市には今、多くの人々が新たな脅威と見なしたもの、即ち"自動車"が出現していました。爆撃によって破壊された都市を再建するにあたって当局は、自動車交通に関して改造の進むヨーロッパ中の都市で、道路建設の爆発的伸展を通して彼らの輸送システムを近代化するチャンスに賭けていました。道路の持つ輸送力に"未来"を見つめていたのです。

新たなる交通マヒ

都市は、激しい交通という重荷の下、いよいよ街自体がギシギシしながら停滞してしまったことを自覚し始めました。交差点にさしかかっていた通行車が、他方向からの通行車を妨げた時から問題は始まりました。ニューヨークでは、そのカオス（混乱）が新しい用語「交通渋滞」を日常用語に格上げしてしまいました。英国の"黄色の交差点"のように、ドライバーが交差点をブロックするのを防ぐ方法はいくらかは成功したものの、結局は他の解決策が、混雑を緩和するためには必要だったのです。

変革する道路風景

アメリカのボストンは、完全にその道路風景を変えました。1948年までに、この大都市圏には100以上ものハイウェイが通行車両を送り込んでいました。そして200万人以上の人々が、ほんの一握りの馬車と、乗馬用に造られた道路に雪崩れ込んでいたのです。ボストンは慎重に"幹線"の交通の流れを読んでバイパス、橋脚で持ち上げた高架の道路区間、進入路の限られた高速道路を採用しています。そしてまた330フィート（100m）幅の新しい道路を通すために、付近一帯を強制的に買い上げて整地をしました。

都市の道路計画担当者は次第に（アメリカでは"ベルト・ウェイ"と呼ばれている）「環状道路」の理念を採択するようになっていきました。これは既に19世紀には、例えばオーストリアの首都、ウィーン周辺には出現していました。が、中規模の都市と大都会周辺の「バイパス」というコンセプトは1960年代になって実現したものです。

最も有名な環状道路の1つであるパリの「ペリフェリック」は、1958年に着工して完成までに15年を要しています。そしてそれが完成した時、パリ市民の全交通の1/4はこの道路を走り、この道路を、あっという間にフランスでも最も交通量の多い道路にしてしまったのです。道路それ自身の成功による被害者「ペリフェリック」は、依然として混雑したままでした。ロンドンの北と南の環状道路はほぼパリと同様の運命を辿っていますし、アメリカの巨大な「ベルト・ウェイ（環状道路と同義）」もワシントンD.C.周辺で同様でした。

▽ ニューヨーク 1953年
交通渋滞、特に交差点でのそれは市にとって脅威であった。この写真はニューヨークの42番街と5番街の光景だが、有名な交通用語、「グリッドロック（交通渋滞）」はここから生まれた。

カギとなる開発
上階の駐車場

高層の建物に駐車場が移動したのは20世紀になってからの現象である。戦後期、都市に流入する車のラッシュに対処するため巨大な多層階の駐車場が、比較的小さな"必要面積"の中に何百という車を飲み込んで建設されていた。しかし、屋上駐車場を、同じ高さの「高架道路」と接続する案は、空想であることが判明した。それよりも多層階の駐車場のレベルにアクセスする出入り口を造ることの方が、より費用対効果の面で有利だったのである。

イタリア、ベネツィアの「オートリメッサ・ピアッツァーレ・ローマ」多層階駐車場。1953年。

第2次世界大戦時、ルフトヴァッフェ（ドイツ空軍）によって破壊された英国の都市の中でもコベントリーは、街の中心部を、その道路を含めて全て再建する必要がありました。そこで、ドナルド・ギブソンという若い都市計画プランナーが、ヨーロッパ初となる交通を排除した買い物地区を設け、それを取り囲む形で都市内部に環状道路の建設をしたのです。そしてそれはこのような道路の英国内におけるごく初期の例の1つとなっていました。その案は交通の流れの広範囲な研究と、連結計画における新しい科学の応用を図った後、慎重に計画されました。ある1つの大がかりな案としては、高い場所に作った合流点を、新しい屋上駐車場に連結することを必然的に必要事項としました。しかし、これにはあまりに膨大な資金を要することも分かってきたのです。

◁ 都市の交通渋滞解決策の1つとして、道路を空中に建設するオーバーパス（高架道）があった。この最終工期にかかっているロンドンの「ハマースミス・フライオーバー」もその一例である。1961～62年の光景。

上階の駐車場

都市に流入してくる膨大な数の自動車を収容するため、多層階の駐車場が建設されました（前ページ、コラム参照）。英国の例えばナショナル・カー・パーク（NCP）は爆撃破壊された都市の土地を買い上げて、そこを駐車場に変更することを基本として設立されています。

> "『交差点での渋滞防止計画』を出版した後、私は"渋滞・サム"と呼ばれるようになったんだよ！"
>
> サム・シュワルツ。ニューヨーク市のチーフ交通管制官

▷ アメリカ「ルート66」、1950年代
近代的なインターステイツ・ハイウェイ（州間貫通道路）として1927年に建設され、時代と共に栄え、そして廃れていったルートである。シカゴからカリフォルニアまでの4,023kmのルート66は、アメリカ全域でも最も感情的にマインドに訴えかける長距離旅行の道路でもある。有名な"ビートニグ"系の小説家、ジャック・ケルアックと他の人々によって有名になったこのルートは永続的魅力に満ち溢れている。

| 178 | 世界の再構築：1946-1960

ジェット時代の車

1938年、ビュイックは自動車産業界初となるコンセプトカー、『Y-Job』を公開しました。そのスタイリングは充分に時代に先んじていて、1950年代まで航空機やロケットを彷彿させるフィン（ひれ）をフィーチャーしたデザインで、アメリカの自動車をニュールックに導いたのでした。

△ ビュイック『Y-Job』広報写真
大恐慌の末期、顧客を巡る競争が激しかった時、アールは世評を推し量るため『Y-Job』を創作した。

シトロエン『DS』が1955年に見せたのと同等に、カーデザインを大きく飛躍させ、推し進めたビュイック『Y-Job』は、1938年の時点では革命的な車でした。電動ウィンドウ、自動格納式ヘッドランプ、ラップアラウンド型バンパーは、自動車業界が後に世界中で採用するであろう技術革新でした。そして『Y-Job』のスタイリングは15年を経た後でもモダンなものだったのです。第2次世界大戦後、『Y-Job』のデザイナー、ハーレー・J・アールと同世代の友人たちは、アメリカ車の外観を変え始めていました。アールはビュイックの親会社、ゼネラルモーターズのデザイン責任者で、宇宙産業への賛同と、カーデザインの近代化という点において、彼のビジョンは明確でした。アールの時代は人々が望む車と、来年のモデルのアイディアに魅了された大衆の消費主義の形に向けた穏やかな変更によって定義されます。『Y-Job』はコンセプトカーのままで、大量生産されることはありませんでしたが、1942年に発売されたビュイック『ロードマスター』は、『Y-Job』に似た車でした。そして他のメーカーがアメリカの最も大胆な車を設計しようと考え出すまで、そう長くはかからなかったのです。

成功の虚飾

1950年代までに、第2次世界大戦時の戦闘機をオリジナルとするテールフィンは、増大するロケット旅行のコンセプトによって、既に進むべき道となっていました。アールがすでにそのデザインを認可していた1948年のキャデラックには、大々的にテールフィンが導入されていることが見て取れます。そして続く10年間には、アールの競争相手であるクライスラーや、ヴァージル・エクスナーにおいてどの車が最も前衛的になれるかのバトルを見ることが出来たのです。クライスラー『300』と『インペリアル』は年毎にデザインの革新が進んで、前年のものよりも大きく、ファンタスティックで大胆なフィンが取り入れられる傾向が出始めていました。そして、1959年のキャデラックは45インチ（114cm）という巨大なフィンを持っていました。加えてそれには物理学上の許容よりも速いのでは？　という錯覚を与えるテールライトのような"アフターバーナー"と、"オーバーライド"というデザイン上のフィーチャーを持っていました。

にもかかわらず、一部のメーカーはこういうデザイン傾向を無視する方を選び、より常識的な美学を模索したのでした。フォードの『サンダーバード』がそちら側に立ったアメリカの標準であった間、テールフィンは控え目でした。そしてその総合的な外観もデトロイトにしてはあまりにも洗練されていました。初期の『コルベット』は幾分ヨーロッパの香りを持っていました。それは"アメリカのスポーツカー"として開発されて、オースチン『ヒーレー』、MG、そしてアルファロメオを含むヨーロッパの競争相手よりも大きく、一層パワフルで、かつ"フィン"の持つアメリカ的魅惑をあまりにも軽薄だと感じる

ジェット時代の車 | 179

△『エドセル』の広告　1958年
『エドセル』はその発売前から、甚だしく「未来の車」として喧伝されていた。それでもなおそのデザインはかつてどこかで見られたもので、流行遅れとの評価となった。そしてまた初期のモデルは、パフォーマンスと品質に問題を抱えていた。

反動的なデザイン

フォードはフィンテールのデザイン的アイディアを真剣に受け止めることは全くしませんでした。1957年、市場でGMとぶつかり合うであろう車の設計にトライしていました。その車の見かけは「極めて古い最新型」だったのです。『エドセル』はヘンリー・フォードの息子の名にちなんだネーミングで（P148-149参照）、最新のジェットエイジのスタイリングの特徴はほとんど盛り込まれてはいませんでした。どちらかと言えば、1950年代に1度も起こらなかったことを示唆するようなスタイルになったのです。つまり、2眼のヘッドライトとポンツーンボディを、扱いにくい将来として受け入れた戦前の考えの進化のようでした。予想通り、『エドセル』は大失敗に終わりました。フォードはその車の失敗を認めたのか、3年後にはカタログ落ちさせたのでした。次の試みである、デトロイトスタイルをトーンダウンさせた上品で控え目な、1963年のリンカーン『コンチネンタル』は、着実な成功を勝ちえたのです。

人々の興味を引こうと、トーンダウンさせたラインを売り物にしていたのです。

自動車人生
モトラマショー

1950年代、ゼネラルモーターズは自社のアメリカでのモーターショー「モトラマ」をニューヨーク、マイアミ、ロサンゼルス、サンフランシスコ、ボストン等の都市で開催した。そして合計1,050万人の観客が12年間にわたって来場したのです。ほとんどの年で、GMはそのショーでは最新モデルの展示だけではなく、1956年のポンティアック『クラブ・ド・メール』のようなコンセプトカーも展示していた。そしてこのショーには100台以上のトラックが国中の都市を巡回するために動員されたのだが、それには到着後、展示までの会場開設時間を最小にする命令も出されていた。

ニューヨークの「ウォルドルフ・アストリア」ホテルは、GMの第1回目の「モトラマ」ショーを開催。入場は招待客だけとされた。

"我々の仕事は
陳腐化を
早めることです!"

GMのデザイン責任者、ハーレー・J・アールの言葉。
1955年

◁ キャデラック『エルドラド・セビリア』　1959年
キャデラックの豪華仕様シリーズ、『エルドラド』は、1953年から2002年まで生産された。このバージョンはその特徴的なフィンと、砲弾型のテールライト、そして典型的なジェットエイジスタイリングが人目を引いていた。

"転がる卵"

「転がる卵」とは、マイクロカー、BMW『イセッタ』に付けられた人気の高いニックネームである。

バブルカー

1956年の「スエズ動乱」は、燃料統制が再導入されるなど、極小のマメ自動車人気を急上昇させたのです。

　マイクロカーは第2次世界大戦の終わりからヨーロッパ大陸、特にドイツとフランスでは人気があり、フランスではvoitre sans permis（ライセンス不要の車）として知られていました。ドイツ製のマイクロカーは、元兵器会社が業務の多角化を意図した結果でした。もし、「メッサーシュミット」が飛行機を造らなければ、自動車を造ることが可能になるといった論理です。何社かの大きなオートバイ、あるいは自動車のメーカーが戦後の生産性の向上を、市場に生かそうと努めました。英国でも「ボンド・ミニカー」と「フリスキー・メドウズ」を含む自国製のマイクロカーがありましたが、最も心に残るのはBMWの『イセッタ』でしょう。

　BMW『イセッタ』は、イタリア製の小径タイヤが付いた小さな車、ISO『イセッタ』のライセンスに基づくコピーでした。交換可能なパーツは何もないほどBMWは徹底的にこれを再設計しています。そしてそれはBMWのオートバイのエンジンを使用していましたが、初期のモデルはオートバイの免許が必要な最小限度以下のエンジンサイズが採用されていたのです。

　BMWは同様に英国でも『イセッタ』の製造を始めています。それは英国での3輪車を取り巻く法規を利用するために、「ブリティッシュ・イセッタ」では3輪車のみを製造していて、免許の必要なオートバイやサイドカーとは切り離していました。3輪車にはバックギアはなく、英国の顧客は通常の免許試験なしに『イセッタ』には乗ることが出来たのです。英国の新聞は、それら車両の典型的な「卵」のような形にちなんで、「バブル（泡）カー」というニックネームを付けて呼んでいました。

　燃料統制は1957年には終わっていたのですが、1960年代に入ってもマイクロカーの堅実なマーケットは残っていました。顧客はオートバイのライセンスで乗ることを可能にしている法規によって経済的に乗れることに魅力を感じていたのです。しかしながら、英国自動車産業界の重鎮レオナルド・ロード卿はマイクロカーを嫌っていました。そして、人気面で彼らの王座を奪う車両を製作するためにあるチームに開発を依頼したのです。その車こそ後の『ミニ』だったのです。

◁ **2人の女性がBMW『イセッタ』に乗ってポーズ！**
BMW『イセッタ』は1950年代後期、大多数のマイクロカーの原型となっていた。正面から見れば片側開きにウイングが付けられ、ドアの役をしていた。この写真はドイツのミュンヘンで撮られたものだ。

花開くスポーツカー

モータースポーツにおける成功と、アマチュアレースクラブとそのイベントの増大は、フェラーリやポルシェ、ジャガー、そしてMGのような車種の評判を押し上げ、公道走行用のスポーツカーの需要を伸ばしていました。

△ "安全第一" 1953年
消費者はますます高性能な車を買うことが可能となっていた。MG『TF』シリーズのこの広告はスピードと同時に、安全であることを強調している。

アルファロメオのレースドライバーとチームマネージャーとしての経験を積んだ後、エンツォ・フェラーリはイタリアのマラネッロで彼自身のビジネスを始めました。1947年、彼は自分の名前を冠した最初の車を製作。そして「フェラーリ」はF1と耐久レース両方のトップレベルのモータースポーツで瞬く間にトップブランドとなっていきます。その後、フェラーリは1949年、戦後初の「ル・マン24時間耐久レース」に勝ち、1953年を端緒に「世界スポーツカー選手権」を圧倒したのです。フェラーリはまた、1952年と53年のタイトル連覇を狙うアルベルト・アスカーリと、アルゼンチンのエース、ファン・マニュエル・ファンジオに、彼の4度目のタイトルを1956年に取らせるために力を注ぎ、新しい「フォーミュラ1世界選手権」を圧勝するためチームをアルファロメオから引き継いでいます。しかし、有名なチームだからと言って、彼ら自身の方策の中に全てを完全に備えていたわけではありません。それはいくつかの実力のあるチームが持っていたのです。

「マセラッティ」は（フェラーリの本拠地マラネッロから）道路を北にちょっと行ったモデナに本拠を置き、1920年代から30年代には一流のレーシングマシン・コンストラクターとして名を成していました。オルシ家オーナー下のマセラッティは、レース界で再び勢力を持ち始めてきます。その『250F』はフロントにエンジンを搭載した究極のグランプリカーでした。

もう1つのライバルがずっと遠方からやって来ました。戦争までの間グランプリレースの常連であったドイツのメルセデス・ベンツは、全てのチャレンジャーを打ち破ったエンジニア、ルドルフ・ウーレンハウト指導体制下、一連の精巧なレーシングカーを製作していました。スペースフレームの『300SL』は、上に開く"ガルウィング"を持ち、1952年の「ル・マン」に勝っています。翌年、この成功を再び狙うのではなく、メルセデスは舞台をスポーツカーからF1に移しています。チームはすぐにグランプリに勝ち、1954年には彼の5回目にして最後となったマ

花開くスポーツカー | 183

▷ レースの危険なロマンス　1959年
1959年の「ル・マン24時間」レースのスタート時、出場するスポーツカーがピット前に整列している。レースの危険さにもかかわらず、このようなスペクタクルは一般公道を走るスポーツカーに対する大衆の欲望に拍車をかけていた。

ニュエル・ファンジオのF1世界選手権へのサポートをしていました。しかし、メルセデスとマセラッティは共に「ル・マン」と「ミレ・ミリア」における悲劇的な事故に端を発して、1958年までレース界から姿を消してしまったのです。

ジャガーもまたこの時代、モータースポーツに足跡を残しています。1950年代には『Cタイプ』と『Dタイプ』を出走させて「ル・マン」で5勝をマーク。最初はワークスチームとドライバーによるもので、後にはスコットランドのチーム「Ecurie Ecosse」(エキュリー エコッス)チームとしての参戦でした。フェラーリやマセラッティと同様、レース場でのジャガーの成功は、ブランドの名声を高めて、多くのレーサーに、ジャガーのレーシングカーを買いたいと思わ

せました。が、この一連のレースでの勝利はまた、一般公道用スポーツカー『XK』のセールス拡大をも意味していたのです。

アストン・マーチンもまた、『DB3』、『DB3S』そして『DBR1』を製作し、レースに出走させて信頼性を高めるため、1950年代を通して苦闘を続け、ジャガーとよく似た道を歩んでいました。そして1959年には「ル・マン24時間」と「世界スポーツカー選手権」の両方の勝者となっています。

階層を下げてみれば、ポルシェは『356クーペ』とレーシングカーの『550』、シボレー『コルベット』、MG『A』、そしてトライアンフ『TRスポーツ』などの車は、大きなエンジンを持つ相手を破るためのスピードを身に付けられなかったかも知れませんが、彼らなりに名誉を賭けて、それぞれのクラスで戦いを繰り広げていたのです。アマチュアレーサー、あるいはレースクラブの増加は、トップエンドと同様にスポーツカー人気に拍車をかけていました。彼らがウィークデーを通して働くために車に乗り、週末レースを楽しむことで、レース熱狂者、信者のライフスタイルが出来上がってきたのです。

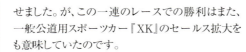

"レースは、僕が完全だと感じられる
　唯一の時なんです"
ジェームス・ディーン

自動車人生
ジェームス・ディーンの「リトル・バスタード」

'50年代の俳優で若者のアイドル、ジェームス・ディーンは、速い車とオートバイが好きな多くの有名人の一人であった。彼は1955年春、MGをポルシェ『356スパイダー』に買い換えてレースに出場。これを契機に彼は本格的なレーサーが欲しいと思い始めていた。そしてロータス『マーク9』を候補に入れた後、常に自分の心の拠り所となる車ポルシェ『550スパイダー』を購入したのだった。車のテールには、彼がワーナー・ブラザースの映画に出演した時に付けられた「リトル・バスタード」というニックネームがペイントされていた。そして1955年10月。この車に乗ってカリフォルニアのサリナスでのレースミーティングに向かう途中、他車とのクラッシュでジェームスはこの世を去った。24歳であった。ディーンの死後、何人かの者が、「リトル・バスタード」の残骸が呪われていると言い触らしていたが、その残骸は安全運転への警鐘として自動車ショーに展示されたのだった。

◁ 1955年式トライアンフTR2の広告
TR2はイギリスの会社トライアンフが、手ごろな値段のスポーツカーを製造しようとしていた結果である。スピードが速く手頃な価格であったため、アメリカのドライバーの間で大ヒットした。

ジェームス・ディーン(右)と彼のポルシェ『550スパイダー』。左はメカニックでレーサーのロルフ・ウーサリッチ。

▽ ドライブイン・シネマ　1958年
映画「十戒」でのモーゼ役のチャールトン・ヘストンが、アメリカユタ州のドライブイン・シネマでドライバーとその乗客の心を捉えていた。1958年にはアメリカ全体では5,000程のドライブイン・シネマがあり、その人気はピークに達していた。

フェリー

カーフェリーの出現は、英国のドライバーをアイルランドやヨーロッパ諸国と接続し、外国旅行をより容易で実現可能なものとしました。それはまた（ヨーロッパ）大陸の食べ物と太陽と雪への永続的な想像力を掻き立てたのです。

英国初のローロー（Roll on/Roll off）船として知られる、車が直接乗り降りできるフェリーが1953年、ドーバー港に就航した時、それは英国ドライバーのホリデーの習慣が根本的な変更となったことを意味していました。その時点まで、（イングランド）島の全ての交通に関わる乗り物はクレーンでの積み下ろしが必要だったのです。リフト・オン/リフト・オフあるいはLo-Lo（垂直荷役方式）は、ただ単に時間の浪費があったわけではありません。例えば15台の車を積み込むのに1時間かかっていたとして、その作業工程のどこかで車が破損するようなリスクも時にはあったりと、高くつくものだったのです。

1950年代の英国での車の販売ブームが、外国での休暇を得るのに充分な可処分所得による消費者の成長ベースの伸びと結び付き、運送会社にLo-Lo方式の代替の積載方法を開発するようにとの要求を強めていました。それがローロー方式のフェリーだったのです。

最初のフェリー

ローローフェリーの起源は19世紀中ごろに遡ります。例えばスコットランドのフォース湾の「レヴィアタン」号のように特別に設計された船で、橋のない水路を蒸気機関車が渡ろうとする時に使われていたのです。そしてこれらの列車フェリーには、列車が自走で船に乗り込め、目的地に到着した時にも自走で下船できるように、鉄道線路が据え付けてありました。列車フェリーはまた、第1次世界大戦中、戦車と軍用品を英国からフランスとベルギーの前線まで送り続け、1918年の休戦調印の後も帰国させるために使われていました。第2次世界大戦中には、戦車に対する依存度が一層強くなったため、船は英仏海峡の向こうに軍用車両を渡すため初めて改装されました。

商業的活用

戦後になって運送会社は、戦時中、戦車を上陸させていた船を、車やトラック、その他の積荷の輸送船として使用するためのローロー船建造のサンプルとしていました。そしてその自動車限定の船は「Pure Car Carries」あるいはその頭文字からPCCsと呼ばれるようになっていきます。これらの船はドライバーが、自分の車を自走させて乗船し、到着後、下船＝上陸して数分以内に走り去ることを可能にしている、大きなタラップによって接続されたいくつかのレベル（層）によって構成されていました。そして車は従来の貨物と比べても軽量だったため、船の階層を仕切る床や船体の外殻をより薄く軽くすることが可能で、それによって速度と燃費の向上が見られたのです。フェリーによる、より安く便利な海上横断が実現し、今や普通の英国人でもスペインやポルトガル、南フランスの爽やかな気候へのアクセスが可能になり、冬には素晴らしいアルペンスキーさえもが楽しめるようになったのです。

就航した最初の年、ドーバーのローローフェリーは10万台の車をフランスに輸送し、以前のLo-Loによって処理されていた1万台からは飛躍的な増大を見せています。しかし、英国がEEC（ヨーロッパ経済共同体）に加盟した1971年以前のフェリーによる海峡横断には、旅行帰りのアルコールとタバコについての自動車内の検索や、関税の適用と通関手続き等にまだ長いプロセスが必要だったのです。EECへの英国の加盟後、ドライバーはヨーロッパでの国境通過に何時間も列を作る必要はなくなりました。そしてヨーロッパの高速道路網をフェリー発着港にリンクすることはヨーロッパの道路でのドライバーに一層スムーズな経験を与え始めていました。これら全ての要因はローローフェリーによるドライビングホリデーブームに拍車をかける結果となったのです。1985年までにPCCsによって英仏海峡を渡った車の数は250万台以上に上昇、そして1994年までに450万台に達しています。

新時代の高速フェリーは、ローコスト航空会社の増大する人気に対抗するため、1990年代に導入されました。しかし、フェリー会社は英国とフランス間の海底トンネルの開通後、再び厳しい競合に直面したのでした。

▽ 全ての乗船は…
ローローフェリー登場以前、全ての車両の燃料タンクは空にされ、バッテリーも取り外された後、吊り上げられて積み込まれていた。この車はフィッシュガード港（英国）でセントデビッド号に積み込まれる。

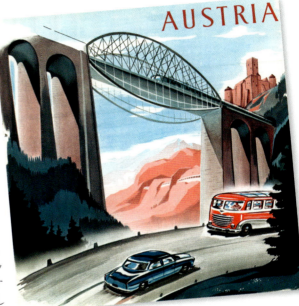

△ 夢の休日
オーストリアのアルプスも1950年代には普通の英国人ドライバーにとっても、現実に行ける休暇旅行の目的地となっていた。そしてローローフェリーのお陰で、ヨーロッパの旅行が安く簡単なものになったのである。

フェリー | 187

"必然的な革新だね"

オフショア・フェリー・サービス・イングランド&スコットランド
ピーター・C・スミス

△ 1960年代、海峡横断フェリーから「GB」の国識別ステッカーを貼ったドライバーが上陸していく。

戦後の日本の車事情 | **189**

戦後の日本の車事情

日本が戦後復興を始めた時から、日本における自動車生産の提携がヨーロッパとアメリカの会社との間で始まりました。しかし、日本の何社かの意欲的なメーカーは、日本の道路交通を蘇らせるためにその現場に立ち、苦闘していたのです。

　日本が第2次世界大戦の痛手から回復した時、車とその運転は多くの住民にとってはまるで他人事でした。東京の道路では、戦前からそうであったように自動車に乗っているのは未だ圧倒的多数でアメリカ人でした。1945年から52年までのアメリカによる占領下で自動車の生産が再開された時注目されていたのは、小型トラックと3輪車でした。極めて少数の日本人しか車は所有しておらず、道路交通はタクシーとトラックで成立していたのです。その頃、マツダは単純な3輪車を製造していました。それはオートバイがベースとなったトラック「マツダ号」で、最初に登場したのは戦前でした。そして本田技研は公式には1948年に組織され、最初は革新的なエンジン付きの自転車を製造し、大ヒットを飛ばしていました。

　1950年代、何社かの日本メーカーは事業を立ち上げるため外国メーカーとの生産取引に署名します。日産はオースチン『A40』をライセンス生産し、いすゞはルーツ・グループのヒルマン『ミンクス』を生産、そして日野はルノー『4CV』の生産ラインをセットアップしています。そしてトヨタは、彼ら独自の路線を決然と歩み続けることにより、国内メーカーの間でも際立った存在でした。そして1955年、日本の戦後の、本当に重要な最初の国産車の1台として『クラウン』を創出したのでした。また1958年までトヨタは『クラウン』をアメリカに（『カムリ』という車名で）輸出しており、今日、未だにこのラインでの生産が続いているのです。

　日本はまた、同時代の1955年に発表された突飛な流線型のフジ『キャビン』に代表される、風に漂う羽毛のような何台かの地元産マイクロカーの故郷でもありました。これらのごく小さな車は僅かしか生産されませんでした（今日では蒐集する価値はあります…）が、運転席に戻った日本のドライバーの心を捉えようとする気高い試みではありました。

◁ **東京の通り**
1950年代に撮られたこの写真は、賑やかな東京の交通を映し出している。この頃までに日本の自動車メーカーは、日本の産業界の中核を担い始めていたのである。

190 | 世界の再構築：1946-1960

サンデーメカニック

自動車を所有したことがある人は、1950年代を通じて急速に増大しました。そして車の運転がごく当たり前のことになった時、ドライバーは車により良い性能を発揮させ、長い寿命が維持できるよう、自らの手でメンテナンスを始めたのです。

▷ ダンロップタイヤのポスター。1960年代
ドライバーが家で、自分の車の整備を始めた時、タイヤのような車の消耗品メーカーは、初めてブランドの宣伝を始めたのである。

1950年代半ばまでには、車は既に多くの人々に所有され、幸運な少数の人々の所有物から、「耐久消費財」への一線を越えていたことは間違いありません。車の所有者の増大でドライバーは忠実なリピーター客となり、メーカーはそれを期待して客の機嫌を取っている状態でした。

車を持っているということは、今日の基準からいえば面倒なことが多いものでした。12ヵ月または6,000～12,000マイル（9,600～19,000km）の保証が業界の標準とはなっていたものの、メンテナンスの常識的な間隔は2～3,000マイル（3,200～4,800km）でした。これらの主な理由は、自動的潤滑装置がまだ初期段階にあったこと、そしてメカニックが車の様々なパーツへのグリスアップや注油に時間を費やしていること等がありました。これはフォード『ポピュラー100E』のような小型車でさえ、13か所もの部分に手作業によって潤滑を行なう必要があったからなのです。

自家整備

一旦、車の保証が切れたとなれば、頻繁なサービスのコストを避けるためにドライバーは、自分でメンテナンスを実行するつもりだったのです。そして今度は市場でドライブの「消耗品」を提供していたブランドが大攻勢をかけます。すでに（用品）メーカーと販売店は整備士向けだけに商品を売っているわけではありませんでした。一般のドライバーをターゲットに限られた予算内でタイヤ、バッテリー、オイル、フロントガラス、ワイパー、ライト類、ブレーキパーツ、フィルター、クリーニング液等の提供を始めていたのです。

次に、世界中でパーツ＆アクセサリー店の全国チェーンの成長が著しくなってきます。そこではドライバーの誰彼が必要とするものすべてを買いに行くことが可能でした。またメールオーダーのパーツ販売も同様にビッグビジネスになっていきます。そして出版社は自動車オーナー向けに「ハウ・ツー」ものの種類を揃え、自家整備の"謎解き"を眼前に展開したのです。

△「モービル」の看板
「バキューム・オイル・カンパニー」の誕生後、「モービル」はモーターオイルの世界のトップメーカーであり続けた。

（P241参照）

多くの新製品の中に「WD-40」がありました。「WD-40」は可動部品の接触面を滑らかにし、湿気から保護する革命的な軽油の化合物で、その名前は、科学者ノーム・ラーセンによる水置換剤（Water Displacement）研究の40番目の試みから名付けられたのですが、自家整備での必携品となっています。そして同様にボンネット下の作業で汚れた手指の油汚れを強力に落とすハンドクリーナーである「スワーフェガ」も、ホームメカニック（自家整備士）の必携品となっています。

また時代を経ると、それを修理する（例えばパンクしたタイヤなど）よりも、交換する方が大方の場合安かったために使い捨ての文化が発達してきました。

技術的な開発

ちょうどこの頃、メーカーが電動式のシステムをより一層標準装備として採用し始めました。また、1949年以降アメリカに出現した高圧縮比のV8エンジンを始動させるため、自動車が必要とする電源が改善されました。システムをそれらに対応させるため電圧を6ボルトから12ボルトに引き上げたのです。1960年までにクライスラーは、ジェネレーターを小さくし、軽量なオルタネーター（交流発電機）と入れ替え始め、より強い電流を、特にエンジンの低い回転域でも得られるようにしています。にもか

◁ フォード『ポピュラー100E』 1959年
愛情をこめてフォード『ポップ』と呼ばれていたこの車は、1,000マイル（1,600km）ごとのメンテナンスを必要としていた。しかしその単純なメカニズムは自家整備には最適であった。

サンデーメカニック | 191

かわらず、1950年代の大衆車の装備は極一部の車種以外は貧弱なままでした。そこで車のアクセサリー会社はオーナーが自分でサイドミラー、リヤガラスの霜取り、サンバイザー、風が室内に流れ込むのを防止する整流板等を取り付けられるように取り揃えて商機を掴んでいったのです。

またこの時代、多くの車は錆に対する防護策を何らしてはいませんでした。自動車メーカー自身が腐食問題に取り組むずっと以前、アメリカの企業家、カート・ヅィーバートは、錆に弱い車の床下側に厚くシーラントを塗るということを思いつき、1959年に特許を取得しています。それは自動車を所有することの夢と現実の間の溝を埋めた、自動車の保守に関してサードパーティが関与したさらにもう1つの例でした。

ドライビング・テクノロジー
ラジアル・タイヤ

タイヤの外層（トレッド）の下側に、カーカスと呼ばれるタイヤを強化している構造体がある。この構造体はコード（撚り糸）のネットワークで構成されていて、主にポリエステルとスチールが使用されており、伝統的に進行方向45度に層として積層される。この"クロス・プライ"として知られている編み込みの配列に、1946年、ミシュランの「ラジアル」デザインに取って代わられたのである。ラジアルタイヤの内部では、このコードは進行方向90度に配置され、オーバーラップはしていない。これは層の摩擦を下げて、次にタイヤの摩耗を減らして燃費を強化しているのだ。そして構造全体を支えるためカーカスの外側には後からスチール、あるいはケブラーのベルトが巻かれ、それによってさらにパフォーマンスが向上するのである。

△ **定期メンテナンス**
フォード『アングリア105E』に取り組むメカニック。1959年に発表されたこの車は『アングリア』の第4世代モデルである。それでもなお、このモデルには定期的なメンテナンスが必要なのであった。

ミシュランのラジアルタイヤをフィーチャーした最初の車はシトロエンの『2CV』であった。そしてその時、シトロエンはミシュランによって吸収されたのである。

| 192 | 世界の再構築：1946-1960

運転席を前にすることでスペースの無駄を無くした。

木製のフレームを使うことで鉄製よりも重量を軽減。

リア側に配置された**空冷エンジン**は、パッセンジャーのための空間を広げた。

△ フォルクスワーゲン『コンビ』 1950年
VW『コンビ』は厳密にはエステート・カーではなく、多くの家族がこれを買って、毎日の交通手段としていた車である。たっぷりとしたスペースは、平均的な家族が必要とする以上に多くの荷物の運搬を可能にしていた。

△ モーリス『マイナー・トラベラー』 1953年
モーリス『マイナー・トラベラー』は木製フレームを使用して英国で製作されたエステート・カーの最後の1台だった。フロントエンドとシャーシーは1つの工場で造られ、エステートの後ろ部分は他の工場で造られて合体された。

リアウインドウがスライドして開くことで、換気を行なえる

"家族の水準とステータスシンボルの両方だね"

ノーム&アンドリュー・モート / アメリカンステーションワゴンズ

▽ シボレー『ベルエア・ノマド』 1956年
アメリカではシボレー『ベルエア・ノマド』やポンティアック『サファリ』のような車が人気があることが実証されていた。広いスペースのある2ドアエステートではあるが、さらにもっと優雅で、宣伝文句が言うほど家族向けの車ではなかった。

家族と荷物一式を積んで… | 193

低く尖ったノーズは、空気抵抗を小さくした。

荷室には、横側に畳める2席のシートが取り付けられている。

長い荷物を運ぶことができるように、ナンバープレートと**分割折りたたみテールゲート**には蝶番が取り付けられる。

インテリアにはボルボの特許である3点シートベルトが取り付けられる。

△ シトロエン『DS　サファリ』 1958年
シトロエン『DSサファリ』は、もっと安くてシンプルな姉妹車『ID』をベースにしたモデルだ。そしてこの車の快適さとスペースの組み合わせをまっとうに評価した骨董品の取扱業者と、オートバイレーサーの間で人気の高いモデルであった。

△ ボルボ『221』 1962年
ボルボはこのエステート・カー『221』を契機に高まった評判でつとに有名である。その広い積載エリア、広々としたキャビンへの容易なアクセスは、5ドアの有難みによるところが大で、産人と家族の評価は特に高かった1台だ。

家族と荷物一式を積んで…

車が出来てからというもの、一貫して大きな荷物を運びたがる人々がいました。しかし、乗客あるいは大きな荷物を容易に収容できる車の設計がされたのは戦後になってからで、特に1950年代と60年代になってからだったのです。これは、もし、収容能力を増大させるために、ヒンジ（蝶番）が上に付けられたテールゲートと積載量を増やすために平らに折り畳めるリヤシートが装備されるならば、これはエステート・カー、あるいはステーション・ワゴンが実用的であるばかりではなく、望ましくもあるとメーカーが理解した時でした。このコンセプトへのカギはアメリカのシボレーが持っていました。それは1954年の『ノマド（遊牧民）』というコンセプトカーでの試みの後に発表した『ベルエア・ノマド』だったのです。『ノマド』は『コルベット』をベースにしていました。その小粋で広い後部は新しい『ベルエア』のボディに容易に改造できたのです。そしてヨーロッパのメーカーは実に敏速にそれに追従したのです。

△ ランドローバー『ステーションワゴン』 1949年
ランドローバーは確かにオフロード用として開発されたのかも知れないが、その長いホイールベースの『ステーションワゴン』バージョンは、冒険好きな家族のためには卓越した輸送能力を発揮した。

ラテン世界の自動車生産

20世紀中頃、スペイン、ポルトガル、ブラジル、アルゼンチンのラテン市場は、経済の効果的促進剤の役を果たした自動車生産に、海外投資を当てるという戦略を採択していました。

1950年代から60年代、工業化は多くの国々、特にヨーロッパと南米のラテン語を話す国においては最終ゴールでした。そしてそこの人口の多さが、国内的に生産された自動車の大きな潜在的なマーケットを形成していたのです。低い賃金コストで投資を呼び込もうという政府の政策で、これらの国は外国自動車メーカーに魅力的な場所を提供していました。国内の自動車産業の設立は経済発展を成し遂げるためのキーだと見なされて、スペインとポルトガルそれぞれの元植民地であるアルゼンチンとブラジルでは経済活動の優先事項となっていました。そしてそれはラテンアメリカにおける産業の進歩の最前線に位置していたのです。

スペイン革命

スペインは特に、1950年代初期の控えめな国内自動車産業を有する新興国から、世界の自動車メーカーのトップ10の1つにまで自らを変身させるなど、劇的な方向転換を経験しています。フランコ将軍と彼のテクノクラート（専門技術者）との方針の中に、スペインで全てを製作する自動車ブランドを確立するという決定がありました。そして1950年、イタリアのフィアットからの技術的専門知識の援助と投資によって、Siciedad Espanola de Automoviles de Turismo（SEAT・セアト）＝スペイン乗用自動車会社が設立されたのです。この会社は4年以内に、それまで輸入した部品に頼っていた状態から96％を国内生産したコンポーネントを使用するところまで能力を伸ばしました。その後1957年にはSEAT（セアト）『600』が発表されます。この車はベーシックではあったものの頑丈な造りで、スペインをドライバーの国に成長させる手助けになっていました。

スペインと異なりポルトガルは名の通った国産車の生産はしませんでした。しかし、『ブラビア』のような国産の軍用車専門メーカーや、クラシックなままでしたが『アルバ』スポーツカー（写真参照）はあったのです。しかしポルトガルは他の国々の自動車メーカーにとって重要な生産センターとなっています。1963年、政府は完全に出来上がった完成車の輸入を禁止して、少なくとも25％以上のポルトガル国産コンポーネントを国際企業の組み立てラインに載せることを必至とする戦略を採用しています。そしてフォードとGM、ルノー、シトロエンを含む何社かがポルトガルに子会社を設立し、1973年までには乗用車と商用車を生産するおよそ30ものアッセンブリー（組み立て）ラインがあったのです。

△『アルバ』スポーツカー　1952年
90馬力のエンジンを搭載し、時速125マイル（200km/h）の最高速を持つ『アルバ』はその当時、全てのコンポーネントがポルトガルで生産されていた唯一の自動車であった。

ラテンアメリカ

南米ではアルゼンチンとブラジルが、外国の自動車会社の製造拠点を、この両国に置くことに焦点を当てて、南米における自動車生産の先駆けとなっています。外国の投資家に二の足を踏ませていたペロン将軍がアルゼンチンを掌握すると、アルゼンチン政府は1956年、サンタイザベル市での生産を開始するため、アメリカのメーカー「カイザー」との間での取引に署名しました。そしてフォードもまた1959年、手始めにトラックを生産するため、ブエノスアイレス周辺に工場を立ち上げています。追って1962年、アメリカのメーカー、フォードも乗用車『ファルコン』の生産を始めたのです。その時までに、アルゼンチンには商用車と乗用車を生産

◁ フォルクスワーゲンの工場、　サンパウロ、ブラジル
1957年、VWは『コンビ』の生産をブラジルで始め、1959年には『ビートル』もこれに続いたが、後に『フスカ』と改名された。その空冷エンジンの信頼性は高く、『フスカ』はその後24年間に渡ってブラジルではトップセラーだった。

ラテン世界の自動車生産 | 195

するおよそ20社もの異なった会社が存在していました。

話は1925年に戻りますが、GMはブラジルにトラックと多目的車生産の工場を建設しました。しかし、ブラジルの未熟なアッセンブリー産業がクビチェック大統領の下でその業務に就いたのは1956年になってからでした。クビチェック大統領は輸入車禁止の5ヵ年計画を開始し、また多国籍企業にブラジルのマーケットを捨てるか、ブラジル産部品を90〜95%使用するかの選択を迫った結果でした。そして11の会社が重い助成金を差し出す術策にのせられていました。100万マイル以上の内、舗装路は10%以下という泥沼状態の道路と取り組むブラジル人ドライバーは車に頑健性を求めていまし

▷ カイゼル『ベルガンティン』 1960年
(英名)カイザー『ベルガンティン』はアルゼンチンでIKA（アメリカのカイザー社との合併企業）によって生産されたモデル。そしてIKAはアルゼンチン初の自動車会社であった。

た。そこでフォルクスワーゲンは堅実で頑丈なドイツのエンジニアリングを駆使した『コンビ』と『ビートル』の生産を、サンパウロ近くの工場で開始したのです。シボレーは1969年に初のブラジル原産の国内モデル『オパラ』を送り出しました。その信頼性に対する評価は高く、ブラジル警察と大勢のタクシードライバーに選択されています。そして1970年までにブラジルは、世界の10位にランクされる自動車生産国家となり、未だ上昇の途上にありました。

"50年の進歩を
5年で達成する！"

ブラジル大統領、ジュセリーノ・クビチェックのキャンペーンスローガン

▽ セアトの工場、1961年
この販促用の車の集合写真は、『600S』を含むラインナップを会社のバルセロナにある旧工場で撮影したものである。

輝かしい賞典

全てのレースには勝利者がいて、全ての勝利者にはトロフィーがあります。モータースポーツの原点に戻ること、それは伝統なのです。

一般的に言って、レースが大きければ大きいほど、勝利者のトロフィーも大きくなります。そしてごく小さなスピードイベントにおける成功でさえも、勝利者には小さなカップが与えられます。しかし、メジャーなイベントにはそれ相応のトロフィーだけが似合うものです。例えばアメリカの『インディアナポリス500マイル』の勝者に与えられる、壮大な「ボルグ・ワーナー・トロフィー」は、高さが150cm以上もあります。

伝統的にレースのトロフィーは、それが与えられるたびに、その勝者の名前が刻まれる金か銀のカップ、あるいはボルグ・ワーナー・トロフィーのように勝者の顔のレリーフが嵌め込まれたものでした。そしてそのスタイルも、(武器としての)盾、あるいは小さな立像、またあるいは車のハンドルがデザインの定番になっていました。現代的なトロフィーは実に様々な形をしていて、その材質は金属に組み合わされて磨き上げられた木材、ガラスなどが使われています。そしてこれらの新しい様式のトロフィーは、長く続いているレースがそれぞれ貴重なオリジナルのトロフィーを伝えてきているように、昨日今日始められた新しいレースの勝者にも与えられることが多いのです。

そして時々、トロフィーとレースの間には、英国のオウルトンパークの『ゴールドカップ』や、ロイヤル・オート・クラブ(RAC)『ツーリスト・トロフィー』などのような、切っても切れない繋がりも見られます。あるいはまた、アメリカのNASCAR『ウィンストン・カップ』のようなシリーズ選手権も同様です。そして勝者には月桂樹のビクトリー・リース(花輪)も与えられ、祝福のドリンクも与えられます。このドリンクは『インディ500』の場合はミルクなのですが、通常シャンパンが選ばれています。

ロイヤル・オートモビル・クラブ(RAC)インターナショナル・ツーリスト・トロフィー 1905

ゴードン・ベネット・カップは最初の知名度の高いトロフィーの1つでした

ゴードン・ベネット・カップ・トロフィー 1904

RAC ドュワー・トロフィー 1906

セグレーブ・トロフィー
陸、海、空の偉業に対して与えられる

RAC セグレーブ・トロフィー 1930

カギとなる開発
祝福のシャンパン

1967年の『ル・マン24時間』を制覇した後、ダン・ガーニーはお祝いのモエ・エ・シャンドンのシャンパンを手渡された。コルク栓を抜いた後、彼と、同僚のA.J.フォイトが勝てないと言っていたジャーナリストを狙ったのです。そして同時に報道カメラマン、ヘンリー・フォード2世、チーム監督のキャロル・シェルビーはびしょ濡れになりました。それはこれまでに誰もやったことのないハプニングでした。その後シャンパン・スプレーは瞬く間に伝統になってしまったのです。

ルイス・ハミルトンが2017年のメルボルンGPで、ファリター・ボッタスにシャンパンを浴びせている。

輝かしい賞典 | 197

スパスパイラルデザインには、1,950年からのF1チャンピオンドライバーの名前が刻まれる

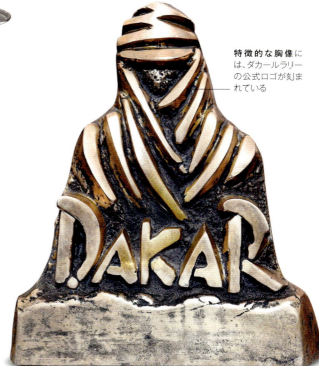

特徴的な胸像には、ダカールラリーの公式ロゴが刻まれている

フォーミュラ1・ワールド・ドライバーズ・チャンピオンシップ・トロフィー 1950

ダカールラリー・インディビジュアル・トロフィー 1978-2011

ボルグ・ワーナー・トロフィーは、インディアナポリス500の勝者に与えられる

1976年の映画「ガムボールラリー」で紹介された、ガムボールマシンの上で踊るカメ

このトロフィーは、2017年4月22日にフィッツジェラルド・ギルダー エックスフィフティーンズ ナスカー300のレースに授与されました

ボルグ・ワーナー・トロフィー 1936

ガムボールラリー・トロフィー 1976

ル・マン24時間トロフィー 2015

ナスカー・エックスフィニティシリーズトロフィー 2017

世界の再構築：1946-1960

愛車の家

車を安全で乾燥した状態で保管することは、自動車の黎明期から、ドライバーにとっての願いの1つでした。そしてガレージを念頭に置いて建てられた郊外の家は、そういう意味では理想的でした。しかし、他にも解決する手立てはあったのです。

　多くの初期の自動車は"裕福な領域"として車両自体を収容する施設を備えていました。また何人かのオーナーは馬小屋や馬車庫を自動車用のシェルターに改造し、また何人かはお抱え運転手用として宿泊施設を兼ねた「モーター・ハウス」を立てていました。英単語の「ガレージ」は、フランス語の動詞、「garer」（ギャレー）から来ていて「停める、駐車する」を意味しています。そしてこれが英語で最初に使われたのは1902年のことでした。1930年代初期までには、新しい家族用の家のガレージは、その建物のパッケージの一部に組み入れられるか、あるいはその建物に調和した独立した様式で建てられるかが通常でした。

　もしあなたにそのスペースがない、金銭的に苦しいと言うのであれば、折り畳み式の"テント"型ガレージは安上がりで、効果的に問題解決が可能です。この方式は1940年代の雑誌広告で宣伝され始めました。そして今日なお、その方式は塗装を汚れから保護する良い選択なのです。自作のガレージキットも1930年代に出現しています。これらは通常、木の骨組みを持っていたのですが、中には屋根と外壁は単純な波型のトタン板というものもありました。そして1950年代初期までには、新しい、驚くべき素材"アスベスト"板が、極めて広範に使用されていました。木よりも軽く、優れた断熱性を持つこの素材は、健康には有害であったのですが、その当時は誰1人としてそれを知る者は無かったのです。

　1952年、英国のタイル製造業「マーレー」社は、組み立て式コンクリートによるホームメイドガレージのコンセプトを創ったとされています。それは事前に型枠で造ってある垂直部分の揃いのパネル、モジュール式にガラスをはめ込んだ部分を組み立てて、換気用のグリルをそれらの間の所定の隙間に滑り込ませ、その上で持ち上げて水平に開くスチール製のドアで入口を補完するように設計されていました。このキットは事実上2人のやる気のある人物（ご近所の方のような…）さえいれば、建築許可も不要なこともあって週末をつぶせばガレージが出来上がるように設計されていたのです。自動車の保有数が、1960年代を通じて雪ダルマ式に膨れ上がった時、例え結果が（滅多には）キレイだとは言われなかったとしても、この新しい『ポップ・アップ』心理は、途方もなく人気があったことを証明していました。

▷ **折り畳み式ガレージ、1956年**
この帆布で覆われた金属フレームで自立するガレージは、常設構造の必要なしに車を自然条件から守ることを可能としていた。使用しない時には折り畳んで倉庫にしまうこともまたOKなのである…。

アメリカの輸入車市場

戦後アメリカの自動車ブームは、アメリカの自動車メーカーがその需要を賄うのに汲々としている状態で始まりました。このことが、西ドイツと英国によって独占されていたヨーロッパの自動車業界からの輸入車の増大を招き、マーケット拡大という結果をもたらしたのです。

1945年7月3日、白の1946年型『スーパーデラックス』が、この大戦による3年以上ものブランクを経て、生産が再開されたミシガン州ディアボーンのフォードの工場の生産ラインから送り出されました。アメリカの自動車メーカーがその年生産した自動車は僅かに50万台。しかし6年後、アメリカの年度当たりの自動車販売量は700万台を超えていました。

いくつかのブランドは戦後になっても戻って来ませんでしたが、一方で「カイザー・フレーザー」と「タッカー」の2つのブランドが、消費者需要をフルに取り込むことを目論んで新たに設立されました。1939年以前、アメリカでは外車は珍しく、そして極めて高価で、ハリウッドやニューヨーク、マイアミのような所でしか買うことは出来なかったのです。これらの都市は金持ちが住み、働き、そして休暇を過ごしていたのですが、これはやがて変化しようとしていました。戦時中、340万台以上の自動車がスクラップと化しています。そして残る700万台はひどい状態でしたが、未だ実動中でした。消費財が不足しているということは、アメリカ人が彼らの蓄財を銀行に残したままにしていることを意味していました。そして戦争が終結すると同時に彼らは購入する準備が出来ていたのです。

1946年、MGとジャガーを中心として輸入品が少しずつ流通し始めました。3年後、フォルクスワーゲンはこのマーケットに参入したものの、たった2台の見本車を売っただけでした。自動車の輸入販売は、初期の輸入業者が部品とサービスの全国ネットを確立するために動いていたため、当初の動き出しは遅れていました。カリフォルニアのMGの代理店「チェル・クォバル」は、顧客の旅行用にスペアパーツのキットを組んでいたくらいです。ジャガー、ポルシェ、メルセデス・ベンツ、そしてフォルクスワーゲンのアメリカ初の輸入業者であるニューヨークの「マックス・ホフマン」は東海岸でのディーラーを指定しています。1950年までに輸入車の第1波はよく売れていました。そして新車に対する欲求が、アメリカ車生産の拠点であるデトロイトによって需要を満足させられなかった時、MGは1万台もの『TC』を右ハンドルのまま売っていたのです。

△ ルノー『ドーフィン』のポスター、1958年
その小見出しには「陽気で慎ましやかなファミリーカー」とあり、『ドーフィン』が、当時のデトロイトで製造された自動車とは違っていることを強調している。

大きさの問題

ヨーロッパの車はあらゆる面で、デトロイト車とは異なっていました。例えば1948年のシボレーのサルーンは、1948年型のMG『TC』よりも545kg（1,200ポンド）重い1,406kg（3,100ポンド）の車重があり、MGの54馬力エンジンはアメリカの標準よりもかなり非力でしたが、当時のアメリカ車と異なり軽く、鋭敏で、素早さが感じられました。1955年までに、ヨーロッパの戦争に打ちのめされていた自動車産業は回復していました。そしてヨーロッパからの、ボルボ、サーブ、フィアット、アルファロメオを含む第2波がアメリカに到着したのです。これらの中で最も新しいブランド、ルノーは初期段階で『ドーフィン』がいくらかの成功を見ましたが、1960年になるとアメリカ人はルノーを輸入車の中でもトップブランドに押し上げ、10万2,000台を購入しています。

アメリカのドライバーは、その車がアメリカの道路に適している限り、どんな輸入車であってもトライしてみることを厭いませんでした。ただし、サーブ『93』の場合は、毎回満タンにするたびに約1Lの2サイクルオイルを燃料タンクに入れる必要があり、

▷ 羨望の車
1957年に撮影されたニューヨークの「ファーガス・モータース」のショールーム。このディーラーは主にヨーロッパ車の輸入販売をしていたが、アメリカ人は熱狂的な顧客でもあった。ここではドイツの『ボルグバルド・サルーン』と英国の『モーガン』が展示されている。

アメリカの輸入車市場 | 201

△ 全て積載!
アメリカでの英国車人気は1960年代に入っても継続していた。1960年6月、リバプール近くのバーケンヘッド埠頭に輸出準備が整えられた『ミニ』、『ヒルマン』、『メトロポリタン』、『MG』が並べられている。

煙を吐く2サイクルエンジンは、大半のアメリカ人には好まれなかったため、売れ行きは低調でした。そしてボルボの最初に輸入された『PV444』もカリフォルニアとテキサスのみでしか入手出来なかったことと、戦前のプリムスのような時代遅れのスタイルも相まって、始まりは低調でした。

1958年、トヨタはアメリカに輸出を始めた最初の日本メーカーとなっています。しかし、トヨペット『クラウン』(元々はタクシーとして計画された)は順調な運びではありませんでした。高価な割にはパワー不足な安モノを造っているという日本の評判と、戦争上の燻ぶっている怒りが結びついて2年間で288台という売上げ結果になってしまったのです。そして1966年、トヨタは『コロナ』を持ち込んで再びチャレンジします。オプションのオートマチック・トランスミッションとエアコン付きのスラリとした外観は、少人数の家族向けとして今回は極めて首尾の良い結果を得たのです。

伝記
ハインツ・ノルトホフ

1949年、アメリカ輸出の最初の年、VWは2台を売っただけであった。そして6年後、売り上げが25,000台となった時、アメリカで最も売れている輸入ブランド、MGを抜き去ったのである。しかしながら、最初期のオースチンやヒルマン、モーリスそしてMGのような『ビートル』はアメリカ市場には向いていなかったのである。英国のメーカーが出来なかったのか、やろうとしなかったのかの間に、自社の車をアメリカに適合させるためVWの会長、ハインツ・ノルトホフは顧客の批評を聞き入れ、操縦安定性とブレーキパフォーマンス向上のための工学的変更を決意し命じたのだった。そして売り上げは、1950年の328台は翌年には417台に、そして1952年には980台とゆっくりとではあるが着実に増加している。その後、ミシシッピ州東部の会社にディーラーを指名した時、『ビートル』の販売は1953年の1,214台から翌年には8,895台に急上昇して軌道に乗ったのである。『ビートル』の販売は1968年には42万台に達しており、1960年にルノーによって『ドーフィン』がより多く販売されたのを除く、1970年代初期を通じて最も多く輸入された車となったのである。

VW会長、ハインツ・ノルトホフはアメリカにおける外国メーカーの成功を確定した

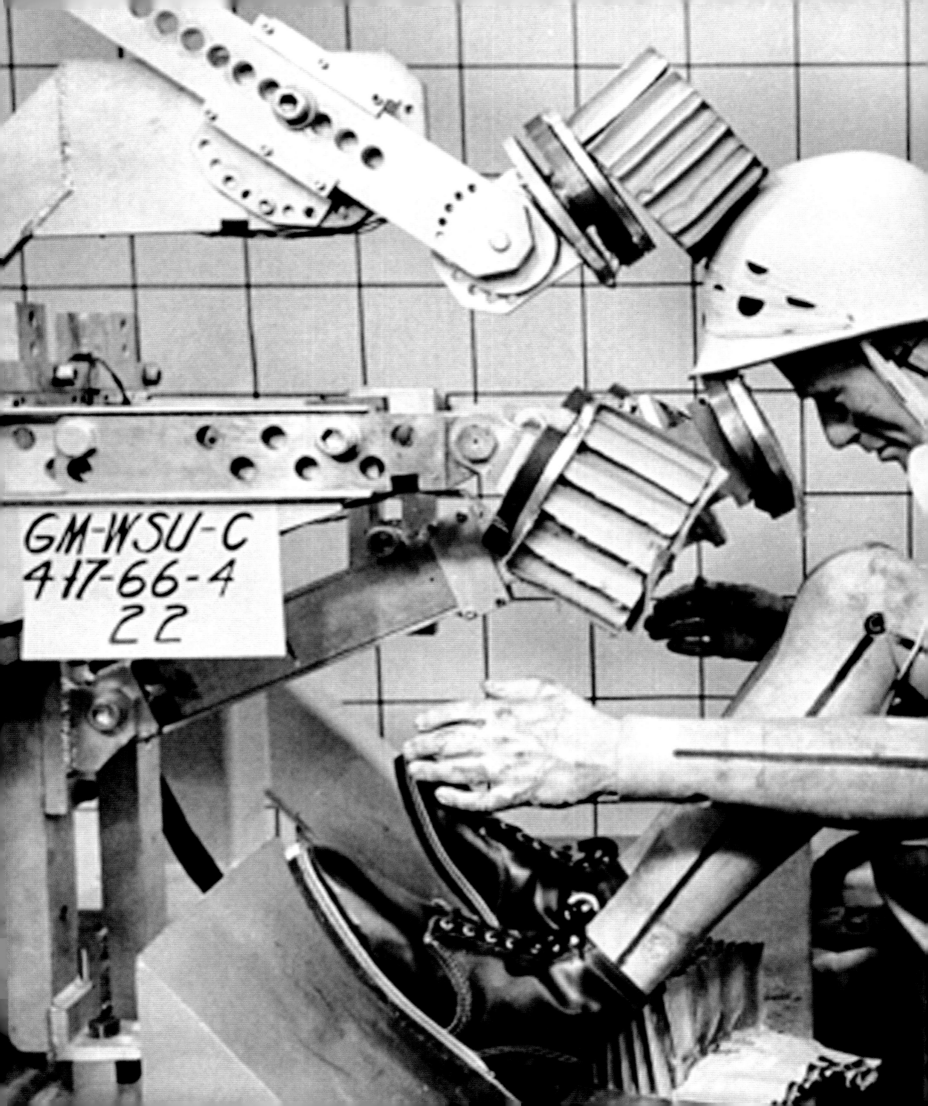

1961–1980

技術と安全性

1961–1980
技術と安全性

　1960年代はクラシックカーの黄金時代でした。これまでの自動車シーンを変えたモデルの多くは、この時代に出現しています。小型車群の中には革命的な『ミニ』とルノー『4（サンク）』が出現。またサルーンに目を移せばフォードの『ファルコン』と『コルチナ』、BMW『1500』、そしてルノー『16』等が登場しています。レーシングの血統としてはMG『B』、ポルシェ『911』、アルファロメオ『デュエット』、ジャガー『Eタイプ』、そしてロータス『エラン』のような今日的スポーツカーがあり、さらなるスリルと速さが欲しいのであれば初代ランボルギーニ『ミウラ』やフォード『GT40』、そしてフェラーリ『デイトナ』のような"スーパーカー"もありました。

楽しみと、センス、そして自由

　これらの革新的設計の爆発には多くの理由がありました。大幅に進化した素材、技術、エレクトロニクス、モータースポーツからのフィードバック、大量生産技術、そしてイタリア車のスタイリングの影響などがそれです。ロータリーエンジンやガスタービンを含む新しいパワーユニットは、既にセンセーションを巻き起こしていました。しかし自動車設計において最も重要だったのは、1960年代に誕生して1970年代に広がりを見せた前輪駆動（FF）と用途の広いハッチバックスタイルとの組み合わせでした。そしてこれは、全ての主要メーカーの生産が二次曲線的に増大したため、新しい「カー・オブ・ザ・イヤー」を授与され、各国で迎えられたエポックメイキングなデザインだったのです。

　従来の伝統的なオープン2シーターが、速くて信頼できる滑らかなスタイルのクーペに道を譲るという、スポーティな楽しみを与えてくれる車における、確かな焦点の移動がありました。コンパクトな新しいハッチ・バックが同様に、時代の流れに乗ったモータースポーツで重要になっています。そして、その市販型である、いわゆる"ホットハッチ"は、その決定打でもありました。純粋な楽しみのためのドライビングは、「デューン（砂丘）・バギー」からカスタムカーまで全てを含包していました。さらに1つ付け加えるならば、成功した実業家たちが、従来のお抱え

シボレー『コルベット・スティングレイ』は、瞬時にクラシックとなった。

自動車メーカーは、安全性改善という圧力を受け続けていた。

"この10年の変化で、社会の関心は大気汚染にまで及んだのです"

運転手付きの車から、ヨーロッパ製のスポーティなサルーンを自分で運転するようになったことも挙げておきます。

安全と環境

1960年代に表面化したより悲愴かつ極めて重要な検討事項は、どれくらい真剣に安全対策がとられているかということでした。アメリカでは社会運動家、ラルフ・ネーダーが、正常に使用している状態でさえ人々に傷を負わせる(欠陥のある)車を、人々が受け入れる必要がないことを意識させていました。

アメリカ政府は安全性への懸念に応じて、自動車の安全基準の義務化を確立しています。そして自動車メーカーはシートベルトのような受け身の安全対策を、積極的に取り入れ始めたのです。この10年の変化で、社会の関心は、自動車がその発生の元となった大気汚染にまで及びました。エキサイティングな外観を持つマッスルカー(アメリカの高出力車)の排気ガスの清浄化が最優先の課題となった時、それらの車に対する社会の認知度は急速に失われていきました。アメリカ車から豪華なメッキ仕様、車体の長さ、それに見合ったハイパワーが失われてしまいました。しかしデトロイトは、小さくて排気ガスがきれいで、さらには燃料効率が良く、既に何百万という、それに満足する新たな顧客を見出していた日本車のような存在と、自らの土俵の上で戦っていたのです。

交通渋滞と駐車場問題の圧力は、世界中のドライバーにのしかかっていました。そして当然のように、車内でのエンターテイメント、FMラジオとカセットプレーヤーは普及し、大きく成長した分野になっていきます。

多くの問題をかかえながら、道路環境は一貫性を持つようになり、例えば安全性向上のために道路標識の入念な研究により、より直感的に理解、判断が可能なマーク、デザインになっていったのです。そしてイランから韓国に至るまで、なお一層多くの国々では、彼らの社会と経済を整備する方法として、自動車を普及させていきました。

パーキングメーターは世界中の都市で、見慣れた光景になっていったのである。

自動車は、新しい規制を受けてもなお、"楽しいこと"であり続けた。

日本車が世界へ

世界の自動車産業は日本の登場により変化し始め、大きな成長と顧客の期待の変化を引き起こしました。ヨーロッパでは新たな課題に対応するため、自動車メーカーが統合し始めていました。

△ 旅立ち
1975年、横浜の埠頭で日本産のダットサン『チェリー100A』と『サニー120Y』が、海外市場への出荷待ちをしている。

1960年代に世界の自動車業界への支配的な足場を本格的に築き始めたのは、極めて合理的に設計された頑丈で、虚飾を廃したファミリーサルーンのトヨタ『コロナ』とニッサン『ブルーバード』の2車からでした。これらと並んでマニアはダットサン『240Z』、マツダ『コスモ110S』、そしてホンダ『S800』を購入、今日に至るまで旧車として愛されています。

1970年代に日本の車の生産は、際立って増加しています。最初は、ホンダの軸となる『シビック』と『アコード』が、特にアメリカにおいてホンダを先進のメーカーとして確立させています。1973年の石油危機は、手頃で燃料効率の良い小型車に対する強いニーズを引き起こしました。そして日本はその範疇に入る車種を増やし、それらの要求に完全にマッチするように車種配備をしました。これはトヨタ、日産、ホンダ、マツダ、三菱、スバル、スズキ、いすゞ、そしてダイハツが自ら産業の力を感じ始めた時代でもあったのです。例えば単純に派手なスモールハッチが欲しいのであれば、値段に見合った装備で、使い勝手が良く、経済的、その上信頼性が高いダットサン『チェリー』がある、そんな時代でもありました。これらのことは、車に基本性能を求めた多くのオーナー達を得ることの出来た特質なのです。

ヨーロッパとの取り決め

ヨーロッパの自動車産業が再構成を始めていた頃、ダットサンは深刻な脅威になっていました。英国では不幸な結末を迎える運命にある「ブリティッシュ・レイランド」複合企業体が1968年に設立され、1975年には一部が国有化されていました。名目上、ブリティッシュ・レイランドは機能していたのかも知れませんが、経営問題に加えて産業自体の不安と、滅多に所定の性能を発揮しなかった車に悩まされていたのです。1970年代までにブリティッシュ・レイランドは、次世代の車を創出するためにホンダと組んでいました。トライアンフ『アクレイム』の生産からスタートした後、企業における日本の影響は増大し続けました。

イタリアでは「ランチア」と「フェラーリ」がフィアットの傘下に入り、一方フランスではプジョーが1975年、半ば病んでいたシトロエンを傘下に引き入れ、「タルボ」ブランドを復活。また、1978年には「クライスラー・ヨーロッパ」を吸収していますが、ヒルマンやシンガーは姿を消しています。日本人にとっては、自動車生産ブームがアメリカとヨーロッパの両方で、何年もの間、貿易摩擦を引き起こし輸出総量の取り決めをした以外は、全てが順調に進んでいたと言えました。

◁ アメリカに輸入された最初の車
トヨタ『トヨペット』が、1957年、アメリカへの輸出のため船積みされる。これはアメリカに輸入された最初の日本車だった。そしてこれは1960年以降、日本の自動車に対する大きな需要への先駆的役割を果たしたのである。

年表

- **1957年** トヨタ『コロナ』の初代モデル発売。
- **1963年** ホンダは最初の量産モデル『S500』を発表。
- **1966年** トヨタ『カローラ』を発表。これは空前絶後の大ヒットとなる。
- **1960年代** 日本の自動車産業は『軽自動車』という名前の小型車の生産を始める。(P262-263参照)
- **1967年** 日本自動車工業会(JAMA)が設立される。
- **1972年** ホンダ『シビック』発表。
- **1973年** アラブ石油輸出国機構(OAPEC)が石油価格の上昇から、石油の通商停止を宣言。これにより、日本と他の国々で生産された"お手頃価格"車の人気が上昇。
- **1970年代** 日産の「ダットサン」エンブレムを付けられたクラスの車の人気が輸出市場において上昇。
- **1980年** 日本はアメリカを追い越して世界の主導的自動車生産国となる。

1970年の東京モーターショーに展示されたホンダ『1300X』

日本車が世界へ 207

△ 招待客が、1963年東京の『全日本モーターショー』でニューモデルを見ている様子。写真は「プリンス自動車」のブースで、同社は後に日産に吸収された。

国際ラリー

ヨーロッパの森林の林道から、アフリカの轍（わだち）だらけのダートロードに至るまで、挑戦的な地形の上をラリー車とクルーが一体になって挑むことから、1960年代にラリーは目を見張るほど壮大なスポーツとなっていきました。

上手なナビゲーションとドライビングの調和は、競技中、しばしば"タイムテスト"という名のスピードトライアルはあったにせよ、1960年代までのラリーにおいては重要な要件でした。RACラリーでは、ドライバーはタイトコーナーの連続する特設コースでタイムレースを行なった後、"ガレージ"と呼ばれるコーン（パイロン）で仕切られた区域で、審議を待ち、結果次第では逆転があるかも知れない「ドライビング・テスト」という名の"全てが時間との闘い"となるレースが売りものでした。一方、「モンテカルロ・ラリー」では「モナコGP」で使用されるサーキットでのレースも含まれていました。

トップレベルのラリー競技（1982年に導入されたグループBイベントのような）が、基本的に異なったタイプのモータースポーツになるまで、国際ラリーは時限的に"スペシャル・ステージ"を取り入れ始めました。そしてイベントの発展につれ、理想的なラリー車もそれに合った車となっていきます。2名、あるいは3名のクルー用だとしても、広いスペースを持つ快適で大きなサルーンにもはや競争力はありませんでした。ラリーは今やハンドリングの良い、高性能車が勝つ時代となったのです。BMCの『ミニ・クーパー』は「空飛ぶフィンランド人」ティーモ・マキネンとラウーノ・アルトネン、そして北アイルランド人のパディ・ホップキックと共に表舞台に躍り出ました。そしてラリー車が次第にパワフルになるにつれ、トラクションが極めて重要視されポルシェ『911』やアルピーヌ『A110』のような卓越したリヤエンジン、後輪駆動（RR）車が注目を集めました。1970年代に入り、フォードはノーマルの『エスコート』を、ラリーでの勝利車に変えるための部品を買い易くしたため、俊敏な『エスコートRS』は少数車ではなく、クラブイベントや国際ラリーにおける膨大な数のラリースト（選手）にとって選り抜きの車になったのでした。しかし、トップレベルのイベントにおいては、フェラーリエンジンのランチア『ストラトス』や完璧にチューニング（調整）されたアバルト・フィアット『131S』から厳しい競争を挑まれていました。

比較的距離の短いヨーロッパのラリーと並んで、大陸横断の「ワールド・カップ」ラリー、ケニアでの「東アフリカ・サファリラリー」そしてコートジボアール共和国での「バンダマ・ラリー」のようなマラソンラリーのイベントもありました。これらは何千マイルもの距離を走ることにより、タフで信頼性の高い車と、経験豊かなドライバーが有利であることを証明しました。そしてウガンダのシェカー・メッタは日産車を駆り1973年から82年の間に5回、「サファリ」に勝つという記録を打ち立てたのでした。

▷ **急坂を上る**
1969年、オースチン『1800』のラリー車がケニアの"大地溝帯"沿いの狭い道を砂煙を上げて通過するのを、地元民は興味なさそうに見送る。アフリカのラリーは道なき道が舞台となって、選手にも車両にも大きな負担のかかる厳しい戦いであった。そして野生動物との遭遇も避けられなかったのである。

"1つのステージが900km以上もあったんだ。
私はドライビング中に眠りそうになってね、
そんな時は、(コドライバーの) グンナー・パームが
起こしておくためにペースノートを見せては、
私を悩ませたものでしたよ。"

ハンヌ・ミッコラ。「ワールド・カップ」ラリーにて

| 210 | 技術と安全性：1961-1980

強力な3.6Lダブルオーバーヘッドカムシャフト、ストレート6エンジンは265馬力を生み出す。

オプションのアルミ製ボンネットで車体を軽量化。

横に開くテールゲートは、リアの洗練された独立サスペンションの上に位置する。

△ ジャガー『Eタイプ』 1961年
「ル・マン」で勝利したレーシングカー、『Dタイプ』直系のモデルがこれだ。『Eタイプ』のダーツ（矢）のようなプロフィールと滑らかなクロームの細部は見る者に即座に与えるインパクトがあり、フェラーリの1/3のコストにもかかわらず、240km/hもの最高速度を有していた。

二枚羽のセンターピース付きスチール製ホイールスピナー。

△ MG『B』 1962年
俊敏で行動が素早く、均整の取れたMG『B』は、能力溢れるロングレンジもこなせるクルーザーであった。1.8リットルの直列4気筒エンジンは、最高速度166km/hをマーク。ドライビングマニアの間での高い人気を誇っていた。

"俺は酒と女と速い車に、たいそうな金額を注ぎ込んだのさ。残り？ ただ浪費しただけさ！"

ジョージ・ベスト（英国の伝説的サッカー選手）

スポーツカーの黄金時代

広々としたコクピットは全天候のプロテクションを約束。

合金製ホイールはアフターマーケットパーツを装着したものだ。

△ **ダットサン『フェアレディ』 1965年**
日本のメーカーはアメリカにおけるMGの成功の、ある特定の要素を取り入れ、信頼性の高いダットサン『ブルーバード』の1.6リットルエンジンを搭載。MGに類似した手法で彼らの2座席のスポーツカーを生産した。

ボートのようなテールは、初期のデュエットの特徴だ。

1.6Lツインカムエンジンは、初期モデルよりもアップグレードされている。

△ **アルファロメオ『スパイダー』 1966年**
イタリアのこの小粋なスポーティカーは、クラシックな外観の中に5速のギアボックスと全輪ディスクブレーキが標準装備されていた。そしてこの『スパイダー』のオリジナルバージョンは、1990年になってもなおラインナップされていたのである。

▽ **シボレー『コルベット』**
1960年型のクラシカルなアメリカのスポーツカー『コルベット』は小粋なスタイルを特徴として、5.3リットルのV8エンジンを搭載してそのスタイルに見合ったスピード性能を与えられていた。この第2世代のモデルは、ただひとえにスポーツカーレースにおける広範囲な成功に、その存在を投影させていたのである。

スポーツカーは単にドライブする楽しみのためだけに造られた（主に2座席のロードスターだった）車で、1920年代以降存在していました。しかし、それらが社会の財政的成功とのんびりした生活を投影して、ステータスシンボルとなった1960年代に、スポーツカーは頂点に達しています。

多くの'60年代のスポーツカーは技術的には完成され、また、見た目にゴージャスであると同時に様式的にも最先端にありました。何台かはレーシングカーのデザインが取り入れられていましたし、イタリアのメーカーはレスポンスの良いエンジンと、専門的にバランスされたサスペンションシステムを介して、才気溢れるドライビング体験を乗り手に与える車を造っています。そして英国では『MG』が大量に造られ、スポーツカーを人気商品に昇華させていました。英国の『トライアンフ』とドイツの『ポルシェ』を含むスポーツカーブランドは、ニューヨーク周辺に集中して展開し、カリフォルニアとアメリカ北東部からの根強いニーズに応えていました。

△ **自作のスポーツカー**
この『ジネッタG4』のようなスポーツカーのキットは、1950年代に登場していて、ファクトリーメイドの新車を買う余裕のないドライバーには理想的な車であった。また、これらの車は腕に覚えのあるメカニックであれば安く組み立てられ、節税にもなったのである。

| 212 | 技術と安全性：1961–1980

道路標識革命

1957年の「アンダーソン委員会」は、英国のモーターウェイ（高速道路）用の新しく統一された道路標識を作成するために設定された委員会でした。そしてその成果は、今日未だに使用されています。これらの仕事には世界的に影響力を持つ2人のグラフィックデザイナーが起用されたのでした。

△ "滑りやすい路面の警告"
キネアーとカルバートのシステムによると、このサインの三角形は「警告」を意味します。そして横滑りしている車の絵文字は、最も単純な方法ですべての情報を伝えます。

高速道路の出現はより速いスピードの時代を意味していました。そしてそれ以前のどの時代よりも遥かに高いレベルでの英国の道路標識の基準を、どうにかするべき時が来ていたのです。1950年代までの道路標識は、書かれた文字の書体、サイズ、スタイルがバラバラで統一感がなく、自動車時代の初期、どれがどれほど役立っていたのか…。何はどうあれ車人気とスピードの高まりは、システムが更新される必要があることを意味していました。加えて英国では、外国人ドライバーが困ることがないように取り決めた、文字で書かれた標識よりも、図案による標識を重要視するという、道路標識の統一に関する1931年の「ジュネーブ条約」を軽視していたという事情もありました。

そこで、1957年に英国政府は、国の道路標識システムを再検討するために、コリン・アンダーソン（船会社、「P&Oオリエント」のCEO）を議長とする委員会を設立しています。アンダーソンは、その時すでに自社「P&O」の手荷物ラベルを制作するためにジョック・キネアーを雇用していました。そしてキネアーと、以前彼の生徒だったマーガレット・カルバートに道路標識のデザインを変更する仕事を命じたのです。

▽ 標識は言葉と同じだ
ジョック・キネアー（右）は、彼の仕事に命が吹き込まれていくのを見守っている。長方形の標識は行き先（目的の方向）を示すものに限られた。

道路標識革命 | 213

▷ 高速道路の標識
キネアーとカルバートによって考案された標識は、当初ロンドンのハイドパークと、近所の地下駐車場でテストされた。そして実際に設置されたのは1958年、新しく開通した高速道路のプレストン・バイパスが最初であった。

キネアーとカルバートは以前、ガトウィック空港の標識と図案の制作で共に仕事をしていた経験があり、彼らは標識の持つ情報を、本質だけに絞る方法を模索しました。そして高速道路用に「トランスポート」と名付けた新たな書体を作成し、それぞれのジャンクション（合流部）の基本的な鳥瞰図にその書体を適用した標識を制作したのです。それらは従来の英国の道路標識とは異なり、新しい標識にはスピードが出ていても明瞭な視認性を確保するため、大文字と小文字が組み合わせて書かれており、全ての標識は青地で、夜間にはヘッドライトの光で照らし出される反射材で書かれた白い文字が採用されていました。さらに文字の寸法、輪郭の幅、方向を示すラインの太さと形は全てこの時に規格化されています。

国のためのデザイン

しかしながら、高速道路の標識プロジェクトが進行している間にも、英国ではその他の道路の標識にも目を向ける必要があったのです。1961年、デザイナーのハーバート・スペンサーは、ロンドン市街からヒースロー空港に向かう途中、その間にある標識の不調和、欠点についての詳細を、雑誌「タイポグラフィ」に2つの記事にして寄稿しています。

1963年、「ウォーボーイズ委員会」はキネアーとカルバートに、英国の道路網の残り全てについて標識を再検討するように委任しました。そして委員会は英国の道路標識を、重要な情報伝達には絵文字を使い、命令・指示には標識を円形にし、（注意を促す）警告には標識を3角形にし、行き先の表示については長方形の標識を使用するという、1949年の「ジュネーブ議定書」によるものと連携させることを目指していました。

そしてキネアーとカルバートは、主要ルートには鳥瞰図と「トランスポート体」の文字を継続採用し、緑色の地に白文字の標識を添えて黄色の道路番号（国道番号）を組み合わせました。そして2桁、3桁の国道には白地に黒文字を採用しています。

マーガレット・カルバートは多くのピクトグラム（絵文字）をデザインしています。その『子供横断中』の標識は少女が少年を導いている絵柄で、その少女は子供時代の彼女がモデルとなっています。また家畜用の標識の「牛」の絵柄は彼女の知っている牛がモデルとなったそうです。キネアーとカルバートの標識は細部では更新されていますが、1965年の導入以来基本的には不変でした。そして彼らの綿密なデザインは、世界中でコピーされています。

伝記
マーガレット・カルバート

大英勲章第4位のマーガレット・カルバートは1936年、南アメリカに生まれ、1950年、英国に移住。そしてチェルシー大学芸術学部に学ぶ。ここで彼女は師でもあるジョック・キネアーと出会う。キネアーはカルバートに当時の新「ガトウィック空港」の標識作成の協力を依頼。そしてカルバートは「黄色地の上の黒」の配色設計の選定に尽力する。そして英国の高速道路と英国国鉄の標識を作成した後、キネアーは1964年、彼女を共同経営者として社名を「キネアー・カルバート・アソシエイツ」と命名。後のプロジェクトとして「タイン&ウェア・メトロ」システムで使用されたユニークな「カルバート体」を含む、幾つかのユニークな書体を考案。そしてカルバートは書体の作成と交通安全に鑑み大英勲章を授与されたのである。

彼女のデザインに囲まれるマーガレット・カルバート。2015年

> "目的地を示す標識と通りの名前は、エンジンの中のオイルの1滴と同じ位に重要です。"

ジョック・キネアーの言葉。 1965年

"加速のレスポンスの良さと、登攀能力に対するフルパワーの潜在能力があります"

クライスラーのプロモーション映画より。1963年。

宇宙時代の車事情

人間が月を歩く姿がニュースで見られたその10年、クライスラーは最初のジェットエンジン車、クライスラー『タービン』を発表する寸前まで漕ぎつけていました。

クライスラーがジェットエンジンをテストする唯一のメーカーという訳ではありませんでしたが、このデトロイトの会社は、静かで滑らかに回るガスタービンエンジンを生産体制に組み入れる寸前まで進んでいたのです。1962～64年頃からクライスラーは、保有する5台のプロトタイプと、イタリアの「ギア」社と共同で製作した50台の量産試作車を公式にテストしていました。これらの車は、元フォードのデザイナー、エルウッド・インゲンによって設計されたもので、一見して1961年型のフォード『サンダーバード』に似ているようにも見えたのですが、それらは全てが特注品で造られていたのです。車全体のいたる所に盛り込まれたジェット時代のスタイリングは、フィンの付けられたヘッドライト周りから車内部まで、そしてタービンエンジンの内部のシャフトに似ている4つの革のバケットシート、飛行機のそれのような計器盤とセンターコンソールを持っていました。中でも極めて独特なテールライトは、ロケットのボディの後端部のようにも見えたほどでした。

そして3万人以上の人々がこの車のロードテストに応募し、クライスラーはその中から203家族を選び、その人々によって100万マイル以上のテストが記録されています。3ヵ月にわたるテストの間に、それぞれのドライバーがログブック（記録簿）を保管して、様々な条件下での燃費、信頼性、そしてパフォーマンスを記録していました。

結果、トラブル、故障は稀で、しかもその原因は劣悪な燃料を使用したドライバーによるものでした。テストの後、クライスラーはこれを造るという難しい決定をしました。ドライバーはこの車が気に入っていました。が、この130馬力のジェットエンジンの燃費とパフォーマンスは、V8エンジンを搭載する中型のクライスラー車よりは劣っていました。そしてまた、このエンジンの製作費は通常のV8と比べると軽く10倍は高くついてしまうのです。時代は排気規制が強化されるという状況で、クライスラーは、本来であれば1966年にはデビューしたであろう量産型のジェットカーの生産中止を決定しています。このテストの後、タービン車の46台がデトロイトのスクラップ置き場で粉砕され、残る9台は動かなくした状態で、博物館に送られました。その後、クライスラーは1977年までタービン動力車の研究を続けていましたが、エンジニアに燃費と排ガスの抑制が達成不能と判断された時、最終的に研究は終了しました。

◁ **ファッション性の高さ**
その最先端のデザインと、宇宙時代のテクノロジーの裏付けによって、クライスラーのタービンカーは、1966年の雑誌「ヴォーグ」の写真撮影の小道具として使用された。しかし、そのエンジンは量産するにはあまりに高価過ぎた。

より安全な自動車設計

自動車の使用機会の急増は必然的に、増え続ける交通事故への対応の増加に直結していました。安全はまさに1960年代にスポットライトが当てられ始め、社会活動家の声と、テクノロジーの進歩によって推進されたのです。

車の"安全ではない"という特質は、モータリゼーションの夜明けから明確でした。自動車での最初に記録された死亡事故は1896年に発生した、ブリジット・ドリスコルという歩行者がロンドンで自動車にぶつけられたというものでした。そして1955年までには、既に100万人以上の人々が世界のどこかの道路で亡くなっていました。また、この世紀の終わりまでにはそれと同数の人々が世界中で殺されていたのです。

初期の自動車の設計者は、安全に対しての考慮が全く欠けていたか、例えあったとしても微々たるものでした。衝突時、ステアリングコラムは胸に向けられた槍のようでしたし、一連の突き出ているレバー類も同様の危険を孕んでいました。そして最初の衝突試験は1934年頃、ゼネラルモーターズによって行なわれています。事故時の乗員のモニタリングには、恐ろしいことに人間の死体が使用されていたのです。次には生身の人間のボランティアがこれに続き、その後1949年に、衝突実験用のダミー人形に変更されたのでした。

初期の自動車の車体は、"変形"させて衝撃を逃がすようには設計されてはいませんから、全ての衝撃は直接、乗員に伝わっていました。メルセデス・ベンツは1959年、車内に「クランプル（ペチャンコになる）ゾーン」を設け、衝撃力に対処した最初のメーカーとなっています。これは衝撃力の、少なくとも一部を吸収する、ある一定の効果はあったのです。

シートベルトを締める

道路における安全の歴史上、最も大きな開発はシートベルトの発明でした。1950年、アメリカの自動車メーカー、ナッシュの『ランブラー』に導入されたラップ・シートベルト（骨盤を固定する2点式ベルト）としてこの世に誕生したものは、スウェーデンのボルボのニルス・ボーリンが1958年に発明した3点式ラップショルダーベルトによって本当の熟成を見せたのでした。彼の発明がどれほど重要なものかを彼自身が知った上で、ボーリンは会社に、

▷ 開発を促す
ラルフ・ネーダーの1965年の著作『どんなスピードでも安全ではない!』は、安全性に対する企業の姿勢を永久に変えたのである。ただし、彼の信用を失墜させるキャンペーンの後でだったが…。

> "自動車は死と怪我を何百万人にもたらした。"
>
> ラルフ・ネーダー著『どんなスピードでも安全ではない!』の序文より

より安全な自動車設計 | 217

あらゆる自動車メーカーがこのシステムを使うことが出来るように、その特許権の適用を停止するよう要請したのです。

間もなく多くの国々ではロビーストが、シートベルトが全ての新車に装備されるべきであると論じ始めていました。そしてアメリカでは、その主旨の法案が1968年に議会を通過しましたが、他の国々でそれが確信されるまでには、更に長い時間を要しました。英国でのシートベルトは1983年、義務化されています。

どんなスピードであっても安全とは言えない！

交通安全に関するロビー活動で、最もうるさかった一人がラルフ・ネーダーでした。弁護士である彼はGMのシボレー『コルベア』を批判した1967年の書籍、『どんなスピードでも安全ではない！』を書いてベストセラーとなっています。この本の中で、事故は『コルベア』の経費節減基準によって設計されたサスペンションシステムによって引き起こされたと主張したのです。この本はGMにそのサスペンションの設計変更を強いて、最終的には自動車に関する新たな厳しい安全基準が盛り込まれた1966年の、「国家交通自動車安全法」を惹起したのでした。

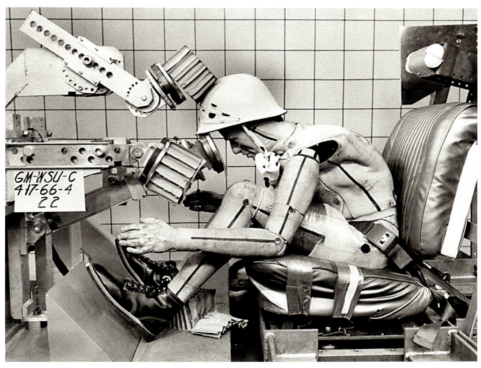

◁ **怪我をシミュレートする**
自動車メーカーはマネキンやクラッシュ・スレッドを使い、自動車の安全性を評価している。安全性は常にブランドの成功のカギであった。

新しい安全技術

1960年代はまた、安全技術の早い発展が推進された時代でもありました。ジェンセンの1966年型『FF』は、スリップを緩和する"アンチロック"ブレーキが搭載された初の量産車となり、ボルボは1972年に子供が悪戯できないドアロックを導入しています。1972年、GMはまさしく最初の（衝突時にドライバーの前面を保護する）エアバッグを発明していました。しかし実際に搭載されるまでには時間がかかり、最初に量産型のエアバックを搭載したのは1981年型のメルセデス・ベンツがSクラスでした。

▽ **安全なテスト**
衝突安全実験のダミー人形は航空機産業から借用したアイディアで、生身のボランティアが受ける傷を、ダミーを使ったその瞬間から回避できたのである。

伝 記
ラルフ・ネーダー

世界で最も有名な交通安全の活動家、ラルフ・ネーダーは、レバノン人の両親の元に生まれる。ハーバードの法学部を卒業後、弁護士になる前には陸軍にコックとして勤務している。彼の1965年の書籍『どんなスピードでも安全ではない！』は、GMが私立探偵を雇って彼の信用の失墜を図るほどのセンセーションを巻き起こしていた。そしてネーダーはGMを法廷に引き出し勝訴。42万5,000ドルの和解金は、彼の積極行動主義の研究所を設立するために使われた。1966年、新車の安全法がアメリカ議会を通過した時、下院議長はそれをネーダーの『十字軍精神』に帰したのだった。反規制体制のリーダーであるネーダーは、4度（失敗はしたが…）大統領選に立候補している。

ラルフ・ネーダーの有名な書籍は車両の安全性を論ずるため、1966年、アメリカの上院に公聴会を開催させた。

| 218 | 技術と安全性：1961–1980

木製スポーク、ロールス・ロイス 1906-25

ワイヤースポーク、オーバーン 1910

1920年代にブガッティが最初に使用した**合金ホイール**

プレススチール、ヒルマン ミンクス 1936

メタルホイールディスクC、アルファロメオ 8Cクーペ 1938

クロームホイールトリム、キャデラック シリーズ62 1959

ファッションホイール

素材の絶え間ない進歩と製作方法の進化がホイールをより軽量化させ、強くしていました。そしてそれは自動車のスタイルの重要な部分となり、単品製作でのプロトタイプと、それ以降のモデルを区別しているのです。

　最初の自動車はワイヤーの車輪に（空気の入っていない）ソリッドラバー・タイヤの組み合わせか、古代の"投石器"のような重い木製あるいは鉄製の車輪が使われていました。これらは1910年代から20年代にかけて、ゆっくりとワイヤースポークのホイールに取って代わられています。エットーレ・ブガッティはこれらとは異なったルートを辿って、自身の車の何台かにブレーキドラムと着脱式のリムを持つ、アルミ合金を鋳造したホイールを採用しています。他のほとんどのショールームに展示されるような車でさえ、1960年代までは合金製ホイールは採用されていませんでした。その時まで、日常使用される実用車には、極めて頑丈で、大量生産に向き、コストの安いプレス鋼のホイールの装着が普通で、クロームメッキのハブキャップはデラックスモデルにのみ採用されていました。

　マグネシウムやアルミ合金のキャストホイールは、1960年代からはスポーツカーに採用され始め、1980年代になって初めて一般化したのです。

合金キャスト、ランボルギーニ カウンタック1990

ファッションホイール | 219

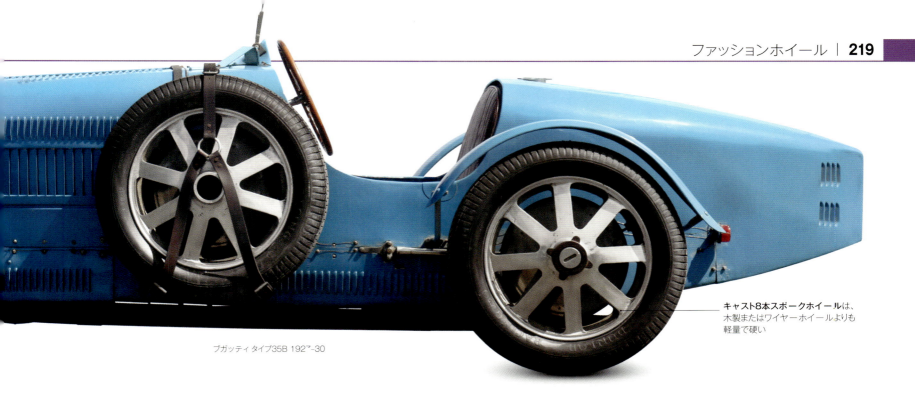

ブガッティ タイプ35B 1927-30

キャスト8本スポークホイールは、木製またはワイヤーホイールよりも軽量で硬い

クロームワイヤースポーク、ジャガー Eタイプ 1964

合金キャスト、フェラーリ デイトナ 1968

ロスタイルフェイク合金、MG ミジェット 1969

コンポジット、メルセデス・ベンツ コンセプトカー 2017

カギとなる開発
アフターマーケットでの合金ホイール

ホイールの交換は、マニアが自分の車の外観を変え、道路上での見栄えをよくするお気に入りの方法であった。1960年代初期からレーシングカーと公道用の高性能車には、カンパニョーロ、クロモドラ、ハリブランド、そしてフックスのようなブランドから選ぶことが可能であったが、一般的な車のオーナーたちも、自分で選んでフィットさせる"アフターマーケット"のホイールが普及し、市場も成長していたのである。その、最も初期のものはマグネシウム合金製で、"マグ"と呼ばれていた。この用語は後にどんな合金ホイールでもすべてそう呼ばれるようになっていたが、大抵の場合、それらは単にアルミ合金なのであった。アメリカのキーストーンとクレイガー、英国のミニライトとウルフレース、ヨーロッパのスピードライン、ATS、そしてBBSは1970年代にあるレベルに到達したカスタマイジングカーと、次に1980年代にやって来たチューニングカーブームの成長する流行の同意語ともなっていたのである。

アメリカのポップグループ、"ザ・モンキーズ"用に1968年に造られた「モンキーモービル」は、クレイガー製のホイールがウリであった。

英国車が（時代を）先導する

1960年代、英国の自動車産業は、精巧さと気品の両方を持つ車を生産し、革新的デザインで世界をリードしていました。そして現在なお、英国の有名ブランドのいくつかは1960年代の成功と名声を根拠としてリリースされているのです。

内部スペースを最大化するために**エンジン**は横置きされる

ギアボックスをエンジンルームに納め、足元を広くしている

△ BMC 『ミニ』
ベストセラー、『ミニ』は1960年代の英国に調和をもたらした。革新的で小さく、そして小生意気。それは英国の精神の典型を示していて、ヨーロッパのマイクロカーを駆逐してしまった。

「ミニ」。英国の自動車史上、最大の成功の1つは1959年にその歩みを始めています。そしてそれはすぐにヨーロッパのマイクロカーを駆逐したのですが、最初はサイズとFF（前輪駆動）というシステムのために、得体の知れないものという捉えられ方をしていたのです。

しかし、英国ではただ単にミニチュアという捉え方をしたのではありませんでした。それは卓越したスポーツカーであり、また最上級の旅行用車でもあったのです。そして1961年、ジャガー『Eタイプ』という比類なきゲームチェンジャーが出現します。このスラっとして美しいスポーツカーは、その人を惹くボディに正真正銘時速233kmという最高速を、アストン・マーティンの半額という価格で実現していました。このジャガーは、誰もが同意する、車社会のアイコンと呼ばれうる少数の車の内の1台でもありました。

ジェンセン『FF』

ジェンセン『FF』は、1966年にそれが世に送り出されたその日から"殿堂入り"の名車たちと肩を並べていました。このグランドツアラーは英国のGTの勝利の方程式に従っていました。アメリカのV8 エンジンをイタリア車のボディに搭載。これはジェンセン自社の『インターセプター』と同じ手法でした。しかし『FF』は、『インターセプター』の6.3リットルエンジンを踏襲しながらも、さらに最新の技術が詰め込まれていたのです。『FF』の名前は特許が取得されていた「ファーガソン・フォーミュラ（方式）」の4WDシステムの頭文字に由来しています。4WD技術を開発し、R4とR5というプロトタイプの車でその技術を試していたトラクター会社ファーガソンは、次に世界最速の4WDのGTカーを造ったジェンセンにその技術のライセンスを与えたのでした。そしてその車が発表された時、（飛行機から転用した）ダンロップの「マクサレット」アンチロック・ブレーキも4WDと同様に『FF』に組み込まれ、世界で最も安全な車として生かされていました。

年表

- **1959年** オースチン『ミニ7』とモーリス『ミニ マイナー』が発売される。合計538万7862台が2000年までに生産された。
- **1961年** ジャガー『Eタイプ』が14年間の歩みを始める。エンツォ・フェラーリはそれを「これまでに造られた最も美しい車」と評した。
- **1962年** フォードは、1日中楽にクルージング可能な後輪駆動のサルーン『コルチナ』を発表。
- **1963年** ロータス『エラン』は、卓越した新しいレベルのレスポンスと、かつてなく斬新なバックボーンシャーシーを自動車界に持ち込む。
- **1963年** ローバーは未来的な高級コンパクトサルーン『2000』を発表。
- **1966年** ジェンセンは4輪駆動、アンチロックブレーキのGTカー、『FF』をマイナーチェンジ。
- **1968年** フォードは小型サルーンの水準となる基票を設定して『アグリア』と『エスコート』を置き換える。

ジェンセン『FF』。この時代、最も専門的かつ大胆であった1台。

◁ ジャガー『Eタイプ』
ジャガー『Eタイプ』は、数十年後まで人目を惹くスタイルのままでいた。そしてそれはパフォーマンスとスタイルが容易に結合されることを証明していた。

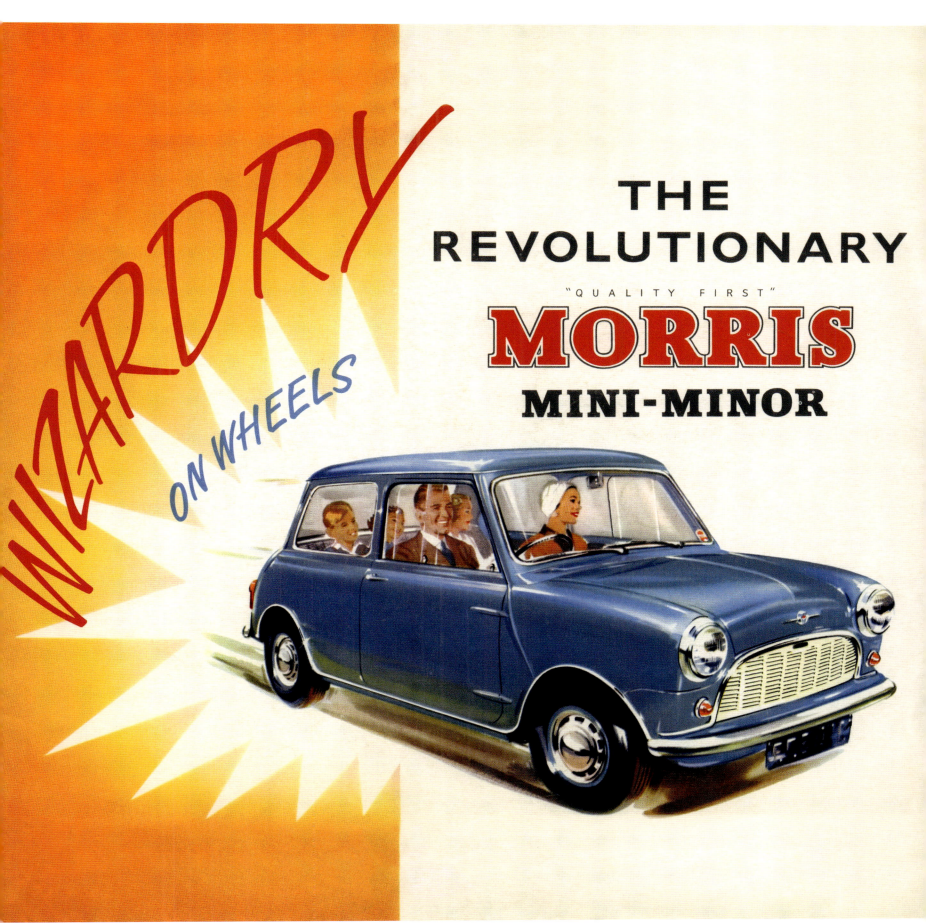

△ モーリス『ミニ・マイナー』 1959年に発表され、保守的なドライバーの間で人気が高かった。1969年、ミニはそれ自体がブランドとなったのである。

▽『メイヤーズ・マンクス』デューン・バギー 1968年
極端に軽いプラスチックボディ、柔らかな極太タイヤ、そして信頼性の高い空冷エンジンがこのデューン・バギー最大の利点だった。
　シボレー『コルベア』の水平対向6気筒エンジンが搭載されたこの『メイヤーズ・マンクス』は、俳優スティーブ・マックイーン個人の所有車でもあり、1968年の映画『トーマス・クラウン・アフェアー』、邦題『華麗なる賭け』で使用された。この写真は相手役のフェイ・ダナウェイと共に砂丘を走り回るシーンの1コマ。

| 224 | 技術と安全性：1961-1980

2ドアと4ドアを可能にした**ボディスタイル**。

静電防錆で保護された**車体**。

オーバーヘッドバルブ**1.1Lエンジン**。

△ トヨタ『カローラ』 1966年
『カローラ』はデビュー当初から他のライバルと比べても抜きん出たパフォーマンスが意図されており、専用に開発されたエンジンと、全て新しいコンポーネンツがフィーチャーされていた。ドライバーは標準装備のフロントのバケットシートとヒーター、そしてラジオによって快適なドライビングが楽しめたのである。

ロングボンネットが**直列4気筒エンジン**を隠す。

ファストバックのリアはスポーティーな外観を与える。

△ フォード『ピント』 1971年
『ピント』は、ヨーロッパと日本からの輸入車と、アメリカのマーケットでの競合が意識されたモデルである。衝突時に出火するリスクについて、早い段階から議論されてきたのにもかかわらず、300万台以上が生産されたことによって人気の高さが証明されたモデルでもある。

人気の高い小型車

し ばしば、自動車業界の中では"ゲーム・チェンジャー"と評されるニューモデルが発表されます。それらが全く新たなジャンルを切り開くかの如何に関わらず、新技術あるいは新デザインの導入、またあるいは、誰も以前にはしなかった方法で大衆を動員することで、それらのニューモデルは、その先何十年もの間、人々に乗り続けられることでその痕跡を自動車界に記すのです。これらの車は、必ずしも技術やスタイルの先端を行っているわけではありません。その代わり、それらはごく普通のドライバーの手が届く範囲の価格であり、実用性、信頼性、そして取り扱いの安易さについて新しいレベルを実現する車なのです。1960年代のこれらの車には、小型車の設計における革命的な設計の『ミニ』と、他のメーカーに対する問題提起として信頼性のレベルを示したトヨタ『カローラ』が含まれています。そして1970年代、それらの車の競合相手には、衝突時の安全上の懸念でその評判を曇らせてはいましたが、アメリカ市場に向けた最初の小型ハッチバックモデルであるフォード『ピント』が含まれていました。しかしながら、これらの時代にも大きな影響力のあった車はVWの『ゴルフ』だったでしょう。高い製造品質、実用性、走行安全性、そしてそのスタイルのミックスは多くのライバルたちにコピーされてはいましたが、決して敗れることはありませんでした。

▷ **小さいことは美しい！**
アイコン的な小型車、（前から後ろに）『ミニ』、シトロエン『2CV』、そしてルノー『5』の走行写真は、1979年に撮影されたフランスの広報写真だ。

△ ルノー『5 TX』のパンフレット。 1981年
『ゴルフ』が出現する以前にもルノーは大人気だった3ドアの「スーパーミニ」クラスを造っていた。この『TX』は、その最終モデルである『Mk 1』の内の1機種である。

人気の高い小型車 | 225

キャビンは乗員に広いスペースを提供する。

ギアボックスは横置きエンジンの片側に配置される。

△ フィアット『128』1972年
メーカー初の横置きエンジンとFFが組み合わされたモデル。2ドアと4ドアが選択可能で、ハッチバックの同『127』のベースとなったモデルである。

水冷式エンジンは1.1〜1.6L

ハッチバックと折りたたみシートが実用性を提供

△ フォルクスワーゲン『ゴルフ』1974年
VWは長らくラインナップされていた『ビートル』を、水冷のフロントエンジン、ボックス型のゆったりした室内空間を持つこの『ゴルフ』と置き換えた。そして、これは発売されるや直ちにファミリー向けハッチバックの基準となっていった。この写真のモデルはその『GTi』である。

"私たちは、
お客様が所有することを
誇りに思える車を
開発しなければなりません。"

長谷川龍雄。トヨタ『カローラ』のチーフエンジニア

ダリエン・ギャップを越えて

1971年の新型「レンジ・ローバー」のデモンストレーションとして始まったこの宣伝用スタントは、この地球上でもっとも敵対的なドロ沼地獄に悩ませられるジャングルの中を100マイルに渡って横断走破する、最も厳しい遠征として展開されました。

パンアメリカン・ハイウェイは、北のアラスカから南のファゴ諸島まで（パナマの100マイル区間を除いて）2万9,000kmあまりに渡っています。しかし、このパナマの区間は車で走るには地形が極めて難しいため1972年以前は車の未踏破地帯だったのです。1962年、シボレーはこの「ダリエン・ギャップ」と呼ばれる区域を横断するため、3台の『コルベア』を送り込んだのですが、結局はジャングルに車を打ち捨てる羽目になってしまいました。そして10年後、ランドローバーは、新たに発表した『レンジローバー』のために、マスコミによる報道を目論んで「ダリエン・ギャップ」への挑戦を請け負ったのです。

遠征隊を率いるのは英国軍の大佐、ジョン・ブラッシュフォード・スネルでした。彼は64名のチーム員を厳選していますが、その多くは彼自身の連隊から選抜しています。そして残りは科学者、航空機の乗員とレンジローバーによって訓練された第17、第21槍騎兵隊からのメカニックでした。「ギャップ」の最難関を車で切り抜けるという重労働のいくらかを助っ人させるため、大佐は、一説によればパナマ刑務所に服役していた12名の殺人犯に、遠征終了後の放免とジョニーウォーカー『黒ラベル』をケースごとあげる約束をしていたとか…。

その準備として、3ヵ月をかけて「ギャップ」を歩いて調査してきたアイルランド人のブランドン・オブライエンの報告を基にして、レンジローバーが進むルートの小道を切り開く「ヒルビリー（田舎もの）」のニックネームで知られるエンジン付きの1輪車を送り込むため、チームは28頭の馬を連れて行きました。そして英国陸軍によって貸し出された航空機が重要な情報をチームに与え、そのルートに沿って貴重な支援物資を投下していったのです。

▽ 川を渡る
『レンジローバー』が、ダリエン・ギャップの横断に必要な多くの川の横断に生き残った。後に1台がツィラ川で転覆するがウィンチで巻き出され、乾かされ、そして修理された。

△ ダリエン・ギャップの生存者
1971-72年の英国の「トランス・アメリカ遠征隊」によって使用された『レンジローバー』の2台の内の1台。今日、この車はゲイドンの「英国自動車博物館」に展示されている。

「ギャップ」を渡る!

最初から問題が発生しました。最初の数日のうちに2台のレンジローバーの両方のデフが壊れてチームの進行を停止させてしまったのです。チームのメカニックが出来ることは全てやっているうちに、ランドローバーは設計変更したデフを、途中のある地点に空輸しました。

そしてデフの組み込みには1週間を要したのです。しかし、彼らが進行を始めたほとんどすぐ後に、今度は、英国でのテストしかしていなかった「ヒルビリー」が、踏み固める小道の泥で、身動き不能となったために打ち捨てねばならなくなったのです。その代用として、チームは古い『IIA』型のランドローバーを購入し、それを可能な限り軽量化して、小道を切り開くためにエンジニアがノコギリや鎖やケーブルなどを装着しました。旅はさらに諸々の困難に満ちていました。この挑戦はそもそも乾季が想定されていたのです。しかし雨季が遅れてやって来て、深い泥の中に沼を出現させました。小道を切り開いているエンジニアは塹壕足炎で苦しみ、他のチーム員もマラリアを患い、サソリや蛇、刺し蟻などは毎日の仲間といった有様だったのです。コンディションはまた、ローバーの湿地用タイヤに頼る場面が多くなり、泥の中で多くの負荷をかけ続けていたため、車両にもダメージを与え始めていました。そして普通のオフロード用タイヤが、それらと交換するため空輸されねばならなかったのです。

レンジローバーは可能な限り多くの地形や場面を自走で切り抜けてはいましたが、多くの川を渡るため、エイボン（タイヤメーカー名）のゴムボートも使用していました。そして、ツィラ川の危険な横断では、急流が1隻のゴムボートを転覆させ、積んでいたレンジローバーを沈めてしまったのです。車はウィンチで巻き上げたのですが、その時には車の隙間という隙間からあらゆる箇所に浸水した後で、メカニックがエンジンを下ろし、再び走行可能とするまでには36時間を要していました。信じられないことに車は2台とも100日間の苦闘を生き延びていました。そして、英国のチーム員がそれを語れるということは、彼らもやはり生き延びていたということになります。

▷ 物資の供給。 1972年
「ヒューイ」ヘリコプターで、チーム員のギャビン・トンプソンが、ダリエン遠征隊の損傷を受けた『レンジローバー』用の新しいデフを持ってジャングルの最前線に着陸する。

> "我々はそこは沼地だと言われてきたんだがね、そこはすべてが泥だったのさ!"
>
> ギャビン・トンプソンの言葉。（1972年「ダリエン・ギャップ遠征隊」隊員）

クルマ人生
『コルベア』探検隊

1959年、シボレーはどんなコンディションにも耐えられる有能な車としてファミリーサイズの『コルベア』を発表した。その広報活動の一環として1962年、シカゴ・シボレーというディーラーが、動力ウィンチが装備された数台のシボレーのピックアップトラックを含む3台の赤い『コルベア』の一連隊による、ダリエン・ギャップの乗り物による最初の横断を後援した。空冷のアルミエンジンは、車が最初の谷を切り抜けるには充分なパワーを発揮していたのだが、より険しい小峡谷にぶつかった時、チームは丸太で橋を造るという手に出たのである。そのコンディションの酷さは、1台の車が極めて能弁に物語っている。ジャングルに打ち捨てられたのだ。他の2台はコロンビアの国境にまでは辿り着いてはいたが、それもこの時点でジ・エンド。ランドローバーチームは10年後、それらの残骸を発見している。

この捨てられた『コルベア』は、何年も後になってダリエン・ギャップのジャングルで発見された。

技術と安全性：1961-1980

非主流のクルマ文化

第2次世界大戦の前でさえも、アメリカ、特にカリフォルニアには、大改造され、フォードのフラットヘッドのV8エンジンが搭載された最低限の装備しかない車体に大胆な塗装という、新しいタイプの車が出現し始めていました。

△『ロード・エージェント』 1965年
オレンジ色に染められた球状の屋根と、目の覚めるようなピンクに塗られた『ロード・エージェント』は、1960年代のアメリカを代表するカスタムカー・ビルダーであったエド・"ビッグ・ダディ"・ロスと、アーティストによって造られた多くの車の1台である。

最初期のカスタムカーは1930〜40年代に造られ、一般に『T型』フォード、1920年代のシボレー『ロードスター』そして1932年型フォードがベースにされていました。そしてそれらは間もなく、「レイクスター」、「ストリームライナー」そして「ホットロッド」等の用語が、車の改造スタイルに応じて使用され、それら自身の言語を使用することによって非主流の自動車シーンに台頭を与えていたのです。

そのような自動車シーンは大戦後、急速に広がりました。当時、元は軍にいたエンジニアやメカニックが、技能を民間で生かそうとしていました。その彼らによって自動車をいじくり回すことを、趣味の領域から新たな産業にまで早急に成長させたのでした。

同時期、自動車メーカーは戦争中中断していた生産を再開しました。これは、オーナーが新車を手に入れ、中古車が市場に供給されることにつながります。戦時中の余剰物資もまた、例えばP38やP51戦闘機から取り外された外部燃料タンクのような安い材料の出所となっていました。これらの涙滴型の燃料タンクは、空力的に非常に優れていました。それらはまた頑丈で、車の部品を収めることにも向いていて、カリフォルニアが発生源である最も刺激的なカスタムカーの何台かの原型となっていたのです。

カスタムビジネス

そういう自動車シーンが成長した時、その道のプロが誕生しています。南カリフォルニアでカスタムカー専門のワークショップがオープンしました。そしてエンジニアと実業家は、スタンダードエンジンの性能を大幅に向上させるカムシャフト、キャブレター、そして吸入と排気のマニホールドなどのような部品を供給する通販会社を立ち上げています。オリジナルのカスタムカーシーンが、アメリカ車に焦点を当てている間に、最初の輸入車の到来によって、それがニューウェーブとなって発展していきます。特にフォルクスワーゲンの『ビートル』と『コンビ・タイプ2』（バン、あるいは"バス"と呼ばれていた）が、1960年代のヒッピー世代の交通手段として大きな流行となっていました。ベビーブーム世代が1960年代初期という時代を動かすようになり、彼らの両親の価値観に反抗して「平和と愛、そして楽しさ」を謳い、VWのカスタマイジングを支持していたのです。

何社かのメーカーがこれらの傾向を見て儲けようと算段しました。1964年、英国のBMC（British Motor Corporation）は、"ミニ"の草分けであるオースチン『ミニ』をベースにしたオープントップ

▷ミニ『モーク』のカスタム車 1966年
元々、ランドローバーの軽量版として設計された『モーク』の低い最低地上高は、オフロードでの問題が発覚した。この写真は、ポップグループ「ビーチボーイズ」のプロモーション用に撮られたもので、後にビーチ用の車としてカルト的なまでの信奉者を生んだのである。

非主流の車文化 | 229

> "…君がそのアイディアを持ってきた時、大事なのは『どこか違っていて、面白い…車…』だったよね!"
>
> ダン・ウッズ（カスタムカー・ビルダー）

△ アメリカン・ホットロッド
ティーンエイジャーの少年たちが、ホットロッドを乗り回している。高価ではない車の供給が、1950年代以降のアメリカで、ホットロッドを人気の高い趣味に押し上げたのだった。

の4人乗り小型車『モーク』を発表しました。そして1993年、その生産が終了するまでに5万台以上の『モーク』が3ヵ国で生産されていました。『モーク』は元々「ジープ」をモデルにした軽軍用車として考案された車だったのですが、1960年代後期の精神により、これもまたヒッピーの代紋となったのでした。そしてシトロエン『2CV』から派生したプラスチックボディの『メアリ』と人気を分かち合い、休日の人気リゾートを楽しむオープントップのビーチ車として広く使用されていたのです。そしてもう1台の休日を楽しむ車がフィアット『ギア・ジョリー』でした。フィアット『600』の屋根を切り落とし、乗客を陽射しから守るための、縁飾りの付いた布製の"サリー・トップ"がしばしばリゾートでは見られたものでした。この車は同時に、裕福なヨットオーナーの、寄港地でのちょっとした観光のための車としても人気でした。『モーク』の他にはジープが日本の三菱やスズキのようなメーカーに自車のバリエーションを造るよう働きかけており、一方ではフィリピンでの戦時の余剰ジープは、ゴテゴテに飾りを付けられて『ジープニー』に変えられていました。

カギとなる開発
VW『コンビ・タイプ2』

クラシックなVW『コンビ/キャンパーバン』より良い車は、'60年代のヒッピー世代には考えられない。丈夫で広々としていて、信頼性が高く、カスタムに向いていたのだ。例えばノーズの上のVWの巨大なロゴは、しばしばピースサインに変更されていた。そしてこの車は眠ることが出来るうえ、キャンプし、住むことさえ可能であった。速くはないが、安く移動でき、腰を据えることさえ可能である。今日、これらの内の何台かは熱狂的にコレクションされていて、最も人気のあるのは'60年代中期のモデルで、21の窓と押し開き可能なフロントガラスが特徴だ。ロックバンド「グレイトフル・デッド」のリーダージェリー・ガルシアが1995年に死亡した時、'60年代のバンのヘッドライトから涙がこぼれ落ちている描画を使用した広告で、VWは哀悼の意を表したのである。

明るく塗られたVWキャンパーバン。この70年代のモデルのように、それが絶滅した後でもまだヒッピー運動の精神が呼び起こされる。

230 | 技術と安全性：1961-1980

ダッジ『ディオラ』

'50年代と'60年代の最も有名な車の何台かは、カリフォルニアのジョージ・バリスとディーン・ジェフリーズという同類の2人によるワン・オフ（1台限り）のカスタムでした。しかしながら、デトロイトの兄弟マイクとラリー・アレクサンダーの、通称「Aブラザース」は、全てのものの中で、最もセンセーショナルなものを創造しました。それがダッジ『ディオラ』だったのです。

第2次大戦後のカスタムカーの熱狂的流行は、専門のワークショップが映画スターと他の裕福な顧客に向けて、オン・オフのユニークな車を創造することで、アメリカ、とりわけカリフォルニアで盛り上がりを見せていました。これらの車は極めてパワフルで、クロームの縁飾りと、とっぴな塗装技法によるけばけばしい色使いをするのがその典型でした。

デトロイトに本拠を置く2人の兄弟が、自動車デザイン（設計）の正式な研修もなしに世界で最も有名なコンセプトカー、ダッジ『ディオラ』を創り出しました。マイクとラリー・アレクサンダーは主にユニークな塗装と軽度なカスタム作業を専門に、1950年代、デトロイトでカスタムカー製作を始めています。兄弟の明白な才能は、空いた時間に雑誌向けのカスタムカーのデザインを描いていたゼネラルモーターズのデザイナー、ハリー・ベントレー・ブラッドリーの注意を引き付けました。1964年、ブラッドリーはアレクサンダー兄弟に、ダッジ『A100』トラックから『ディオラ』を造るという仕事を委任しました。

そして兄弟はまず、エンジンとギアボックスをボンネットの下から車の後ろへと移動させたのです。彼らは車のフロントに、1960年型フォード『カントリー・セダン』ステーションワゴンのテールゲートを嵌め込み、オールズモビル『トロネード』のハンドルを改造して組み込み、それにプラスして「スチュアート・ワーナー」のズラリと並んだ計器をダッシュボードに取り付けました。『ディオラ』に乗り込むにはドライバーは先ず、フロントガラスを持ち上げて、フロントに嵌め込んだフォードのテールゲートを回転させて、ステアリングコラムを（乗り込む時に）邪魔にならないように動かすのです。『ディオラ』が1967年にデトロイトでデビューした時は、まさにそんな感じでした。その時、ブラッドリーはおもちゃメーカーのマテルで働いていて、1968年にミニカーの『ホット・ウィール』® シリーズの最初の生産分には、この『ディオラ』が含まれていました。そして2年間に渡った契約が終了してクライスラーがこの車を発表した時には、これは世界初のピックアップトラックのコンセプトカーになったのでした。その後、アレクサンダー兄弟はレストアされた『ディオラ』が、2009年にオークションで32万4,500ドルで個人バイヤーが落札されるのを見るまで生存していました。

▷ 展示されたデザイン
1967年、デトロイトの「オートラマ・ショウ」で、アレクサンダー兄弟によって展示されたダッジ『ディオラ』は、コンセプトカーの一角を形成するため、2年間、クライスラーに貸し出されていた。そして車両は1990年までは倉庫の中に保管されていたのである。

"『ミスター・常識人』のそれとは
まったく違う車を持ちたくありませんか？"

ジョージ・バリス（「カスタムカー・クロニクル」誌）

| 232 | 技術と安全性：1961-1980

2+2クーペのボディは後部に小さい座席を備える。

燃料噴射式の1.9Lエンジンを積み、最高時速192km/h。

低く傾斜したボンネットにより、優れた空力特性とスポーティな外観が与えられる。

△ オペル『マンタGT/E』 1970年
オペル『アスコナ』をベースにした『マンタ』は、フォード『カプリ』最大のライバルとなった粋でスポーティなGTである。独特な丸いテールライトが特徴で、その名前『マンタ』は、1961年のコンセプトカー『マンタ・レイ』に由来する。

△ アルファロメオ『アルファスッド・スプリント』 1976年
チャーミングな『アルファスッド・スプリント』は、より大きな『アルフェッタGTV』を彷彿させるボディに水平対向4気筒エンジンを搭載。FFではあったが、卓越したシャーシーが、素晴らしいハンドリングを与えていた。

四輪ディスクブレーキは、当時の小型車には珍しい装備。

"フォード『カプリ』、
それはあなたが、
あなた自身に約束した
車なのです！"

1969年のフォードの広告スローガン

△ フォード『マスタング・ハードトップ』 1965年
シャープなボディシルエットとフロアパンのシンプルなサルーンは、巨大なオプションリストにも似て、異なるパワーのエンジンが選択可能な「マスタング方式」が採用されていた。そしてそれは、同じ仕様の『マスタング』が稀であったことも意味していた。

新しいタイプのスタイル | 233

ポップアップヘッドライトは、先の尖ったノーズに収納される。

ガラス製のリアハッチがラゲッジスペースへのアクセスを可能にする。

△ ポルシェ『924』 1976年
この2+2クーペは、ポルシェの持つ魅力の幅を広げようと意図されたモデルである。アウディから供給される水冷エンジンはフロントに搭載され、ポルシェの伝統からの脱却でもあったが、このモデルでポルシェの高い人気が証明されたのである。

排気量は1.6~2.6Lまで用意されていた

太いBピラーはフレームレスのドアの窓を実現した。

△ トヨタ セリカ マークII, 1977
トヨタはフォード『マスタング』や『カプリ』のようなモデルの成功を目の当たりにして、このマーケットへの参入を画策した。第1世代と、この第2世代の間には3ドアの「リフトバック」と呼ばれるバージョンもラインナップされていた。

新しいタイプのスタイル

全天候でのドライビングを保証し、2+2というシート配列で4人が乗れ、スタイルとスポーティなパフォーマンスが融和したグランドツーリングカー、あるいはGTは、元々は富裕層のための高級車でした。しかしながら大戦後の新世代が欲した車は、彼らの親の世代が乗っていた堅実ではあっても退屈な車とは一味異なった車なのでした。新しい何かが必要とされました。それは多少の魅力がある何かなのだけれども、堅実味も充分にある…。まあ要するに、手頃な値段のGT車でした。アメリカでは、リー・アイアコッカの夢であった、スポーティな"パーソナル・カー"、『マスタング』が大成功し、その目論見が大正解であったことを証明しています。そして世界中の他メーカーが、その競合相手の導入を急いでいたのです。ヨーロッパで最も人気の高かった2台、フォード『カプリ』とオペル『マンタ』は、日本の『セリカ』と共に『マスタング』を激しく追い上げていました。

▽ フォード カプリ 1969
ヨーロッパ向けのマスタングとしてデザインされたカプリは、コーティナやエスコートを含む他のフォード車とコンポーネントを共有しており、手頃な価格で購入やメンテナンスが可能だった。

メーターを(コインで)満たす！

車の使用が20世紀後半に急上昇するにつれ、駐車場に対する要求も劇的に増加しています。そして、パーキングメーターと、それらをパトロールする「メーター・メイド(駐車違反係)」が、混雑する市街地での秩序を復活させました。

多層階式の駐車場は、20世紀初期から存在していました。しかし、道路脇のコインを入れる方式のパーキングメーターは、1935年までアメリカには出現していなかったのです。英国には1958年までありませんでした。そして1940年代初期までに、14万台以上のパーキングメーターがアメリカで運用され始めていました。

黄色線とメーターメイド(駐車違反係)

1960年、1本であればある一定の時間、もし2本であれば終日、駐車を禁止する意味の黄色の線が英国の道路の端に引かれ始めました。この制度は道路をパトロールするスタッフを雇う必要がありました。そして1960年9月、まさしく、その最初の交通の番人がロンドン自治区のウェストミンスターに出現したのです。半分軍服のような着衣に、特徴的なあご紐付きの黄色の帽子を被って2ポンドの罰金を徴収する、そういった連中が40人もいたのです。交通の番人はそれ以来ずっと(今日までも)ドライバーの間に、恐れと嫌悪感を刷り込んできました。時々、愛されもしますが…。フレーズとしての『メーターメイド(駐車違反係)』は1950年代にアメリカで生まれ、ビートルズの唄った歌の歌詞「Lovely Rita meter maids」(愛しのリタはメーターメイド)で一気に普及したのです。

▷ パーキングメーターのチェック。
1964年
駐車監視員、ウィラ・チャンドラーがメーターをチェックしている光景。ペンシルベニア州ピッツバーグにて。

代わりの解決策

建て込んだエリアで稼働していない車の収容は、1世紀以上にわたって都市計画の担当者を困らせていた問題でした。1905年という早い時期に、半自動の駐車場がパリでオープンしています。これはリフトが車を上層階に運び上げ、そこで担当者が車を駐車させるというシステムです。

ロンドン南東部に建設された「ウーリッジ・オート・スタッカー」は、ベルトコンベアーとリフト、そしてドーリー(移動台)によって、8つの階の256のスペースに車を駐車させる全自動のシステムで、1961年にオープンしたのですが、その構造が極めて複雑で、オープン当日に誤作動し、その後数ヵ月の内に閉鎖されてしまいました。

パーキングメーターと番人の一群が秩序を保ち、そして収益も挙げるのが最も良い方法に思えたものです…。が、1965年、オーストラリアでは、これまでとは極めて異なるタイプの駐車場係がお目見えしました。

クィーンズランドのサーファーズパラダイス(地名)のホリデーリゾートにやって来たドライバーは、"駐車代"という現実に出くわします。しかし、つい"長居"してしまったドライバーも金色のビキニを付けた非公式のメーター・メイドにお金を渡すことにより、罰金を避けられるのです。これは住宅開発業者であるバーニー・エルゼイの物議をかもしている発案だったのですが、政治的配慮による再三の要請にもかかわらず、今日に至るまでこのビキニの"メイド"は、サーファーズパラダイスの名物のままでいます。

◁ ドイツの駐車場。 1982年
ドイツのハノーファー。パーキングメーターの所に車が連なっている。続けて何時間も駐車するには、メーターへの頻繁な往復が必要となる。

key events

- **1933年** 最初のコインで作動するパーキングメーター"ブラック・マリア"が、ホルガー・ジョージ・チューゼンと、ジェラルド・A・ホールによって発明される。
- **1935年** 世界初のパーキングメーター、「パーク-O-メーターNo.1」がアメリカのオクラホマシティに導入される。
- **1954年** アメリカ初の自動化された駐車場がオープン。料金を毎月支払い、磁気カードを使用して出入りする仕組みだ。
- **1954年** オーストラリアのタスマニアで、同国初のパーキングメーターが導入される。
- **1958年** 英国初のパーキングメーターがロンドンで使用介される。料金は1時間で6ペンス。
- **1960年** 英国の番人が最初の違反切符をトーマス・クレイトン医師に向けて切る。しかし、その時彼は心臓発作の患者の治療中であり、後に人々の抗議によって罰金は取り下げられた。
- **1974年** 英国初の自動式"ペイ・オン・フット"(歩いて支払う)がオックスフォードに開設される。ドライバーは入場の時チケットを取って、出る時に(歩いて)支払い、バーを上げる方式である。

1939年、オクラホマシティのシティストリートにある「パーク-O-メーター」

△ カジノのダンサー、オードリー・クレーンがロンドンのパーキングメーターにコインを入れている光景。たった1種類のコインだけが使用可能。使えるコインを持っていることは重要なことなのだ。

最初のエア・フェリー

フェリーボートに乗って車がドーバー海峡を渡るのが既定の方法になる以前、ドライバーは世界初のエア・フェリー・サービスにより、飛行機で海外に渡り、彼らの車に乗ることが出来たのです。

「シルバー・シティ航空」は1948年に、元々は軍用車両の輸送用としていた双発の輸送機「ブリストル・フレイター」を使って最初のエア・フェリーを運行しました。(ドーバー) 海峡上空の小旅行は高度330m (1,000フィート) で19分ジャストのクルーズでした。このサービスは英国ケント州ラインプネの芝の飛行場からフランスの北部海岸のル・テュケ間で、毎年7〜9月の夏に行われ、その片道料金はファミリーカー1台と乗客4名で32ポンドというものでした。

そしてこのサービスは人気が高まり、ケント州の海岸沿いのリドに造られた新しい専用の空港、フェリーフィールドに場所を移しています。ルートは英国のリド、ラインプネ、ガトウィック、そしてサウザンプトンからフランスのル・テュケ、カレー、シェルブール、そしてベルギーのオーステンドにまで拡大されていました。1955年には新しいルートがスコットランドのストランラーと北アイルランドのベルファスト、そしてバーミンガムとル・テュケを接続しています。

その時までには競合会社である「チャンネル・エアブリッジ」が、エセックス州のサウスエンド・オン・シーからカレー、オーステンド、そしてオランダのロッテルダムまでのサービスを開始していました。この2社は1963年、新たに「ブリティッシュ・ユナイテッド・エアフェリー」を設立するため合併しています。そしてこれまで以上のルートがフランスのストラスブール、スイスのバーゼル、ジュネーブへの長距離フライトを含めて加えられています。その後者は、同時代のジェームズ・ボンドものの映画『ゴールド・フィンガー』で有名になりました。老朽化した「ブリストル・フレイター」機は、4発エンジンの「カーベア」機に入れ替えられています。が、この「カーベア」機は、フレディ・レイカー社によってダグラスDC4が改装された飛行機で、5台の車を運ぶことが可能となっています。

1963年、航空会社アエロ・リンガスは、アイルランドへのカーフェリーフライト用にこの「カーベア」機を採用しましたが、その時は既に航空機によるフェリーの人気は下降していました。現在のロール・オン/ロール・オフのフェリーボートサービス (P186-187参照) は極めて安上がりなため、エア・フェリーに取って代わったのでした。車による空の旅の時代は、1977年終わりを告げたのでした。

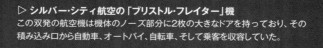

▷ **シルバー・シティ航空の「ブリストル・フレイター」機**
この双発の航空機は機体のノーズ部分に2枚の大きなドアを持っており、その積み込み口から自動車、オートバイ、自転車、そして乗客を収容していた。

デザインを変更する

発展途上国では条件の整った道路網に欠けていました。それらの地域用に造られた車は、しばしば西洋的なデザインに基づいていて、それが故の耐え難い状況にも対応せねばなりませんでした。

△ **ヒンドスタン『アンバサダー』**
『アンバサダー』は、多くのインドの都市で、信頼性の高いタクシーとして、未だに活躍している。

イランは1966年まで自前の自動車産業がありませんでした。そして工場は英国の自動車メーカー、ルーツグループのヒルマン『ハンター』の英国バージョンの生産を、英国から輸入した「CKD（完全現地組み立て）」のキットを使って始めました。それは本質的にはキットカーの大量生産だったのです。この車はペルシャ語で"矢"を意味する『ペイカン』呼ばれていましたが、それはこの『ハンター』の開発コードネームが"アロー"だったことに由来しています。またあるいは公式ではないものの『ペルシャン・チャリオット（ペルシャの2輪戦車）』とも呼ばれていました。

1970年代に『ハンター』は、英国での生産が中止され、その製造設備一式はイランに売却されました。それで『ペイカン』の生産に必要なすべての部品はイランでの生産が可能になったのです。またルーツグループは、先進的なヒルマン『インプ』で抱えていた問題の後で、幾分旧来のエンジニアリングで『ハンター』の設計を行なったため、丈夫で信頼性の高い車が出来たのですが、それは彼らがイランで直面したデコボコ道と、細切れにしか行われない道路のメンテナンスにも対応できる理想的な車だったのです。

イランのアイコン

『ペルシャの2輪戦車』はテヘランの工場で毎年12万台が生産され、極めて高人気であることを証明して見せました。デザインが新しくなり、外観とインテリアが一新され、ピックアップトラックも開発されて、オリジナルの1.7リットルエンジンは、より現代的なプジョー製の1.6リットルに置き換えられています。『ハンター』そのものは1979年に段階的な消滅をしていますが、『ペイカン』に関してはさらに長く生産が継続されたのです。その、安く、シンプルで強靭な車はイランの一般ドライバーから職業的ドライバーにまで愛され、イランの車の半数は『ペイカン』という時代が続いていました。そしてサルーンは、プジョー『405』がベースとなった『サマンド』

▽ **『ラーダ』1972年**
ボルガ自動車プラント（VAZ）で生産される『ラーダ』のシンプルなデザイン、修理の簡単さ、そして雪のような能力の試されるコンディションでの走破性は輸出市場での人気株でもあった。

"… 卑しくて、不器用で品質の低い造りだ！"

L.J.K.セットライトの書いた、自動車雑誌での『ラーダ』の解説からの抜粋

にその座を明け渡した2005年まで、そして『ピックアップ』は2015年まで、生産が継続していたのです。そしてイランの社外のパーツメーカーは、ごく最近の2017年まで『ペイカン』の補修パーツの生産を行なっていました。

既存のデザイン

西洋の自動車設計をそのまま踏襲するのは、多くの国々に自動車の生産を導入する費用対効果の高い方法でした。インドにおける『ヒンドスタン・アンバサダー』（P286-287参照）は、1957年から2014年まで生産されていた、英国のモーリス『オックスフォード』シリーズⅢの、インド、コルカタ製のインドバージョンでした。1950年代のモーリスデザインの堅実さは、インドでは理想的でした。そして車はガタガタ道と、人間と貨物の両方によってしばしば負荷をかけられ過ぎていたのです。そして1980年、ヒンドスタンは1970年代のボグゾール『ビクターFE』をベースに『コンテッサ』を造っていますが、ローバーの『SD1』やフィアット『124』を含めて、

◁ イランの近代的なテヘランでの『ペイカン』

『ペイカン』はイランで驚くべき長寿を達成した。そして今日未だにテヘランの路上で見ることが可能である。

他のヨーロッパ車のインドバージョンも走っていました。その後者、1967年の「カー・オブ・ザ・イヤー」を授与されたボックス型のこじんまりとしたサルーンのフィアット『214』もまた、ロシアの走行条件に適合したVAZ『2101』として製造されていました。ソビエト時代のロシアでは個人が所有する車はまれでした。列車が国中の人々と物資の主だった移動手段でした。そのため、多くのエリアの酷い道路網に対する投資はほとんどなかったのです。従って車の高さはその荒れた路面に対応するためより高くなり、ボディにはより厚いスチールが使われ、リヤのディスクブレーキはドラムブレーキに変更されていました。さらに、厳しいシベリアの冬の極寒に対処するためスターティングハンドル（クランクを手動で回すハンドル）が用意され、同様に手動の燃料ポンプも装備されました。

そしてフィアット『124』が『131』にモデルチェンジされた後、『124』のロシアバージョンは『ラーダ』としてヨーロッパで販売されています。そして1979年の改訂では、マイナーチェンジされたスタイルと新しいエンジンが採用されましたが、これはコカ・コーラの大口の引き換えに使われることなどを含んだバーターの取り決めの中で行なわれ、ソビエト政府には良い収入源となったのでした。『ラーダ』はブラジル、ニュージーランド、カナダ、フィンランド、そしてスウェーデンを含む国々に輸出されています。そしてそれは新たなミレニアムまで生産が継続されたのですが、それでも『ラーダ』はタクシーとして人気があったエジプトでは生き続けたのでした。

カギとなる開発
中国の自転車の隆興と没落

20世紀の多くの日々、中国人民の大半は自転車で移動していた。毎年、2,500万台以上の『フライング・ピジョン』という名の自転車が造られ、その価格は2ヵ月分の平均給料と同額であり、それでもウェイティングリストは数年に伸びる、この惑星で最も人気の高い乗り物であった。しかし、中国経済の改革により、自動車需要は伸び、それに伴い自転車需要は下落したのである。北京では通勤者の63％が自転車を使用していたのだが、2017年までにそれは12％以下に下がっている。

1979年、中国・広州の通勤者が自転車を押して道路を歩いている。

ザ・カー・イラストレイテッド 1904

イラストレーション 1928

ザ・オートカー 1928

オムニア・サロン 1930

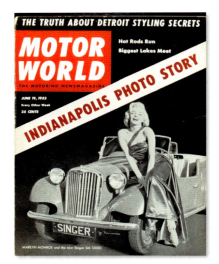
モーター・ワールド 1953

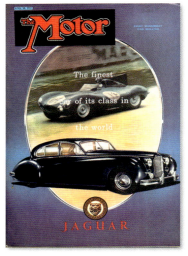
ザ・モーター 1955

ダ・ストレション 1955

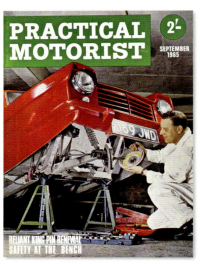
プラクティカル・モーターリスト 1965

スピードを読む

ほとんどの新聞・雑誌販売業者や駅の本屋は、車関係の売り場を持ち、数千もの車関連のタイトルが世界中で出版されています。

1895年11月。自動車と自動車に乗る生活を扱った最初の雑誌2誌が出版されています。アメリカでは「The Horsless Age」（馬なし時代）が、馬に引かせた車両から内燃機関までの移行を際立たせ、英国の「オートカー」は単に"機械で推進されて道路を走るもの"に焦点を当てています。そしてそれら2誌の現在の名前、「オートモーティブ・インダストリーズ（Automotive Industries）」と「オートカー（Autocar）」の下、未だ好調です。

自動車業界を持っている全ての国が、ドイツの「Auto Motor Und Sport」を含めて、読者とグローバルな自動車業界によって大いに敬意を払われている少なくとも1冊の雑誌が発行されています。アメリカの「カー＆ドライバー」と日本の「カーグラフィック」がそれです。最新の車と業界ニュースと並んで、これら出版物の大部分がロードテストを行ない、結果の詳細とメーカーの性能に対する主張を照合、判定し、そして自動車レースについてのリポートをしています。そしてまたいくつかのタイトルの専門誌が、車のデザイン、クラシックカーの話題、車のメンテナンス、購入アドバイス、あるいは改造についてを扱っています。インターネットの時代にさえ、車の雑誌は新しいタイトルがいつも創刊されていて、読者の人気が高いことを証明しています。

ル・オート・ジャーナル 1983

スピードを読む | 241

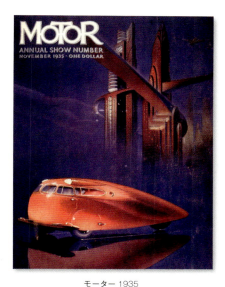
モーター 1935

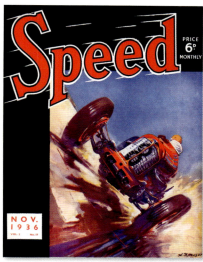
スピード 1936

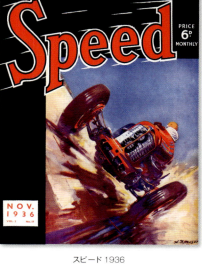
モーターショー 1938

モーター・アンド・スポーツ 1939

クワトロルート 1967

ロード＆トラック 1969

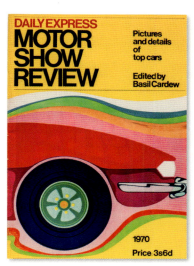
デイリー・エクスプレス・モーターショーレビュー 1970

カギとなる開発
「ヘインズ」修理マニュアル

自動車メーカーが、それぞれのモデル別に発行するワークショップマニュアルは、専門的なメカニックのために編集されている。しかし、1965年、独立系の出版社の発行人、ジョン・ヘインズは、家のガレージでの作業で、普通のオーナーが参照可能な参考書を考案したのだ。彼は自ら車を分解、（最初はオースチン『ヒーレー・スプライト』だった）、そして次にそれを再び組み立て、写真撮影と注意書きをフィーチャーして本にしたのだが、人はこれを見ることで作業を容易に理解しえたのである。「ヘインズ・マニュアル」はDIY修理がまだ容易に行なえた1970～80年代にヨーロッパとアメリカで大成功しているが、それらは今日未だ販売中である。

「ヘインズマニュアル」がアマチュアメカニックに冴えたアドバイスを与える。

フィエスタ ばんざい!

『フィエスタ』は自動車業界の最も素晴らしいサクセスストーリーの1つと呼ばれました。このスペイン製の"スーパー・ミニ"は、1980年代に英国とドイツでそのクラスでのベストセラーとなり、カルト的な地位を確立しています。

その、やがて有名になる車は、1972年ヨーロッパ・フォードの会議室で"プロジェクト・ボブキャット"として開発がスタートしています。コンパクトな前輪駆動ハッチバックに関するアイディアは、数年前からありました。その車は、あの有名な『ミニ』が持つ安全性と楽しいハンドリングに、汎用性と快適さが加わった"スーパー・ミニ"として考え出されました。そして直ちに、会長であるヘンリー・フォード2世の支持を得て、しっかりとした設計図が描かれました。1973年のオイルショックは、緊急に燃料効率の良いモデルの生産を追加させ、そして1974年までにはフォード会長が、政治と産業界の結び付きを深めていたスペインで生産に入る準備を整えていました。ニューモデルには、スペイン語の名前を付けるのが適切だと思われていました。ヨーロッパの重役たちは『ブラボー』を推奨したのですが、会長が選んだのは『フィエスタ』でした。

新たに建設されたバレンシアの専用工場のラインを離れた1,000ccの『フィエスタ』は1976年にドイツとフランスで、翌1977年には英国での販売が開始され、すぐさまインパクトを与えています。しかし、『フィエスタ』がそのスポーティな個性を開花させたのは、1981年の1.6リットルで時速100マイル(161km/h)の最高速を持つ『XR2』からでした。そして、特に人気のある1.6リットルのディーゼルモデル導入の後で、1983年の、より燃料効率の良いバージョン『Mk2』への移行は、『フィエスタ』の訴求力をさらに強めたのです。

『フィエスタ』は、セールスの落ち込みによって、1980年の前期にはアメリカ市場から(2010年に再導入はされましたが、)撤退していました。しかしヨーロッパのファン層は、1990年代から20世紀にかけて新しい世代が次々に登場するにつれて、成長を続けていたのです。『フィエスタ』はどうしてそれほど長く人気があったのでしょうか? その秘密は、もしあるとすればその価格、活発なパフォーマンス、倹約精神、何よりも汎用性の高さを持っていたからでしょうか。1976年に戻ってみれば、この車は前輪駆動、横置きエンジンと、折り畳み式シート、敷居レベルまで開くハッチバックで荷物の積み込みを容易にした最初の車だったのです。こういう車だったからこそ、このクラスにおける長期的なリーダーとなり得たのでした。

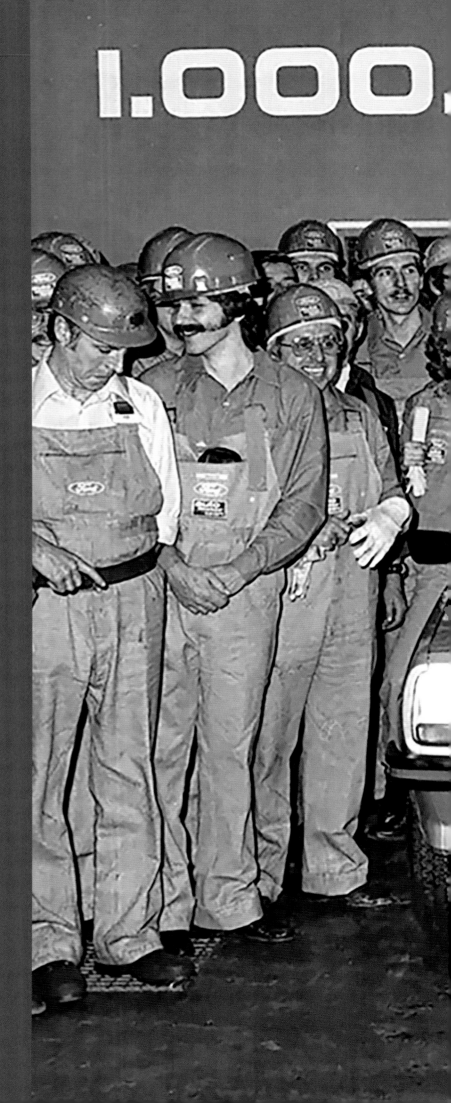

▷ **フォード『フィエスタ』のマイルストーン。 1979年**
スペイン、バレンシアのフォード工場で、100万台目の『フィエスタMK1』の完成を祝う組み立て要員。今日ではそれが第7世代(英国では『Mk8』)となり、1,500万台以上が世界中で販売されたのである。

燃料危機とドライブの変化

環境に対する変化が自動車メーカーに、燃費に対して厳しくかつ真摯に対応することを強いていました。そして政府が環境に対する影響を少なくするための法律を制定するにつれ、より小さく、より燃料効率の良い車の需要が急上昇したのです。

△ フィアット『500D』 1960年
500シリーズはより小さく、効率的でさほど燃料の心配の少ない車に対するフィアットの回答であった。スペースの問題で常にプレッシャーをかけられている都会の住民には理想的な移動手段でもあり、1957〜74年の間に400万台以上が生産された。

1ガロンで何マイル走れますか？ 優先事項が他にあるので、20世紀の大半は、消費者は燃費を重要視していませんでした。どの自動車会社も、あえて燃費の数字を宣伝しようとはしませんでした。ただ石油会社だけが、自社の燃料を使って、どれだけ節約できたかを誇るために「エコノミー・ラン」を系統だてて説明していました。しかしその後、1956年にスエズ動乱による石油ショックが、ヨーロッパへの石油供給を制限してしまったのです。自動車会社は"バブルカー"ブーム（P180-181参照）を引き起こし、オースチン『ミニ』のような超コンパクトカーと質素な新車の開発を急いでいました。

しかし石油の供給が元に戻ると、燃費のことは人々の心から徐々に離れていきました。燃料問題についての恒常的な意識改革は、1973年のオイルショックでやってきました。そして今回は、アメリカもヨーロッパと同等の厳しさが感じられていたのです。第4次中東戦争時、アメリカのイスラエルに対するサポートに呼応して、中東の産油国は原油輸出禁止措置を発令しました。その原油輸出禁止措置は5ヵ月間続いただけでした。しかしその間に、石油1バレル当たりの単価は4倍に急騰していました。そして突然、1度の燃料満タンで、どれぐらい走れるかが極めて重要になりました。アメリカの1960年代の熱烈な馬力追求は、いわゆる"マッスル・カー"の世代を生み出しています。これらの

▽ パニックによる買い占め
ドライバーが1973年のオイルショック絶頂期、ドイツ、ベルリンのガソリンスタンドに殺到している光景。中東の産油国による輸出禁止措置が引き起こしたガソリン不足であった。

V型8気筒エンジンを搭載した大きく、重いクーペは500馬力か、それ以上のパワーがあり、数値が1桁の燃費は普通でした。1973年当時、普通のアメリカ車の燃費は1ガロン当たり16.1マイル（5.5km/L）でした。本当の話です。そして1973年のオイルショックに直面して消費者は突然、燃料効率の良い車を求めだします。それらの"大飯喰らい"の車を持つアメリカメーカーは、厳しく粗探しをされました。そしてヨーロッパと日本からの経済的な輸入車は、競争相手を一掃するだけではなく、自身の車のエンジンもクリーンなものにしていったのです。

同時に法律もそれらに関与していきます。アメリカでは1975年に政府が「企業の平均的燃料経済性」(CAFE)規則を導入しています。これにはメーカーの距離に対する平均的な燃料消費量が、規定された数値を越えるべきではないことが強く主張されていました。この数値は1978年の15mpg（1ガロン当たりの走行マイル数）から1981年には18mpgに、そして1990年には23pmgと、2011年まで厳しさを増していきました。

燃料効率の悪い車は、新しい税金によって打撃を受けました。1978年のアメリカの「エネルギー税法」、いわゆる"ガソリン大喰い税"では、燃費がある特定のレベルに達しない新型車に対して罰則的に課税されるのです。1980年には、例えば、平均的な数値である11〜12mpgに達している、新車には200ドルの税金が課されましたが、もし10mpg以下であれば550ドルが課せられていたのです。

排気対策

それは単に燃費の悪いエンジンが消費したガソリンの問題だけではなく、エンジンから出る物質の問題でした。ロサンゼルスが日々スモッグに覆われていることから、カリフォルニア州は車から出る有害なガスに対する課徴金を導入しています。ロサンゼルスは、単に世界で最も自動車依存頻度の高い都市というだけではなく、その地理的な特徴から汚染物質が拡散しにくい都市でした。スモッグの巨大な雲が、都市の有毒なシェードとなってピタリと張り付いていました。

自動車汚染をコントロールする最初の努力は、カリフォルニア州が州内で販売されるすべての新車に、未燃焼の炭化水素を、燃焼中のエンジンの吸入口に戻して燃焼させるPCV（ブローバイガス還元装置）を装着することを義務付けた1960年早期に始まっています。

目標設定の次の課題は排気ガスでした。再びカリフォルニアは微粒子の放出を制限する最初の

◁ スモッグがロサンゼルスを覆う。 1975年

その地理的事情と膨大な車の数により、1970年代のロサンゼルスはスモッグに悩まされていた。この現象は自動車業界に、よりクリーンなエンジンの生産を強いたのだった。

> "スモッグは重く、
> 眼から涙が流れた…。"
>
> ジャック・ケルアック著「ダルマ・バムズ」より

テスト期間として、1966年をモデルイヤーとする先駆者となったのです。そしてこれは、徐々にアメリカ中に広がりを見せています。メーカーは低性能化したエンジンで規格に合致させる必要がありました。そして必然的にそれらエンジンのパワーは削がれていたのです。パワーを抑えず排気ガスを減らすことへの答えは、1975年のモデルイヤーに導入された排気触媒コンバーターでした。このコンバーターはよく機能しました。ロサンゼルスでは、1962年から2012年の間に揮発性有機化合物の係数が50低下しています。他方、窒素酸化物とオゾンのような汚染物質は、同期間に80%低下したのです。他の国々も間もなく似たような制度を採用し始めました。例えば日本では、1973年、排気ガス濃度の低い車には税額を減額する制度を導入したのです。

交通工学
触媒による変革

エンジンで燃料を燃やした後、汚染物質を含む残滓が排気ガスによって拡散されるのであるが、フランスの発明家、ユージン・フードリは排気システムの中に触媒を使用すれば、一酸化炭素(CO)と未燃焼の炭化水素(HC)を、さほど有害ではない化合物の二酸化炭素(CO_2)と水(H_2O)に変換できることを発見したのである。フードリは、1950年代に車の排気管に装着する触媒装置の特許を取得していたが、触媒コンバーター（CATSとも呼ぶ）が広く車に採用され始めたのは1975年になってからであった。アメリカは1985年、この分野の先駆となり、ドイツとスウェーデンが追従していた。そして1992年までにはEUで販売されるすべての車にはCATSの装着が義務付けられたのである。

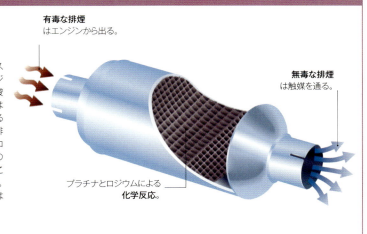

有毒な排煙 はエンジンから出る。

無毒な排煙 は触媒を通る。

プラチナとロジウムによる化学反応。

触媒コンバーター；排気ガスがそれほど有毒ではないことを説明する図式。

| 246 | 技術と安全性: 1961–1980

モンスターを造る

巨大なホイールとタイヤで、車が車を押し潰す荒業は、世界中で人気が出た典型的なスタジアムにおける見せ物です。しかしながら、それは偶然から始まったのでした。

　1980年代から続くモンスタートラックと車のクレイジーな改造は、4×4の専門家、ボブ・チャンドラーが生み出した流行です。オートバイ事故で建設業としてのキャリアが終わった彼は、ピックアップトラックとそのアクセサリーのビジネスを始めています。彼は4×4イベントとキャンプ旅行にフォード『F250』ピックアップを使っていました。その車のアクスルシャフトが壊れた時、チャンドラーはより大きく、そして強いアクスルと常識外れの大径ホイール、そしてより強力なエンジンをその車に組み込んだのです。1979年までに軍用車両からヒントを得て車高を持ち上げ、4輪ステアリングに改造するアイディアを持っていました。

　そして彼はほんの冗談のつもりで、メチャメチャになった2台の車の上をトラックで走り、それをビデオに撮り、彼の店で上映していました。それを見たプロモーターは、コロラド州のデンバーで行なわれる車のショーで、そのスタントを再現してほしいと説得したのです。トラックはその時までに『ビッグ・フット』と命名され、大掛かりな呼び物となってアメリカのいたる所に出現していました。チャンドラーはさらに、(しばしば)66インチ(168cm)のホイールを履き、飛躍的に強力なエンジンを搭載した『ビッグ・フット』を製作して壮大なスタントを繰り広げていたのです。そして1983年には1度のショーで68,000人もの観客が『ビッグ・フット』に出会っています。チャンドラーは意欲的に興業の予約を取っていました。ショーに対するこれほどの人気が熱狂的に持続するとは到底思っていなかったからです。まあ、結果としてはそうなったのですが、間もなく、自動車の1つのバージョンとして他の人々も類似した巨大なトラックを造り始めていました。

△ 車の踏み潰しはここが原点だ
この写真はオリジナルのホームビデオから起こされた写真で、改造トラックが車を踏み潰す、まさしくその最初のシーンがこれである。そして次のバージョンではさらに大きなタイヤが目立っていた。

▷ 『ビッグフット』マニア
1980年代までに『ビッグ・フット』はアメリカでは有名な存在になっていた。この1985年の写真は3台のトヨタとサーブを踏み潰しているシーンだ。そして『ビッグフット』は未だにツアーを続けていて、チャンドラーはこのEVバージョンも製作している。

銀幕の中の車たち

1890年代に自動車産業と映画産業が生まれて以来、自動車は映画に登場し続けてきました。しかし、1960年から1980年までの20年間が、映画におけるカーアクションの黄金時代だったのです。

◁「ブリット」のフォード『マスタングGT』 1968年
「マスタング」に乗る刑事役でスティーブ・マックインを主演させて撮ったカーチェイスの素晴らしいシーンは、何十年もの間、"ハイオク"アクションの基準点ともなったのである。

車は多くの有名な映画の中で、警察車両やレースシーンで、また犯罪者の逃走用として登場しました。しかし1960年までに、テレビ人気が地球的規模で高まると、車は主としてその"小さな画面"の花形となりました。

流行のアイコン

1960年代半ば、ジェームズ・ボンドの乗るアストンマーチン『DB5』よりも人気があり、クールな車はありませんでした。ショーン・コネリー扮するボンドが乗るスラリとした銀色のGTは、ギアノブの下に隠されたボタンで飛び出す2丁の機関銃、タイヤ切り裂き用の刃物、オイル噴出装置、煙幕噴出機、パッセンジャーシート排出装置等を装備して007に届けられました。『DB5』という車を映画にキャストした快挙は、アストンマーチンを財政崩壊から救ったのかもしれません。同様に、1962年から69年放映のロジャー・ムーア主演のTVシリーズ、「ザ・セイント」に登場する白いボルボ『P1800』は、ドラマに不可欠なだけでなく、ボルボの販売拠点をアメリカに設立するきっかけにもなりました。画面の中の有名な車の何台かは、量産車ではありません。1966年から68年のTV番組に登場した「バット・モービル」は、ハリウッドの特別仕様車の製作者、ジョージ・バリスが1955年のフォードのコンセプトカー、リンカーン『フューチュラ』を改造したものです。また、モンキーズの乗るポンティアック『GTO』の改造車「モンキー・モービル」(P219参照)は、ディーン・ジェフリーズの創った作品です。他のTV用車両、アメリカの「グリーン・ホーネット」の中の「ブラック・ビューティ」は1966年のクライスラー『インペリアル』、「ザ・プリズナー」ではロータス『7』、そして「スタスキー＆ハッチ」の"けばけばしい"フォード『グラン・トリノ』などは、番組における人間のスターと等しく重要でした。

スターとしての車

映画と自動車の技術が1970年代に入って進んだ時、映画における自動車の役割は拡大していきます。『DB5』と後のアストンが007映画の中心となる間に、他の車が映画の1回限りの主役となり、伝説ともなっていました。また、1967年の映画「卒業(Graduate)」でのアルファロメオ『デュエット・スパイダー』は極めて印象的で、1985年にアルファロメオは『Graduatez』と呼ばれる特別低コストバージョンを製作しています。そして1969年の陽気な強盗犯罪コメディ「ミニミニ大作戦」では『ミニ・クーパー』による"すばしっこい"動きに焦点が当てら

▽「ミニミニ大作戦」の『ミニクーパー』 1969年
ミニは盗んだ金塊を運ぶことには適さないが、その小型さゆえトリノの街中を逃げるには理想的だった。

年表

- **1960年** 「ルート66」は、車であるシボレー『コルベット』を主演させたアメリカ初のTV番組になる。
- **1962年** ジェームズ・ボンドが「ドクター・ノオ」でデビュー。青いサンビーム『アルパイン』に乗る。
- **1963年** 「ロシアより愛をこめて」の中で、ボンドの車は格上げされて、ベントレー『Mk4』に乗る。続いて1964年の「ゴールド・フィンガー」で、007のアストンマーチン『DB5』は世界的に有名になる。
- **1966年** 「バット・モービル」が、世界の子供たちのイマジネーションを沸騰させる。
- **1969年** マイケル・ケイン主演の「ミニミニ大作戦」で、『ミニクーパー』が映画の内容(金も)を1人占めする。
- **1960〜70年代** ランドローバーはアフリカ、オーストラリア、そして南米のジャングルで自然を呼びものにしているほぼ全ての映画で、オフロード車の武骨さを披露する。
- **1977年** 「私を愛したスパイ」でボンドが銀幕復帰。ロータスを路上と海中で走らせる。
- **1979年** メル・ギブソンの「マッド・マックス」と、金切り声を上げるスーパーチャージャー付のフォード『ファルコンXB GT』のおかげで、オーストラリアの映画産業が世界的に有名になった。
- **1980年** 「ブルース・ブラザース」がフィーチャーしたのはボロボロになったダッジ『モナコ』のパトカーと赤いジャガー『Eタイプ』、キャリー・フィッシャー、そして素晴らしいサウンドトラックだった。

TVの「爆発！デューク」には、1968年のダッジ『チャージャー』のカスタム「ジェネラル・リー」が使用された。

れていて、トリノでの金塊強盗が成功するかどうかが、当時すでに10年落ちのこの車に、新たな販売活路を切り開いたのです。ディズニー映画の「ラブバグ」の中のVW『ビートル』や「チキチキバンバン」に出てくる空飛ぶヴィンテージカーのように、2〜3の車は映画の中で主役でさえも手に入れています。これらは2つとも1968年の作でした。

銀幕の中の車たち | 249

△ オリジナルの"ボンド・カー"アストンマーチン『DB5』は、1964年にショーン・コネリー（挿入写真）を主演させて見事に成功したボンド映画「ゴールドフィンガー」に登場した。

△ ヒュンダイ『ポニー』 1975年
ヒュンダイは単に新しいブランドというだけではなく、グローバルな自動車業界に印した韓国初の独立した足跡であった。イタリアからの「イタルデザイン」のスタイリングと、日本からの三菱製エンジン、そして英国からの生産ノウハウで、控えめな『ポニー』は、手頃な価格ながらしっかりした造りがされていた。それはヒュンダイの将来的な成長にとって良い兆しでもあったのだ。

ホットハッチの台頭

小家族が乗るハッチバックに多くのパワーを与えることは、必然的な開発であり、いたる所でドライバーにアピールしていました。"ホットハッチ"はそれが知られるようになってこの方、常に高い人気を持っていたのです。

△『タルボ・サンビーム・ロータス』のラリー車
短縮されたリアドライブ車は、ヒルマン『アベンジャー』のプラットホームで製作され、『タルボ・サンビーム』には、ラリードライビングに最適な強力なロータスエンジンが搭載されていた。

強力なエンジンが搭載された時、『アバルト・フィアット』とBMC（British Motor Corporation）の『ミニ・クーパー』は、世界にこの小さなファミリーカーがいかに良いものであるかを示しました。ハッチバックという、ファミリーカーのますますポピュラーになるジャンルに、より強力なエンジンが与えられるのは単に時間の問題に過ぎなかったのです。

初期のホットハッチにはアウトビアンキ『A112』やルノー『5アルピーヌ』そしてシムカ『1100Ti』が含まれていましたが、本格的にこのクラスに力が注がれたのは1976年のVW『ゴルフGTi』からでした。燃料噴射による1.6リットル、110馬力エンジン、高張力なサスペンションと幅広のホイール、そして艶消し黒のトリムを持つ決然としたカラーリングで『ゴルフGTi』は、自動車シーンに大変革をもたらす1台とみられ、人々の心を捉えていました。そして1983年までには英国内を走る『ゴルフ』の25%が『GTi』となっていました。

成熟

英国の自動車メーカーは、ホットハッチへは異なったアプローチを採用しています。その最初の提示がリアドライブだったのです。『タルボ・サンビーム・ロータス』とボグゾール『シェベット2300HS』の両車とも、ラリーに出場するための少量生産車として開発されたという評価を受けており、言ってみれば専門的なラリードライバーのための車でした。モーリス『マリーナTC』とボグゾール『フィレンザ』のような、より従来型の中型スポーティ・カーは、外国による輸入が勝っていて、それらは『ゴルフ』の人気を押し上げるのに役立っただけでした。そして1980年代初期までにホットハッチは、既に前輪駆動の標準的なファミリーカーの燃料噴射装置付きの派生車種として、その立ち位置を確保しています。フォード『エスコートXR3i』、プジョー『205GTi』、ボグゾール『アストラGT/E』、そしてMG『マエストロEFi』はそのジャンルの典型で、またそれらの車は速く、実用的で、維持するのも容易でした。ホットハッチがこのように人気になったので、従来からのオープントップのスポーツカーは絶滅してしまったのです。

年表

- **1971年** 最初のホットハッチ、アウトビアンキ『A112 アバルト』をフィアットが導入。開発は同社のモータースポーツ部門が担当した。
- **1974年** 1.3リットルのシムカ『1100Ti』がフランスで販売開始。小さなファミリーカーで最速モデルには見えないものの、高出力で5ドアを持つ正真正銘のホットハッチであった。
- **1976年** VW『ゴルフGTi』、そのジャンルの定義を確立した車がドイツで生産に入る。その『GTi』バージョンは歴代『ゴルフ』に常に存在していた。
- **1976年** ルノー『5』の高性能バージョンがフランスで販売開始。それが『5アルピーヌ』であり、英国では『5ゴルディーニ』として販売された。
- **1979年** 英国流のホットハッチ『タルボ・サンビーム・ロータス』がマーケットに登場。150馬力のロータスエンジンが当時最先端の水準よりも速い車であることを保証していた。
- **1983年** プジョーをホットハッチでは一目置かれるメーカーに押し上げた『205GTi』が発進。1.6リットル130馬力エンジンを搭載した小型車は、その時代、最も輝いていた1台であった。

プジョー『205GTi』は1980年代の決定的なホットハッチであった。

◁ ボグゾール『シェベット2300HS』 1978年
『シェベット』は小型版『シボレー』が意図されたモデルだ。1970年代半ばには英国でベストセラーのハッチバックとなり、成功したラリー車であると認識されていた。

ホットハッチの台頭 | 253

△ 1983年のVW『ゴルフGTi MkⅡ』。現在の『ゴルフ』はその第7世代である。

1981-2000

変革する世界

1981–2000
変革する世界

　1980年代初期、自動車産業はまだ完全にはデジタル時代に入ってはいませんでした。しかしながら、象徴的な自動車は、まさにこれまでよりも高い顧客の期待に適合することを可能にする技術革命を受けようとしていました。

車とコンピューターの出会い

　自動車工場はますます自動化されていきました。それは「金曜の午後製」の車、つまり、労働者の心が既に週末に向いて浮かれてしまい、欠陥のある車を造ってしまうという意味なのですが、それは過去のものになっていました。ボンネットの下では、コンピューターと洗練されたエレクトロニクスが、車がより容易に走り出すことを保証し、最適なパフォーマンスを維持し、少ない燃料消費を実現していました。さらに一旦、触媒コンバーターと接続されれば、どんなに安い車にも装着されている電子の"脳"が最終的には排ガスを劇的に減らしてくれるのです。

これら全ての下落傾向は、家庭の維持管理費も急激に減らしています。そしてアマチュアはボンネットの下の世界が、予想よりも遥かに複雑であることも理解しました。自動車メーカーは、サービス間隔とコスト面でこれらのことを利用したのでしょうか？ 多くの顧客は確かにそう思っていました。

レース場から郊外まで

　1980年代はまた、自動車設計の他の分野にも進歩を見せています。F1やインディカー・レース、グループBのラリー競技における開発に、空気力学とターボチャージの技術が重点的に導入されて、'80年代の末期には、(もし許されるならば)スーパーカーは200mph (322km/h)を超えられるようになっていました。多人数を収容できる車、あるいはMPVが大勢の人々や忙しいファミリーの優れた輸送手段になるにつれ、この遊び心や悪戯心を満たす新しい車は、1984年までにアメリカとヨー

新しい技術が、自動車の製造を変えていった。

日常で使われる車に、レーシングカーのデザインが取り入れられて進歩した。

"いくら悪い車だと言っても、これほど酷いとは…"

ロッパで広く普及しています。そしてより強い冒険心から、SUVとピックアップトラックはオフロード性能を携えて、郊外に向かって行きました。厳密には必要ない郊外の環境ですが、多くのドライバーが魅力に感じた逞しいイメージを伝えたのです。

世界的なチャレンジ

詰め込み過ぎることが自動車設計にも影響していました。駐車場難極まる東京では、新しいカテゴリーの極めて小さな、狭い車、軽自動車が、駐車スペースの欠如に応えてしっかりと成功していました。さらに日本では、多くの主流モデルの退屈さへの反動からか、レトロカーへの動きも始まっています。この傾向は最終的にヨーロッパにも広がりました。そしてそこで、新たにイメージを描き直したVW『ビートル』や『ミニ』の人気が極めて高いことが分かって来たのです。そして、主として、全ての騒音、汚染物質、ひどい交通渋滞と道路マヒをともなう、より多くの道路を受け入れる必要があるという考えを払拭することに努めた"緑のロビー（圧力団体）"増加により、「グリーン・カー」（低公害車）が世界的規模で人気の概念になっていきます。一方、アメリカの自動車メーカーが、財政的な問題を払拭するには、多くの売れ筋モデルがまだ（低公害車に）充分なシフトが出来ず、悲惨な時期を過ごしていました。そして冷戦が1990年に終わった時、最大級の驚きの時がやって来ました。西ヨーロッパと共産圏の仕切りが消滅したのです。世界は、人々が共産国であった東ヨーロッパにどのように住んでいたかを理解しましたし、鉄よりもむしろ工業用廃棄物で造られたような下賤な車、『トラバント』が、東ドイツでどのようにして人々を移動させていたのかも見ました。いくら悪い車だと言っても、これほど酷いとは…。このような二流品は次第に消えていくでしょう。

4X4がファミリーカーとして一般に好まれるようになった。

環境問題によって、自動車反対論が一般化した。

コンピューターがコントロールする

1980年代に、コンピューターとますます洗練された電子機器が頭角を表し、新世代の車載技術が誕生しました。単純な内燃エンジンは、性能と効率の向上という新時代を迎えようとしていました。

▷ 電子制御ユニット(ECU)
しばしば"カー・コンピューター"とも呼ばれるECUは、エンジンマネージメントの"頭脳"である。

一般的な車の中で最も重要でありながらも、滅多に見られない自動車技術の開発の1つが、その性能に対して徐々に忍び寄るコンピューターの影響でした。電子制御ユニット(ECU)が、1979年頃から車に組み込まれてきました。そして1981年までにゼネラルモーターズは、すでにその山を乗り越えて、ECUを標準化していました。ほとんど忘れ去られたようなビュイック『センチュリー・ターボ・クーペ』のようなモデルに関して、それはドライバーのためのエネルギッシュな反応と、少ない汚染の両立を実現するパッケージを造るのに役立ちました。

コンピューターと自動車の出会い

"ソリッド・ステート"革命は1968年には既に本格的に始まっていました。この年は最初の自動車用コンピューターがVW『1600TL』に組み込まれた年でした。このユニットはボッシュの自動車用の電子式燃料噴射装置と同類のもので、コンスタントにパワーを発生させて、パフォーマンスの最適化を意図したものでした。

デジタル機器は、1976年にアストンマーチンが『ラゴンダ』に、最初のLED(発光ダイオード)を計器類のディスプレイとして組み込み、そのベールを剥いだ時にはまだ、SFファンタジーと結びつけられる、何かそんなものでした。しかしながら、1979年の『ラゴンダ』が発売される頃には、その時までにキャデラックは最初の「トリップ・コンピューター」を『セビリア』のダッシュボードに組み込んで販売し始めていました。これと類似の電子機器はタルボ『ホライズン』のようなヨーロッパ車の中にも見られますが、最初、それらは巧妙に造られた小道具以外の何物でもありませんでした。同様に、燃費を計算し、他の何もかも付随するデジタル時計からのデータなどは、まず大方は役に立たない無駄なデータでした。しかしながら進歩は速く、1987年までにオールズモビルは、最初のデジタル「ヘッドアップ」ディスプレイを発売していました。そして、

> "アウディ『クワトロ』は、あらゆる方法で流行を仕掛けていました…。"
>
> グラハム・ロブソン著『アウディ クワトロ』より

◁ アストンマーチン『ラゴンダ』1976年
未来的なスタイリングがフィーチャーされた『ラゴンダ』は、計器盤にLEDディスプレイが装着された世界初の車だった。

コンピューターがコントロールする | 259

まさしく最初のGPS人工衛星からのナビゲーションスクリーンは、そのちょうど3年後にはマツダの『ユーノス』車の1台に見ることが出来ました。

アウディの時代を変える何か

1980年、アウディはまさに新技術満載と言っても過言ではない最初の『クワトロ』を世に解き放ちます。それはターボチャージ付きの5気筒エンジンと4輪駆動をフィーチャーした世界で最も安全な高性能車でした。そして1年後、アンチロックブレーキが追加され、ほどなくして緑色の光を放つLEDダッシュボードが追加されましたが、この時フューエルインジェクション（燃料噴射装置）と、点火系を調節するより基本的な電子"頭脳"は姿を消していきます。アンチロックブレーキ付きの4輪駆動車は以前にも"速い"車として1966年のジェンセン『FE』が知られていましたが、特徴は同様であっても『クワトロ』のそれをより良く機能させているのはコンピューターを作動させて得られるデータ（情報）でした。

フューエル・インジェクション（図版参照）が次第に一般化するにつれ、エンジンの燃焼室への燃料給送の手段としてのキャブレターは一気に駆逐され、ますます多くの車がECUをシステムのコントロールに使用し始めています。そして今日のECUは同様にブレーキング、トラクションコントロール、盗難対策、そして可変バルブタイミングを統括しているのです。近代的な自動車用コンピューターの複雑さはこんな具合ですから、エンジンからの情報は即処理されて、リアルタイムでそれに順応させることが可能です。そしてECUはライト類のような他の部分とのインターフェースともなっているのです。しかしながら、エンジンをコントロールすることは、車で最も多くプロセッサー（中央演算処理装置）への依存比重が高いままでいます。そして1980年代は4輪駆動、ターボチャージャーと共に見境のない技術ラッシュが産業全体に押し寄せたことに特徴付けられます。さらに最もベーシックなモデルにさえ、"電子"という称号が奢られていました。電子的に制御された4輪ステアリングのようないくつかの新考案は、可能性を示していました。が、後になって増大するエンジニアリングの複雑さと引き換えに、それらが取るに足らない利点しかないことが判明した時、それらは静かに取り下げられていました。

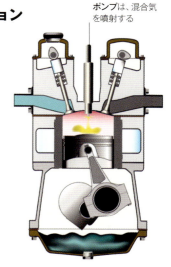

カギとなる開発
フューエル・インジェクション（燃料噴射装置）

燃料噴射装置はキャブレターに代わる燃料供給システムであり、現在の新車では普遍的だ。ガソリンはタンクから電気的にポンプで汲み上げられ、エンジンの吸気ポートに直接噴霧され、シリンダー内で燃焼する前に空気と混合されるのである。そしてディーゼルと直接噴射のガソリンエンジンは、燃料が吸気ポートというよりもむしろシリンダー内に噴射されるのだ。この直接噴射は1950年代のドイツでゴリアテとメルセデス・ベンツによって一般化されていた。また英国のルーカスは他社との間で、ジャガーやトライアンフに採用されている類似のシステムを開発している。これは技術を世界に広めたボッシュが「D-ジェトロニック」と共に開発した電子式燃料噴射装置への発端となったのである。

ポンプは、混合気を噴射する

このような燃料噴射装置システムは、新しい車では普通であり、キャブレターよりも排ガスが少ないのを特徴とする。

◁ アウディ『スポーツクワトロ』1980年代
そのターボチャージャー付の5気筒エンジン、4輪駆動とアンチロックブレーキで『クワトロ』の安全性は極度に高く、世界のラリーでは最優良とされていた。

新しいクラスの車

今日の多人数用乗用車は、ほとんど半世紀の間、様々なメーカーが試みたアイディアの1つの頂点でした。そして、散々、ああでもない、こうでもないといじり続けた何十年も後の1984年にその多くが登場したのです。

△ DKW『F89Lシュネラスター』
前輪駆動とワンボックスの外観。『F89Lシュネラスター』は、今日のMPVの本当の元祖である。

ルノーがヨーロッパで『エスパス』をリリースし、クライスラーがアメリカでダッジ『キャラバン』と、プリムス『ボイジャー』を発表したのは1984年でした。それらは最初に現れたミニバンであり、多人数乗用車（MPVs）でした。それらを構成する決定的な要素は前輪駆動（FF）スライド式サイドドア、アレンジ可能なシート、平らな床面、そして一体構造のボディなどですが、それらはずっと以前から小型バンの設計では見られていたものでしたが、まとまりはありませんでした。ルノーとクライスラーは、これら全てを1台の車に盛り込んだ最初のメーカーでした。DKW『シュネラスター』やVW『トランスポーター』、そしてフィアット『600ムルティプラ』等（これら全てのオリジナルは1940〜50年代を発端としています）の以前からのMPVにおける試みは、モダンなMPVのサイズについてだったのですが、今日のゆったりとしたレイアウトと使い勝手の良さに欠けていたのです。そしてその多くが、ドライバーと助手席の乗客を位置的にフロントアクスル（前側の車軸）の上に座ることを強いて、車の前部で運転するように設計された配達用のバンがベースとなっているため、不快なドライブを強いられていました。『シュネラスター』（急送便）は横置きのエンジンと前輪駆動が採用され、今日のデザインに近いものでした。しか

新しいクラスの車 | 261

しながらそれは、古い「ボディ・オン・フレーム構造」（シャーシの上に別個にボディを乗せる構造）を持ち、スライド式ドアではなくヒンジ（蝶番）で開けるタイプのドアだったのです。

成熟

1981年、日産は『プレーリー』（アメリカでは『スタンザ・ワゴン』という名前）を発表しました。両サイドのスライドドア、折り畳み可能なリアシート、そして外開きのテールゲートという、ほぼミニバンの王道とも言える装備が採用されていました。が、問題が1つ。それは『プレーリー』はファミリー用とするには小さすぎる『サニー』をベースにしていたのです。ミニバンは3列のシートを持ち、乗り降りが容易で、調整可能な荷物スペースがあった上でなおかつ、平均的なガレージに収まる車のような小ささが必要であることは明確になっていました。そして大きさの問題は『プレーリー』の寿命を縮めてしまい、結局『スタンザ・ワゴン』はアメリカでは理解されなかったのです。ダッジ『キャラバン』はホイールベースの長、短、5速の手動ギア、ターボチャージャー付エンジン、そして全輪駆動（4×4）など、もし買い手が望めばどのような注文も可能でした。そして1980年代後期までにMPVは快適で運転しやすく、皆が一緒にほぼ全てのことが出来るという、何百万というファミリーのための最適な車となっていました。またアメリカでは5世代を通じて1,100万台以上のダッジ『キャラバン』とプリムス『ボイジャー』、そして豪華車、クライスラー『タウン＆カントリー』のミニバンが販売されています。

市場の進展

オリジナルとなったルノーとクライスラーのMPVを叩き台としてほとんどの自動車メーカーは、独自のバージョンを創出しました。アメリカではトヨタとホンダが『シエナ』と『オデッセイ』でクライスラーのMPVに本当の意味での最初のチャレンジをしています。ヨーロッパではフォードとVW間の共同事業体と、シトロエン、プジョー、そしてフィアットが多種多様な新しいライバルを『エスパス』にぶつけています。またMPVの成功に引き続いて自動車メーカーは、他のクラスの車種の中にも実用性と快適さと運転のしやすさの組み合わせを提示しています。これらにはコンパクトな、ルノー『シーニック』やシトロエン『クサラ・ピカソ』そして都会型SUVのジープ『チェロキー』やBMW『X3』などのようなMPVも含まれています。そしてこれらを根底として新たな自動車のクラスが生まれました。"クロスオーバー"（P296-297参照）がそれです。

△『エスパス』の座席の機能。　1980年代
ルノー『エスパス』は最初の多人数用乗用車の1台であった。7名分の座席。全てが独立して動き、前の2席は後ろに向けるように回転可能だ。

◁ ダッジ『キャラバン』
1986年のダッジ『キャラバン』は、ハッチバックと多くの内部空間を持っていた。そして後部シートへの乗り降りは、1枚のスライドドアを使用する。

カギとなる開発
スタウト『スカラブ』

ルノー『エスパス』、ダッジ『キャラバン』、そして日産『プレーリー』が生まれる50年も前に、デトロイトの自動車と航空機のエンジニアであるウィリアム・B・スタウトは最初のミニバンであるスタウト『スカラブ』を造っていた。オランダのデザイナー、ジョン・ティハーダによって形造られた『スカラブ』は、アルミのスペースフレームボディに平らな床、リアアクスルと4輪独立サスペンション上にフォードのV型8気筒エンジンを搭載していた。内部は多くのポジションに動かすことが出来るシートと、後部のベッドさえもフィーチャーされていて、ドライバーと乗客は両側のドアから出入りするようになっていた。5,000ドルという価格での注文生産で、今日の価格に換算するとそれは9万1,000ドル相当と、恐慌時代に入手可能な車の中でも最も高価な車の1台であった。今日までに9台が造られている。

リアエンジンにアルミで被覆されたボディの『スカラブ』の販促写真。　1935年

変革する世界: 1981–2000

3気筒、548 ccエンジンには、ツインカムシャフトとインタークーラーターボが装備されている。

全輪駆動システムが、さらなる安定性を実現した。

▽ 三菱『ミニカDangan ZZ』 1989年
Dangan（銃弾という意味）は、これまで最先端の軽自動車の1台である。量産車では世界初の5バルブ（1気筒あたり）で最大9,000rpmというエンジンを搭載し、スポーティな性格と燃費を両立させていた。

地面に近いコンパクトボディが優れたハンドリングに貢献した。

居心地の良いインテリアは、運転手と乗客に最小限のスペースを提供する。

△ ホンダ『ビート』 1989年
ホンダ『NSX』と同時代のモデルで、『ビート』も同様にエンジンがミッドシップに搭載された、特別な車だった。2座席で荷物スペースは極小。『ビート』は他の何とも異なる個性を見せていた。

小さなトランクは、荷物のスペースがほとんどない。

日本の軽自動車

日本には長い間、"軽自動車"（軽い車という意味）として知られるユニークなミニサイズの車のカテゴリーがあります。第2次大戦後、日本の鉄鋼不足を補いつつ道路交通も復活させようとの意図で、1959年代半ばに初めて姿を現しています。その時から"軽"カテゴリーは、楽しめるスポーツカーであり、小さなファミリーカーであり、MPVであり、ハイブリッドであり、さらに多くの要素を含みつつ、長い間基本的な輸送を担ってきたのです。そしてそれらは大きさ、パワー、最高速度が厳密に制限されています。が、その代わりオーナーは税金と駐車場の規定（車庫証明）で優遇を受けています。許容されるボディサイズとエンジンの排気量は拡大されましたが、最初期には、エンジンの排気量は360cc以下に限定されていました。で、今日の規定では全長3.4m（11 1/4フィート）、排気量660cc以下とされています。また、何台かの人気モデルでは、決められた寸法以内に可能な限り快適な居住性を実現するために、ボックス型の"トールボーイ"スタイルに4つのドアが設置されています。そしてそれらは低いランニングコストとコンパクトなサイズで、日本の都市、特に東京では高い人気を持っているのです。

▽ 三菱『ミニカ』
三菱の『ミニカ』シリーズの歴史は2ストロークエンジンを搭載して初登場した1962年に遡る。この車は1975年型の『ミニカF4スーパーDX』モデルで、ハッチバックとなってはいるが、エンジンは2気筒のままであった。

日本の軽自動車 | 263

格納式のルーフが、座席の後ろにきれいに収納できる。

フロントに搭載した3気筒ターボエンジン。

△ スズキ『カプチーノ』 1991年
スズキは1991年の『カプチーノ』で、古典的な英国スポーツカーを、フロントエンジン、リアドライブ（FR）と多くの楽しみを盛り込んで再開発するという適切な試みを見せた。カプチーノは、ヨーロッパに公式に輸出された少数の"軽"の1台である。

「トールボーイ」カーデザインの典型的なショートボンネット。

小さなホイールで、都市の道を敏捷に走れる。

△ スズキ『ワゴンR』 1993年
スズキは新ジャンルの"トールボーイ"型軽自動車『ワゴンR』を創出し、1993年にデビューさせた。高度に合理化された『ワゴンR』のデザインは、既定の寸法内で、最大限の室内空間を造り出していた。

△ スズキ『スズライト』
1955年に発表された『スズライト』は先駆的な軽自動車の1台である。空冷360cc2気筒という魅力的な仕様にもかかわらず、たった43台しか生産されなかった。

"誰でもが買える、小さく、
実用的な車である必要があるので…。"

鈴木道雄　スズキ株式会社の創設者

▽ **アメリカンコンバーチブルの復活**
オープンカーは、立法府の議員が安全上の理由からこれらを禁止するのではとの憶測から、1970年代半ばにアメリカのメーカーから姿を消した。しかし、この事態が起こることはなかった。そして1982年までにクライスラーは再び"風に髪をなびかせる"ドライブを楽しむ車を復活させた。そしてキャデラックも1989年に、その豪華な2座席の『アランテ』(写真)でこのリバイバルに参入した。そして、その強烈な近寄り難ささえ感じさせる『アランテ』のボディは、イタリアの「ピニン・ファリーナ」で手造りされたもので、アメリカで組み立てられる前に空輸された。

スピード以前の安全性

エンジニアがレーシングマシン、あるいはラリー車のパワーとパフォーマンスを向上させるにつれ、安全性への懸念が強くなってきました。それら4輪の"野獣"を飼い慣らす必要がありました。

ルノーは1979年のF1マシンにターボ付きエンジンを導入しています。しかし、ターボ車が信頼性を高めて選手権への挑戦者となるには数年が必要でした。また、ターボエンジンの技術的な複雑さと純然たる経費は、トップレベルのスポーツへの個人資金によるエントリーを難しくしました。小さなチームですら数百万ドルの予算を必要としていましたし、他方、大きなチームでは国際的なメーカーからの資金援助を享受していたのです。

ターボエンジンは莫大なパワーの増大をもたらしました。ノンターボの自然吸気エンジン車は、大抵がフォード・コスワース社が供給する信頼性が高い450馬力エンジンを使用して参戦していましたが、ターボエンジンは早々に600馬力を突破、予選用のセッティング次第では1,000馬力を達成していました。車はまた、車体の下に（タイヤの）グリップ力を増すためのダウンフォースを発生させるため、圧力の低い部分を遮断する車体部品、スライディングスカートを使うという"グランド・エフェクト"を発生させる空気力学上の最新の研究開発もしていました。そしてより多くのパワーとグリップ力の取得でコーナリングスピードが増し、ラップタイムは短縮されたのです。しかしながら、レースを展開するサーキットでは、あまりに速度が上がり過ぎていました。そして今度はレギュレーションを変更して、その速度を低下させねばならなかったのです。"フラット・ボトム（平底）"というレギュレーションではスカートが禁止されました。そして1988年シーズンの終了を待って、ターボもまた歴史の中に追いやられてしまったのです。

ラリーにおいては平均速度がF1よりも低いため、空気力学はグリップには効果がありませんでした。『クワトロ』についてアウディは、グリップ向上のため洗練された4輪駆動システムを取り入れるという、空力とはまた違った方法を採用していました。そしてこれは間もなく、他社からの追従を受けます。大抵のワークス・カーはターボエンジンを採用していました。ランチアの『デルタS4』は、高回転域でのブースト用のターボチャージャーと、低回転域でのレスポンス向上用のスーパーチャージャーという2つのシステムを組み合わせていました。しかしMGは、ウィリアムズF1チームが開発したより大きな自然吸気エンジンを『メトロ6R4』に搭載し、ターボトレンドに逆らっていました。

グループBカーの4輪駆動と高出力エンジンの組み合わせ（コラム参照）は素晴らしい光景を展開しました。しかし、それらのラリー車は、1980年代に起こった世間の耳目を集めた一連の大事故の

△ 標準的な安全装備
マリオ・アンドレッティは1988年の「インディカー」レースのテスト日に、このヘルメットと手袋を着用していた。

▽ 一般公道を走るレーシングカー
レースの技術を使った、このターボ付き2リットルエンジンのフォード『シエラRSコスワース』のような車を、一般消費者向けに販売していた。

> "全てをコントロール下におかなければ、速く走れるわけがない。"
>
> マリオ・アンドレッティ（レースドライバー）
> 1978年F1ワールドチャンピオン、インディカーチャンピオン4回

スピード以前の安全性 | 267

カギとなる開発
キラー"B"

飛び抜けて強力なターボエンジン、洗練された4輪駆動システムと新しい素材による軽量設計の車両が1980年代のグループBラリーに集結していた。それらの畏敬の念すら感じさせるスピードは時折、安全地帯で見るより、もっとよく見える場所に陣取りたい観衆を引き付けていた。そのため必然的に致命的な事故がいくつか起きていたのだが、限度を超えた事故が1986年の「ツール・ド・コルス」で起きてしまったのである。ヘンリ・トイヴォネンのランチア『デルタS4』がコースアウトしてクラッシュして炎上。彼と、コ・ドライバーのセルジオ・クレストが死亡した。結果、グループBは急遽中止が決定されたのである。

ミキ・ビアシオンがスピードを上げてグループBのランチア『デルタS4』で観客の前を通過していく。

後、出場が禁止され、一方さらに過激なグループSカーの計画も棚上げされてしまったのです。代わりに、ラリーにはグループBカーほどパワフルでもなく、また速くはないグループAの車両に切り替わりました。しかしそれらの車は公道走行用のパフォーマンスカーと関連する部分が多かったため、一般的な関心も高まりました。そしてそれに関連してツーリングカーは舗装されたサーキットでもまた重要な意味を持っていました。ツーリングカーレースはヨーロッパ、アジアとオーストラリアではますます人気が高まっていたのです。フォード『シエラ・コスワース』、メルセデス・ベンツ『190E・2.3-16』、そしてBMW『M3』のような車は、F1における「ウィリアムズ/ホンダ」、「マクラーレン/TAG」、そして「ブラバム/BMW」と同様のアイコンとなっていました。

NASCAR レースシリーズ

アメリカではサルーンカーレースがNASCARシリーズの形態で、多くの観衆を集めるスポーツになっています。ハイライトは世界のあらゆるスポーツの中でも、最も多くのTV観戦者を集めるスポーツ中継の1つである「デイトナ500」でしょう。一方、アメリカのフォーミュラカーは分断、組織変更の末、「CART/チャンプカー」と「インディ・レーシング・リーグ」という2つの団体で2000年を迎えました。しかし「インディアナポリス500」は毎年25万以上のファンを引き付ける、アメリカ最大のレースなのです。

▽ 炎の中のフェラーリ
ステファン・ヨハンソンの"フェラーリターボ"=フェラーリ『156/85』が、1985年、モンテカルロでの「モナコGP」で炎を吹き出す。

ヨーロッパの再会

世界はベルリンの壁崩壊、チェコスロバキアのビロード革命、そして冷戦の終わりを意味する他の出来事が起こった1989年に変わりました。そして西と東からのドライバーが道路を共有し、彼らの車を比べ合っている光景が見られました。

▷ "壁"の崩壊
1989年11月10日の朝、群衆が"ベルリンの壁"の一部を取り壊した。この1989年の革命はヨーロッパと旧東側を繋いで共産主義の崩壊と大きな変化をもたらせたのである。

"**鉄**のカーテン"が落ちた時、旧ソ連圏における生活と、西側の生活との劇的なまでの違いは、明白過ぎるほどになりました。これは人々の乗る車にも及んでいます。西側ではソビエトの車は長い間、冗談のように見られていました。本質的に頑丈ではあるが旧式、そして安いけれども、まったくお粗末な出来映えがその原因でした。東ドイツの「トラバント」は、その2ストロークのエンジンのために徹底的に馬鹿にされました。またそのボディはコットンの廃棄物と樹脂から造られていたのです。しかし、その本当の欠陥の露呈は、"ベルリンの壁"崩壊で国境を越えて「トラビス」(そう呼ばれていた)がやって来るまで露出することはなかったのです。再統合されたドイツにおいて、トラバントは大きくて強力なアウディやメルセデスといった車と道路を共有していました。衝突すればトラバントにダメージを回避する余地はありませんでした。加えてトラバントは極めて盛大に空気を汚染していたのです。そしてセールスが減少し、旧東ドイツ、モーゼルのトラバント工場が、政府の補助金だけを頼りに運営されるようになるまで、そう長くはかかりませんでした。この工場は1991年、VWに売却されています。

ラーダとシュコダ

トラバントだけが壁の崩壊後に苦闘した会社ではありませんでした。ラーダのセールスは堅調を維持していましたが、汚職と、ロシアの犯罪への関与が疑われている会社の未来は、日々不安定になっていきました。1966年までにラーダの親会社「アフトヴァース」はロシア最大の納税義務者だったのですが、政府による調査の後、ゼネラル・モーターズとの協定を強制されています。"鉄のカーテン"崩落から生き残り、利益を出した唯一のソ連圏の自動車会社は「シュコダ」でした。VWとの合弁事業計画が1991年にスタートし、本格的な買収につながりました。これによりチェコの会社は車両のプラットフォームと市場へのアクセスを保証されたのです。シュコダは手頃なブランドという認識のままではいますが、西側では極めて重く受け止められているブランドの1つとなっています。

年　表

- **1932年** ソ連とフォードは「ゴーリキー自動車工場」(GAZ)を組織する。
- **1957年** 最初のトラバント製造。
- **1959年** シュコダ『フェリシア』がチェコスロバキアからアメリカに輸入される。
- **1966-70年** ソ連政府はこれまでで最大の自動車工場を建設。
- **1970年** 冷戦時代の人気車、ラーダ『2101』がリリースされる。
- **1977年** ユーゴスラビアの「ザスタバ自動車」がフィアットのライセンス下、国内で最上級車種の生産を開始。
- **1989年** "ベルリンの壁"崩落。これは冷戦の終わりを意味していた。
- **1991年** シュコダは会社の所有権の30%をVWグループに譲渡。
- **1990年代後半** ラーダは英国からロシアに逆輸入される。
- **2001年** アフトヴァースとゼネラル・モーターズは合弁企業「GM—アフトヴァース」を組織する。
- **2012年** ラーダ『リーバ』が生産終了される。

シュコダ『エステル』は、1976年の英国で最も安い車であった。

◁ 2つの世界の出会い
西ドイツのメルセデスと東ドイツのトラバントが、ベルリンで隣り合っている光景。トラバントはパワフルな西ドイツの車と比較すると、随分と流行遅れに見える。

△ 東ドイツ人は1989年の"ベルリンの壁"崩壊後、自らのトラバントを、国境を渡って西側世界に連れ出した。

デトロイトの凋落

小型車の輸入増加を無視していたため、アメリカの自動車メーカー、とりわけデトロイトの"ビッグ3"、ゼネラル・モーターズ、フォード、クライスラーは、ほぼ自滅に追い込まれる事態に遭遇しました。

1950年代後期までにVW『ビートル』は、アメリカではとにかくたくさん売れていましたし、1960年にはルノーが10万2,000台もの『ドーフィン』を売っています。しかしデトロイトはその代りに、高い圧縮比を持つ"ロケット"V8エンジン、ターボチャージャー、テール・フィン、ボンネットの"ラム・エア"スクープ（吸入口）等の新機軸に焦点を当て、小型車の導入を拒否していたのです。それとは対照的にヨーロッパとアジアの自動車メーカーは、ディスクブレーキ、リアの独立サスペンション、ラック＆ピニオンのステアリング、OHCエンジン、燃料噴射装置などの、デトロイト車を時代遅れにする先進の技術を盛り込んでいました。

小型車に対する名ばかりの取り組みでは、輸入品と同レベルで競争することはできませんでした。例えばシボレーの1959-69年の『コルベア』と1971-77年の『ヴェガ』の設計は見すぼらしく、トヨタ『カローラ』の信頼性と精妙さ、あるいは『ビートル』の持つ価値観とシンプルさ等に欠けていました。信頼に足る設計と技術、そして造りの良さを持つ最初のアメリカ車は、GMの『サターン』でした。しかし、この車が現れたのは、BMCの『ミニ』が、このような車の模範例を完璧に仕上げてから、31年後のことだったのです。

1973年の"オイルショック"は、デトロイトの問題の根の深さを露呈しています。賃金がより安い、デトロイトからは遠く離れた場所での非組合による工場のオープンが提示された時、全米自動車労働組合はこれを拒否しています。

輸入ブランドはまた、デトロイトの最も"うまみ"のある区域で競い始めました。高品質のホンダ『アコード』と高級車『レクサス』は、外国の車と共に育ったアメリカ人にとっては当然の選択でした。2009年にはGMとクライスラーが破産を宣言。フォードも企業の資産全てを抵当に入れて、生き残るために236億ドルを調達しています。しかし最近、トラックとSUVの需要が急上昇するとともに安いガソリンがデトロイトの全ての自動車メーカーの財政状況を押し戻す助けになっています。

◁ **デトロイトの生産ライン。　1982年**
このフォードの生産ラインの上の、「品質が商売！ 商売があなたの仕事！」という看板の皮肉なスローガンが、時代に乗り遅れてしまったアメリカの自動車産業の苦境を物語る。

より安全な自動車、より綺麗な空気

初めて広範囲にわたって用いられるようになった安全性と、排ガス規制システムにおいて、1990年代に自動車の設計は静かではあるが急進的な変化を経験しています。例え車が日曜整備士には縁遠いものになってしまったとしても、車はより安全で、クリーンになっているのです。

△ 濾過されていないマフラーからの汚染
1973年、イタリア、ミラノの子供たちの顔が、車からの大量の排気ガスで覆われている光景。1980年代と'90年代の汚染処理と安全性の追求の大元となった時代である。

1960年代にはしばしば車が自由と喜びの象徴と言われるようになりました。しかし、1970年代になると、そのランニングコストの増大と組み合わさった劣悪な交通事故増加と、渋滞と道路汚染で、アメリカの議員たちは気を揉んでいました。全米輸送安全委員会は、これらの問題を扱う法規の作成準備を始め、例えば義務化されたバンパーの装着やヘッドライトの大きさと位置のような取り決めが、メーカーを憤慨させました。オープンカーは転倒に対する安全項目に合致しないため、消滅するとの予測さえ出ていたのです。しかし、アメリカが極めて大きな市場であったため、世界中の市場での立法を促したアメリカ最新の"安全ときれいな空気"を要求した条件に、ヨーロッパと日本のメーカーは適応出来るとの保証を始めていました。このような独創的な工学的解決と同様に、法規に合わせた微調整が、最終的には車が法の必要条件に適応出来た事を意味していたのです。

安全第一

2つの重要な安全システムが今日出現しています。1つはABS、アンチロックブレーキです。これは急ブレーキの際、前輪がロックし、横滑りするのを防止して、なおかつブレーキングの最中にも操舵できるように、ブレーキを自動的に細かくオン・オフさせロックを防ぐ装置です。ABSは相当数の航空機が1940年代からすでに取り入れていました。1970年代初期のアメリカのクライスラーと、GMの高級車の何台かに採用されていた他、1966年型のジェンセン『FF』もこれと良く似たメカニズムを持っていました。しかし、コンピューターがより小型化し、強力になった時初めて完全電子コントロールが現実となったのです。また、メルセデス・ベンツの1979年の『S』クラスサルーン、フォードの1980年代の『スコーピオ』と『グラナダ』ではABSが標準装備となり、この分野をリードしています。そして10年後、ABS技術は広範に広まっていきました。

他の安全面での進化は、1950年代から開発されてきたエアバッグです。フォードとGMの両社が、1973年までにプロトタイプでエアバッグを試し、GMは2年後にオールズモビルに導入しています。しかし、その装置の突然の誤作動によって、(特にヘッドレストのない車で) 重傷を負う事故も起こっています。またGMのある安全エンジニアが、エアバッグは誤作動すると首を折ることがあり、電気椅子の代わりになってしまうとの示唆をしていました。しかし、技術が熟成された1988年以降、アメリカのクライスラーは全てのモデルにエアバッグを採用します。さらに11年後、エアバッグは法規によってアメリカを走る全ての車に装備されるようになり、間もなく、側面、カーテン、膝、そしてシート用のエアバッグが開発されたのです。

ヨーロッパでの進化はゆっくりでした。メルセデス・ベンツは1981年に最初のエアバッグを採用しています。そして初代のフォード『モンデオ』等がエアバッグを標準装備してリードを取る形で、ヨーロッパと日本の車メーカーは1990年代に入って初めて採用したのです。少数のスペシャリストによるスポーツカーは別として、ほとんどの新型車は、事故の直前に着用者の体を一瞬にして引き締めるシートベルトの「プリ・テンショナー」と共に、2000年までにはエアバッグを装備していました。そして他の安全に対する技術の進歩には、衝突時のエネルギーを吸収させるボディの「クラッシャブル・ゾーン」と「サイドインパクト・ドアビーム」がありました。

触媒の変遷

触媒コンバーターは車の排気システムに取り付けられる物で、1970年代にアメリカで初登場しています。これは排気を濾過して化学組成を変え、有害な排ガスを減らすというものでした。最初の触媒コンバーター車には、機械式のキャブレターが燃料と空気を混合するために使われたのですが、パワーと効率が落ちてしまい、結局はさらに多くの燃料を消費して、余分な炭酸ガスや温室効果ガスを発生させ、触媒をうまく機能させられなかったのです。1980年代後半からは、燃料を正確に燃焼させるためにコンピューターを使用する、一層効果的な燃料噴射装置へと転換の動きがありました。そして触媒をうまく作用させて排気ガスの有害成分を抑制しています。それらは間もなく、ごく当たり前の特色となっていったのでした。

▷ 衝突テストシュミレーション 1997年
トラックとルノー『メガーヌ』間の正面衝突テスト。第2世代の『メガーヌ』は、ユーロNCAPの5つ星の評価を受けた最初の車だった。

▷ エンジンの排気ガス
1981年。エンジニアが排気ガスの測定をしている。1980年代の終わりまで、エンジンからの排気ガスは政府と同様、自動車メーカーとドライバーにも重要な問題だった。

274 | 変革する世界: 1981–2000

ターボチャージ搭載1.0リッター日産マイクラ（マーチ）のエンジン

フルレングスのキャンバスルーフには、4種類のパステルカラーがある。

2ドアのボディは、今や後部ハッチが特色だが、元の設計を反映している。

△ ニッサン『フィガロ』1991年
『フィガロ』は、プジョー『403コンバーチブル』やパナール『ダイナ』、そしてナッシュ『メトロポリタン』に触発されていて、その独特な"顔つき"によって人気を得ていた。フロアパンとドライブトレインは、ニッサン『マイクラ（マーチ）』のものを流用している。

△ フォルクスワーゲン『ビートル』1998年
新『ビートル』はFFである。ベース車は『ゴルフ』で、楽な販売努力で成功したモデルでもある。スタイリングはさらに古いモデルを想起させるが、エアコンを完備している。

分割式のフェンダーで、VWバグに似た外観になる。

"ポスト・モダニズムの極み"

デザイン批評家、フィル・パットンのニッサンの"パイク・プログラム"に対しての一言

レトロデザイン | 275

△ 新『ミニ』 2000年
ローバーが開発し、販売はBMWによる新たな『ミニ』は、その立ち位置の変動はなかった。オリジナルよりも大きいことで快適なドライブが楽しめ、今後大きな変貌が期待できる。

- 搭乗者4人分の内部空間。
- 低い車高が、コーナーで優れたハンドリングを生み出す。
- 引き上がった後端は、1950年代のホットロッドの印象を与える。
- ラジエーターグリルは、クライスラー エアフローに似ている。

△ クライスラー『PTクルーザー』 2000年
超小型MPVとして企画された『PTクルーザー』は、1930年代〜50年代に立ち返るスタイリングと、広く使い勝手が良いインテリアを実現している。2010年に生産を終了しているが、それまでに100万台以上が生産されていた。

レトロデザイン

レトロなスタイリングが、1990年代と2000年代を通じて人気を高めていました。1950年代と60年代のスタイリングの面影への切なる思いは、過ぎし日のタッチを持つ様々な車の外観を生み出しました。多くのより大きな車は、シトロエンのグランドツアラー、『SM』を思い起こさせる『XM』のように過去への敬愛からデザインされています。しかし、この傾向は一般的に言って、柔らかなカーブを持つ大型車に見られるよりも、数段良好な快適さを持つ小型車のためでした。そして何社かのメーカーが『ビートル』や『ミニ』のような彼らのアイコン的なブランドを新たに想定しています。他方、他のメーカーは、例えそれがレトロであるにしても新しいデザインに焦点を当てています。例えばニッサンの"パイク・プロジェクト"は人気の高い『フィガロ』だけではなく、ルノー『2CV』を彷彿させる『エスカルゴ』という貨物バンと、1950年代風のハッチバック、『パオ』を創作しています。

▽ ニッサン『フィガロ』 1991年
ニッサン『フィガロ』は、『エスカルゴ』バンや『パオ』ハッチバックを含む、"パイク・プロジェクト"を構成する車種である。このシリーズの中にはシトロエン『Hバン』やアウトビアンキ『プリムラ』の香りがたっぷりと詰め込まれている。そしてこのシリーズでは他にも、フィアット『600』や『ミニ』を彷彿させる『Be-1』も製作されていた。

▷ スマート・タワー
「スマート・オートモービル」はダイムラーAGの一部門であり、"マイクロカー"の日々を呼び戻すことを専門にしている。その表看板となる車は"普通"の車には収まり切れないところに収まることを保証する1ボックスに2座席というレイアウトである。

世界の交通渋滞

ノーズとテールがくっつく様な交通渋滞が、自動車の発明以前にも存在していていました。大抵の乗り物は馬によって引かれていたため、それは必然的に本物の鼻(ノーズ)と尻尾(テール)だったのです。路上の車の場合は、ただ混雑が悪化したというだけの話です

急速に増大する自動車人口を持つ新興国は、それら自身の奇妙な交通問題を抱えています。2010年、北京から延びる主要な高速道路で、道路工事や故障車が62マイル(100km)もの渋滞を作り、それが解消されるのに10日以上もの記録破りの日数を要したのです。まあ、いくらかの慰めと言えば、この中国の渋滞に嵌まり込んだドライバーを救出するため、オートバイ配送便専門会社の活躍でしょう。オートバイの後席に交代要員のドライバーを乗せて行き、渋滞中のドライバーと交代させ、渋滞を耐えさせた後、最終的にその車を目的地に届けるのです。一方、救出されたドライバーはそのままオートバイの後席に乗って目的に向かったのでした。

1990年4月イースターの週末を過ごすため、東から西ベルリンに向かったドライバーにはこのような手助けはありませんでした。"ベルリンの壁"とともに崩落した西に向かう道路は、平均して1日当たり50万台だった交通量が、突然1800万台の車で溢れかえったのです。カオス(混沌)が解消されるのには何日も要しました。しかしそれは政治的分裂世代の後で、再統一しようと努力した家族として、そのカオスはドイツの潜在的な単一性を示していたのです。今日まで、それは交通渋滞に巻き込まれた自動車の最多数の世界記録です。この時点までの世界の最も長い交通渋滞は、その日から10年以上前の1980年2月に起きています。それは"休暇を楽しんだ"フランスの人々の、かつてないほど多数の車がスイスアルプスのスキーリゾートを発ってパリに帰る途中の、「リヨン-パリ道路」で起きていました。

自動運転車の開発推進者は、一旦その技術が完成されれば、車と車が接近したまま同時に移動できるとの予測から、渋滞は減少するとの予測をしています。が、結局は時間だけが、これらの主張が実際にはどう働くのか、また、増え続ける自動車の数を、実質的に相殺できるのかどうかを見極められるのです。

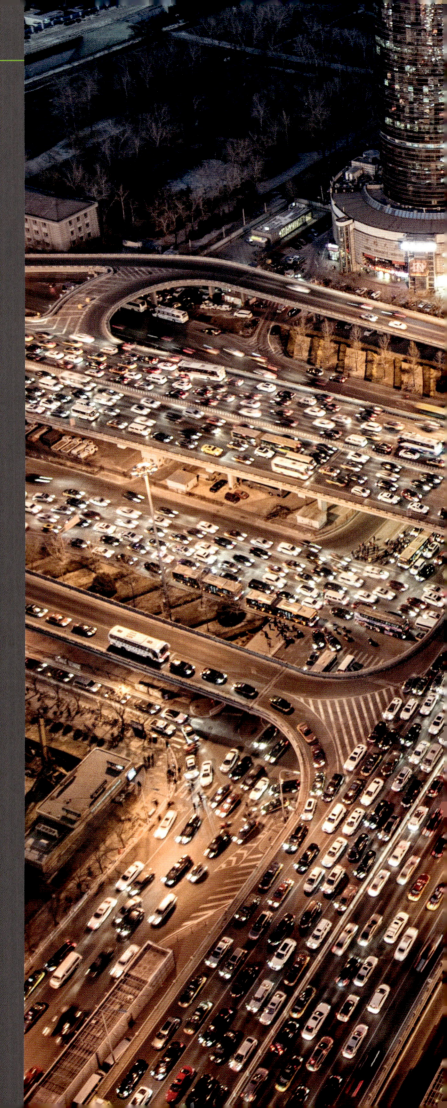

▷ **上空からの光景**
夜のラッシュアワーが、北京の道路に渋滞を引き起こしている光景。近年、中国では自動車の保有数が急増しているのだが、このような混雑は急速に発達する道路網と、それに付随する基礎構造がありながらも頻繁に起きているのだ。

278 | 変革する世界: 1981–2000

カギとなる開発
スピリット・オブ・エクスタシー

オーナーが自分の車に取り付けたマスコットを見て狼狽したロールス・ロイスは、1911年自社のマスコットを制作した。"スピリット・オブ・エクスタシー"は彫刻家、チャールズ・ロビンソン・サイクスの作で、ローブが後ろに流れ、女性の像が風の中に体を前傾させている姿が描写されている。当初、この"スピリット"はオプションだったのだが、間もなく標準装備となり、スピリットはイコール、ロールス・ロイスとして類語となったのである。そしてスピリットは今日のより低く幅広い車に合わせて、数年の間、少しづつデザインが変更され、"ひざまずいている"姿が暫く試されたりしたが、結局はオリジナルの縮小バージョンに落ち着いたのである。駐車時に傷つけられたり、盗まれたりしたため、今日のロールス・ロイスは、ラジエーターグリルの中に自動的に引っ込むようになっている。

"スピリット・オブ・エクスタシー"はロールス・ロイスのグリルの上に誇らしげに立っている。

カメラを持つ豚

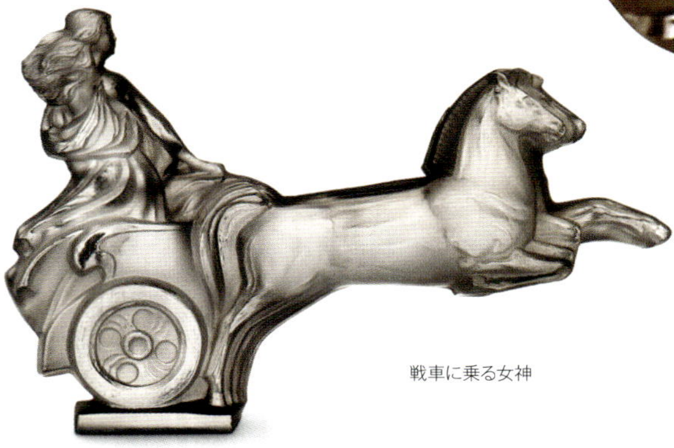

戦車に乗る女神

跳躍するカモシカ

バターソン 30 トビウオ

翼を持つ肖像

競走馬と騎手

蜂蜜を食べるクマ

酔っ払いの肖像

綺麗なラインは、アール・デコ様式を代表する。

飛行機

ルイ・レジョン "オールド・ビル"

ガラス職人ラリックの "ヴィクトワール"

ガラス職人ラリックの "ロングチャンプ"

ダンスするカップル

ダンスする女性

ハッセルの警官

自動車のマスコット

車の先端近くのラジエーターキャップに取り付けた装飾用のマスコットは、1910年代から1930年代まで、人気の高いアクセサリーでした。

舞い上がる鳥の翼を模したフィギュアと、獣を跳び越えるような競技のポーズは特に人気がありました。同様にグッドイヤーの小型飛行船や、ミシュランマンの "ビバンダム" のような広告のアイコンのバージョンもあり、アール・デコ様式の人気が高まるにつれ、マスコットは尖った幾何学的な形を採用し、そのモチーフには航空機やロケット、そして機関車のようなスピード系の現代的なアイコンも含まれていました。最高級な装飾は通常、銅や真鍮の鋳造品であり、安いものにはニッケルで形が造られ、クロームメッキがされていたのです。ルネ・ラリックのガラス製のマスコットは高価でしかも損傷の恐れもあったのですが、デザインと造り、品質の良さは特筆ものでした。その最も有名なものの1つに、ヴィクトワール（フランス王ルイ15世の姫）が風の中に髪をなびかせているものがあります。これには下から照らされ、車の速度に応じて、エンジンからの駆動装置でカラーフィルターの板を回転させ、マスコットのガラスの色を変える仕組みがあるものもありました。同じ仕組みで、トンボが羽根を羽ばたかせているように見えるものもありました。

280 | 変革する世界: 1981-2000

エンジンの選択範囲は、直列6気筒とV型8気筒のオプションもある。

平らな荷台は、長さ2mで、重量は1トン。

ランニングボードは、戦前のデザイン機能。

△ フォード『F』シリーズ　1948年
フォードは『F』シリーズのレンジ内で、最新の運転席と、これもまた別個のシャーシ等の下回りで新機軸を打ち出したが、それまでフォードのピックアップは"乗用車"から派生したモデルであった。1948年だけで『F』シリーズは11万台を売り上げている。

1955年、ツートンカラーの赤と白の塗装が標準的になった。

グラスファイバー製テールゲートパネル。

△ シボレー『カメオ』　1955年
『カメオ』は、快適さと、やり過ぎなデザイン、V8エンジン、そしてオートマチックトランスミッションで、ビジネスから趣味の世界までピックアップの魅力を拡大する初期の試みであった。

▽ ダッジ『ラム』　1994年
今日のアメリカのピックアップは、「中型」、「ハーフトン」そして「ヘビーデューティ」の3つのサイズからなり、この写真の『ラム』はヘビーデューティに分類される。その巨体にもかかわらず、最高速度は160km/hに達する。

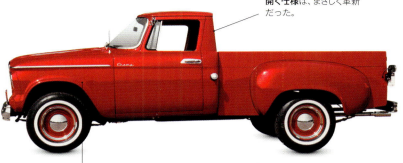

後部窓をスライドさせて開く仕様は、まさしく革新だった。

△ スチュードベイカー『チャンプ』 1960年

スチュードベーカー ラーク サルーンから採用したキャブ部分。

スチュードベイカーは北米の小さな自動車メーカーであった。が、その規模にもかかわらず、1964年の会社崩壊まで、トラックとピックアップの分野では強い存在感を示していた。現在、この『チャンプ』の生き残りはまずないとみて良い。

オプションの、2.8リットルディーゼルエンジン。

搭乗者スペースは荷物置き場にもなる。

空力に優れるバンパーが風切り音を低減し、燃費を向上させる。

△ GMC『キャニオン』 2004年

『キャニオン』とシボレー『コロラド』に匹敵するのは、フルサイズモデルによく似た寸法を持つために、1980年代から徐々にそのスケールを大きくした中型のトラックである。

アメリカン・ピックアップ

アメリカの自動車産業では、『マスタング』や『カマロ』、そして『バイパー』のようなハイパワー車が世界的によく知られています。しかし、それらがアメリカ国外で有名であるようにデトロイトのメーカーに客が金を支払う車は、常にトラックやピックアップでした。

そして自動車産業の初期から今日までずっとピックアップは実利的な機能性と、男性的なイメージと組み合わさって、アメリカにおける使役馬のような働き者であり続けているのです。1970年代初期から、アメリカの消費者は単なる実利的な理由というよりもむしろピックアップを彼らの"ライフスタイル"にあった車として購入し始めていました。GM、フォード、クライスラーの各社は爆発するピックアップへの要求に応え、1980年代初期からは室内装備を高級車の様にフィーチャーし、パフォーマンス志向のエンジンを搭載するなどし始めています。売り上げも利益も上がることだし…。

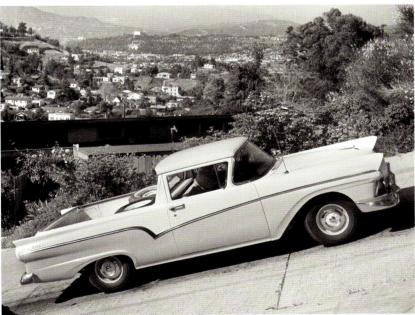

△ フォード『ランチェロ』 1957年

フォード『ランチェロ』から、2ドアサルーンから直接派生した大容量のピックアップという新しいトレンドが始まった。この車は間もなくシボレー『エル・カミーノ』との激しい競争を演じた。オーストラリアと南アフリカでは、しばしば「ユート」と呼ばれるこのタイプの車は、多用途で、男臭い万能車として、今日絶大な人気を得ている。

SUVの台頭

新しい種類の運転しやすい4×4は、洗練され、どっしりとしたスタイルとオフロード能力の最高の組み合わせを実現しています。そしてファミリーカーを探している多くの客のために、推挙に値する選択肢を与えています。

　大半の人々は8人乗りのミニバンや他のエステートカーを持つことは切望していませんでした。しかし、それらは一部の客のライフスタイルに合致したために数千台は売れたのです。そういう経緯があって、機能的で魅力のある多目的スポーツ車 (SUV) が登場してきました。それらを下支えする洗練されたサスペンションと、極めて簡単な自動的に作動する4輪駆動システムの技術が向上するにつれ、SUVは冒険心がちょっぴり盛り込まれた広く、実用的なファミリーカーとして成長できる道筋が開けたのです。乗客の乗り降りのし易さ、良好な視界が確保される高いドライビングポジション。ほとんどの場合、その快適さと便利さがSUVの魅力に付け加えられています。

　アメリカでの原型的なSUVは1983年に導入され、2000年まで生産されたジープXJシリーズの『チェロキー』でした。GMはシボレー『ブレイザー』を持っていましたし、フォードは1990年にそのクラスでベストセラーになった『エクスプローラー』をマーケットに送り込んでいます。輸入された競合機種は、主として三菱『ショーグン』やトヨタ『ランドクルーザー』のような日本からのモデルと、英国からの『レンジローバー』、そしてランドローバー『ディスカバリー』でした。

　マーケットが成長するにつれ、SUVはその魅力を広げています。リンカーン『ナビゲーター』のようなフルサイズマシンが、さらに大きなスペースを欲する人々を引き受けました。1990年代にはトヨタ『RAV4』と、ランドローバー『フリーランダー』のような小型のSUVの新世代が、大型とは逆の方向にその魅力を拡大しています。ニッサンの『キャシュカイ』のような"クロスオーバー"は、1つのパッケージにSUVとエステートカーの良い所取りをして混合したモデルであり、実利主義的なオフローダーとは全く異なっていました。同時に他のメーカーもAMC『イーグル』のようなカントリー風エステートカーと、アウディ『オールロード』を提示しています。そして、ポルシェでさえも同社の販売数筆頭となった『カイエン』と共に、このトレンドに参入したのでした。

▷ 雪の中のドライブ
1977年。アメリカ、アラスカ州。それぞれの親たちが大雪の後、子供たちを学校に送迎している光景。悪天候はSUVが家族にとっての魅力的なオプションとなった理由の、ただの1つに過ぎない。

"この車にモンスターを感じるの。だから、いつもこのレンジローバーに乗っているのよ。"
エマ・バントン、元「スパイス・ガールズ」メンバー

巨大な合併

1990年代、自動車メーカーはより小さな競争相手を買収することで利益を最大にしようと画策し、自動車産業は劇的に変わっていきました。しかし、常に思惑通りにはいきませんでした。

1980年代半ば、アメリカの自動車メーカーは、それまで確立していたアメリカメーカーによる市場集中を侵していた日本のライバルに、脅かされ始めていました。アメリカの会社は、この"新入り"の無駄のない生産スタイルと競争するのに四苦八苦してたのです。そこで、この競争相手を上回るパワーを使って強引に押し切ろうとの思惑から、そのサイズ、会社の規模を使うという手に出たのです。

そして新たな10年が始まった時、グローバル化が成功へのカギだと見なされました。それは、より小さな自動車メーカーを買収し、パーツの供給と生産のために合弁事業をしっかりと確立することで、自動車会社はなお一層効率的な生産を達成し、利益率を増やす目論見でした。世界の自動車産業の中で起こっている整理統合のプロセスにおいて、戦力的提携は重要な役割を果たしています。1990年代にはおよそ500の国境を越えた提携があり、それらの300が合弁事業であり、残りはアジアのような海外市場で生産力を買い占める合弁事業を立ち上げていました。そこでの労働力は安かったのです。

▽ **BMWのミュンヘン本社**
1990年代の終わりまでに、BMWは英国のロールス・ロイス、ローバー、ミニ、そして他のローバーブランドを買収していた。

△ **安く、信頼でき、そして人気が高い**
シュコダ『ファビア』のパーツはVWと一緒に開発された。共同生産により、コストの削減と低価格を実現している。

合併の始まり

フォードは英国のメーカー、ジャガーを吸収合併することで1990年代をキック・オフし、1999年のボルボ、2000年のランドローバーと続けたのですが、それら全ては後にインドと中国の会社に売却されています。フォードは1979年から持っていたマツダの株を、1996年には25%から33.4%に増やしています。一方GMは1999年の日産とルノーが同盟を結成した年に、いすゞ自動車の企業支配権を取得。そしてルノーは営業不振の会社の株36.6%と引き換えに、日本のメーカーの負債54億ドルを抱え込んだのです。が、これはニッサンが存在感を示していたマーケット、特に日本とアメリカ、そしてアジアにルノーの進出権を与えるものだったのです。またこれは、2017年の前半までに世界最大の自動車メーカーが誕生することを意味していました。

最も話題になった合併の1つが、この10年の終わりにやって来ました。VWは2ヵ月後に、BMWにロールス・ロイスの権利を売るためだけに、英国の遺産的高級車ブランドのロールス・ロイスとベントレーを1998年6月に買収したのです。しかしながら、この時代の最も大きな取引は同年、11月に行なわれました。それはドイツのダイムラー・ベンツとアメリカのクライスラー間の400億ドル相当の価値を持つ合併の計画でした。

傷ついた夢

合併協議の下、ダイムラーは新たに設立される会社の57%をコントロールし、当時はシェア1%未満だったアメリカのマーケットに足場を確保するはずでした。クライスラーは安い開発経費が自慢で、他方ダイムラー・ベンツには先端技術と強いグローバルネットワークがありました。研究と開発、そして生産工程を統合して、資材の購入をすることで新会社は膨大なコスト削減に成功しています。しかし、金融のアドバンテージがありながら新会社は、2007年にその管理体制の違いから衝突を起こし、新会社のクライスラー部門の株80%を売却してダイムラーは独立会社となったのです。「ビッグ3」、GM、フォード、クライスラーの努力にもかかわらず、日本のライバルたちは1990年の終わりまでに全てのアメリカでの自動車販売の1/4以上を確保するため、アメリカでのシェアを増やしていました。この10年間での気の狂ったような合併、買収活動は、買われた側の会社に有利に働いたか、あるいは買収を図った側の大きな会社よりも大きな同盟を結成しています。そしてこの9年間に渡り、産業界全体のセール

> ## "不釣り合いなカップルか？
> ## 最高の組み合わせか？"

「ダイムラー・クライスラーの合併」を巡るCNNの経済ニュースより。1998年。

巨大な合併 | 285

スは21.8%増加し、自動車メーカーを買収した側は15%増、そして買収された側は38%のセールス増という結果となっています。そして最も印象的なのは、合併を避けたトヨタとホンダがビッグ3を上回ったことでした。

カギとなる開発
ビッグ3＋イタリア

クライスラー自身が破産申告をした2009年までに、1990年代の合併の狂乱は終了していた。会社はアメリカとカナダ政府、そしてイタリアの会社フィアットが部分的に所有することになり、フィアットはクライスラーの持ち株を徐々に増やしていた。2014年にその買収が完了し、正味残高でアメリカのビッグ3メーカーの1つは、現在その1部がイタリアンとなっている。そしてフィアット・クライスラーという会社はイタリアのブランド、アルファロメオやランチア同様、ダッジやジープのような歴史的なアメリカのクライスラーブランドを持続しているのである。

元フィアット・クライスラー会長、故セルジオ・マルキオンネ

△ **アジアの強者**
1995年。ロボットが韓国のヒュンダイ工場の生産ラインで稼働している。1990年代は西洋の自動車会社が、彼らの利益を改善することにおいて、アジアのマーケットが重要であることを悟った10年であった。

286 | 変革する世界: 1981–2000

空冷式リアマウントエンジンは決してオーバーヒートしない。

値段を抑えるための2ドアデザイン(平均乗車人数は1.8人)。

△ VW『フスカ』 1953年
たった2枚しかないドアを持った時から、『ビートル』のブラジル生産仕様は、有り得ないタクシーだと思われていた。しかしドライバーはその信頼度と安いランニングコストで繁盛していたのである。

自らのタクシーのために、レンタカー王のジョンハーツによって生まれた黄色い色。

タフでシンプルなゼネラルモーターズのエンジンと部品。

△ チェッカー『A8』 1958年
このクラシックなニューヨークのタクシーキャブは、1958年の『A8』でニューヨークにデビュー。1982年まで生産が続けられた。デビュー以来、このありふれた大きなサルーンはタイムズ・スクエアとパーク・アベニューの名物となっている。

世界のタクシー

車の利用は、車を所有している人々だけが出来るわけではありません。実のところ、グローバルなタクシー業界のお陰で、これまで車を所有してこなかった人々でも、かなり頻繁に旅行することが出来るのです。

タクシーは車の歴史の中に誇らしげに、それ相当の居場所を占めて、現代世界の中で不可欠な役割を演じています。タクシーはまた、車自体の歴史と同じくらい長く存在していて、タクシーを見るとその都市が特定できるほど、世界中の都市生活の一部となっています。ニューヨークとロンドンと東京は、それらの極端な都市環境に合うように仕立てられたタクシーが走っています。日本のトヨタ『コンフォート』は、LPGエンジンと丈夫な内装品を持つ、大きく、広々としたサルーンで、多分、最も快適なタクシーでしょう。ニューヨークの"イエロー・キャブ"は、ニューヨークという都市とほとんど同じくらいアイコン的です。また、他の都市の場合も、タクシーはインドのオート"力車"のように基本的な乗り物になっていて、それに劣らず有用です。これらはどこの車にせよ、頑丈で信頼性があり、修理も簡単である必要があるという点で共通しているのです。

" 誰もが、遅かれ早かれ、
あなたのタクシーに乗るでしょう"

実業家、ウィリアム・ランドルフ・ハーストが、
ニューヨークのタクシーの開拓者、ハリー・N・アレンにあてた言葉。

▷ インドのタクシー「コルカタ」
ヒンドスタン『アンバサダー』タクシーは、インドの大きな都市でサービスに供されている車種の典型だ。『アンバサダー』は、1958年から2014年まで造られていたモーリス『オックスフォードⅢ』がベースとなっている。

| 信頼性の高い、2.7リットル の日産ディーゼルエンジン。 | 耐久性向上のために、別体構造で作られたボディとシャーシ。 |

△LTI『フェアウェイ』 1958年
この黒塗りのロンドン生活のアイコンは、1958年のオースチン『FX4』でスタート。最近はロンドン・タクシー・インターナショナル（LTI）で造られるようになった。最小回転半径が7.5mということも注目に値する。

| 背の高い、直立した形で キャビンはとても広々としている。 | フェンダーマウントミラー が、狭い都市部の運転に役立つ。 |

△ トヨタ『クラウン コンフォート』 1995年
タクシー用として設計された『コンフォート』は、シンプルな旧来型の機械的なパーツが使用され、長寿命が謳われている。エンジンはガソリンあるいはLPG（液化石油ガス）から選択できる。

自動車に対する方向転換

車に対応するための長年の道路計画の後、上昇するばかりの交通レベルが原因で、環境に対する懸念と共に、都市における車の使用を阻む処置が施されました。同時に、国民の抗議行動により、道路建設の見直しが促されました。

何十年もの間、先進国は極めて重要な基礎構造として、ほとんど抑制もなしに道路を作っていました。新しい都市は先ず自動車を念頭に置いて設計されていましたし、より古いものは、拡幅された進入路や多層階の駐車場、環状道路、ベルトウェイを等を供与するために造り直されています。各都市間の接続はすでに「モーターウェイ」、「アウトバーン」、「インターステート」等の高速道路網によって改善されていました。しかしながら、道路建設自体が環境にダメージを与えていると思われ始めたために、ますます論争の的としてトピックになっていたのです。また、自動車も同様に公衆衛生に対する脅威を象徴していました。しかしそれは単に交通事故のためだけではなく、自動車が排出する有毒物質のためでした。

環境の危機

1960年代と70年代に出現した環境保護運動は、自動車を害悪だと決めつけました。確かに、酷い騒音、さらに酷い大気汚染、交通渋滞、そして多くの死亡事故…、上昇するばかりの交通レベルの欠点はどう見ても明白でした。道路網を改良することに対しては、静かでたくさんの支持がありました。そこには経済効果を見ることが出来たビジネスと、近所がバイパスによって改善された住民の双方がいたのです。しかしながら、新しい道路が支持され、計画決定がされた時、環境保護の活動家は彼らが不要で有害な開発だと見なしたものに対しては直接行動をとると決めたのでした。これは未だ争われている、自動車に対する戦争の始まりだったのです。

▽ **汚染に対する抗議**
木の服装をした環境保護団体「ロビン・ウッド」の会員が、フランクフルトで、大気汚染の抗議として旧い車を破壊している光景。1984年。

> "もし私がMPに
> 手紙を書いたなら、
> この全てを達成
> できたのでしょうか？"
>
> スワンピーでの抗議者　1966年

繁栄のための道路

英国で「繁栄のための道」と呼ばれる新たな幹線道路プログラムが1989年に始まった時、トワイフォードダウンやソールズベリーといった活気のない田舎を一晩で有名にした抗議の列がそれに立ち向かいました。ニューベリーバイパスに対しての抗議では、1,000人以上の逮捕者を出し、抗議者がデボンの幹線道路の支線下に掘られたスワンピーと呼ばれるトンネルに隠れ、一気に有名になっています。そしてまた、ニューベリーでは抗議者が木に自身を鎖で繋いで「ツリー・ハガー」とよばれ、この言葉は急進的環境保護運動家の意味を持つようになりました。結果としてニューベリーバイパスの建設は休止されました。1万本の木、建設に使われた7万5,000ポンドと警察の経費500万ポンドが犠牲になりましたが、この計画は最終的には進められています。

フリーウェイが地震によって取り返しのつかない損傷をうけた時、サンフランシスコのフリーウェイは危機に陥っていました。それが広い歩行者専用道と路面電車に取って代わることで、それらはそのエリア全体の再生を促しました。類似の案件がポートランドの一部、ミルウォーキー、そしてシアトルを変えています。さらにスペインのマドリッドとソウルといったアメリカ以外の国にも成功したプロジェクトがありました。この数十年で初めて、都市は自動車の軛から離れたのでした。

◁ボストンのビッグ・ディグ（大発掘）
1998年、ボストンで建設中の"ビッグ・ディグ"。新しい道路で、全長5.6キロの「トーマス・P・オニール・ジュニア」トンネルの中に、インターステート93号という中央幹線のルートを移動させた。

都市開発

同時に、都市における生活環境改善の動きが増してくる傾向もみられました。フィラデルフィアでは「緑化」プロジェクトが、建物の屋根と空き地を使って何百という公園と緑地を都市に導入しています。またボストンでは「インターステート93号」ハイウェイと、ボストン市のローガン空港を結ぶ新たな接続道のために、トンネルを掘る巨大プロジェクトが、歴史上、"1本のハイウェイ"のためだけに最も金の注ぎ込まれたプロジェクトとなりました。「大発掘現場」は計画に9年、完成するのに15年を要し、工期の遅れ、さらには見積もり超過と設計上の欠陥にも悩まされていました。けれどもこの計画は、地上に注目に値する風景を生み出しています。それがI-93までの通り道がトンネルに入る前に通る「ローズ・フィッツジェラルド緑地公園」です。全長2.4kmの緑地には造園された庭、プロムナード、広場、噴水、そして美術品などがあって公園を構成しているのです。

また1989年、醜さを通り越した苦い口論のあった年、2段重ねに持ち上げられたエンバーカデロ・

車輪の上の生活
渋滞税、コンジェスション・チャージ

ピーク時に市内に入るドライバーへの課金は1950年代から提案されていたが、この渋滞税は1970年代までは現実にはなっていなかった。シンガポールは1976年にはこの案を提起、それは永久解決とはならなかったのだが、1980年代には香港も後に続いていた。ロンドンの混雑チャージは2003年に導入され、今日まで実施され続けている。運行管理における他の方法は、ある特定の日に、ドライバーが街に入れる日を限定すること。車ごとの乗車人数を増やすために、多人数乗車の車は専用の車線を使う。郊外の駐車場と公共交通機関を接続するパーク＆ライド等が挙げられる。

ウィークデイのビジネスアワーに掲げられるロンドン中心部の"渋滞税"のサイン。

2001-現代

未来へのドライビング

未来へのドライビング

　何年もの間、よりスリムで、より速く、常に環境にやさしく設計された未来の乗り物の案内役、いわゆる「コンセプトカー」は、ロンドンで、東京で、トリノで、またロサンゼルスで静まりかえった観客の前に登場しました。しかしながら、それらの車は決して来ることのない未来を示しているように見えました。状況は変わることなく、急騰する駐車料金と、4つの車輪がついた資産の価格下落を悔やみ、排気管から放出される有害な排気ガスが立ち込め、交通渋滞で待たされ……、車を現代生活に必要不可欠なものとして見ることは難しかったのです。

　しかし化石燃料は地球温暖化の終焉と見なされ、デジタル通信は情報の伝達に革命をもたらしました。そして素晴らしい知性はこれらの事実を車に適用したのです。本当の変化は現在進行中なのです。ミレニアムの変わり目の、ガソリン+電力というハイブリッドの持つ動力系の実用的な長所は、事を進めました。ハイブリッド車のドライビングを体験した誰もが、減少した大気汚染と安いランニングコスト、そして軽く穏やかなタッチを好ましく思っているようでした。また、スマートフォンにおいて、成功を収めたリチウムイオン電池の技術が電気自動車にも応用され、より長い距離をカバーできるようになっています。そしてディーゼルエンジンの大気汚染計測値偽造のスキャンダルが明らかになった時、電気自動車の信頼性は2〜3の誤ったスタートの後、大きく押し上げられました。そして、ディーゼルと化石燃料は一般的な比較で悪辣なもののように思われているのです。

ドライビングの終焉？

　今日では、自動化という驚嘆すべき技術のお陰で、車のオーナーは、運転手が必要ない（車の"居住者"がリラックスしているか世間話でもしている間、運行指示とドライビングの全てを車が行ない、車自体が自分でケアを出来る）将来を本気で考えることさえ出来るようになっています。ドライバーが衝動的かつ直接的に、そしてエキサイティングに反応する燃料を燃やすエンジンを管理するような、実際に車をドライブする感覚は間も

"クロスオーバー"のような新しいジャンルの新型車が出現し続けている。

ディーゼル車のスキャンダルは、さらに多くの低公害車の出現を促している。

"ドライバーがもはや不要とされる未来を、本気で考えうる時代になっています。"

なく過去のものになるでしょう。それは約束されています。そしてそれが、正直に言って、良いことなのかどうかは答えることは出来ません。

多様なマーケット

旧来の車の形は、西暦2000年を境にしてかなり変化しています。"クロスオーバー"が車のジャンルをゴチャゴチャにしてしまったのです。ドライバーと同乗者は、汎用性が高く、このようなデザインでは当然だった、四輪駆動が必ずしも採用されていない車で、一般的に高い位置に座ることになります。人工衛星による全地球測位システム（GPS）あるいは"ナビゲーションシステム"は地図の必要をなくし、道間違いや大遅刻が理由で起こる車内での口論をなくしています。車はまた、ドライバーの気が散っている時でも事故を防止するため、蛇行走行を阻止する技術でより安全に保つようになっています。

自動車メーカーの世界に確立されていた序列にも変化が生じています。中国は長い間西欧に貢献した安いレートでの間に合わせ仕事で、その立ち位置を発展させてブランドを確立し、数百万台の車を造り、これまでの古い姿を吹き飛ばして一番上のテーブルに名を連ねたのです。そしてなおかつ400km/hで地平線に向かって駆け出せるスーパーカーへの渇望と、豪華なリムジンやロードスターがそれらのオーナーの好みに合わせてカスタマイズされ、ハンドメイドのディテールを身に纏った誇りから、これらの車から離れることを拒否しています。車の世界にはまだ、伝統的なカーマニアが楽しみにするべき多くのものが残っているのです。

安全な自動走行車のコンセプトカーは、未来を指示している。

伝統的な運転のスリルに対する要求は、生き残る可能性がある。

誰がEV1を殺したのか？

1996年から99年の間に、ゼネラルモーターズ（GM）とEV1は、量産電気自動車運動の先頭に立っていました。しかし2002年、その車はリコールされ、今日未だに議論されているという理由で、無効化されたか廃車にされたのです。

未来のビジョンのように見えた電気自動車のEV1のルーツは、1990年のGMのコンセプトカー「インパクト」でした。おそらく、皮肉なことにこの電気の「インパクト」の影響で、CARB（California Air Resources Board）が1998年までにトップ5の自動車メーカー総販売台数の2%を、排気ガスゼロにする法規を制定することになり、この比率はその後2001年には5%、2010年には10%と厳しくなっていきます。この法規はカリフォルニアの酷い大気汚染の改善が目的でしたが、さる評論家はもしこの「インパクト」が成功すれば、生産の膨大な部分を内燃機関の技術に頼っていたGMを危機に陥れることを示唆していました。

EV1の第2世代

電気自動車それ自体が、GMの関心事ではなかったという主張にもかかわらず、会社はそれらを再検討するため、ドライバーに50台の「インパクト」を貸し出しました。そしてGMはEV1のために1996年、「インパクト」のコンセプトを改良しています。それから、契約で車の購入は出来ないことを説明した上で、ユーザーにリースされたのです。リース料は月に399ドルから549ドルで、借主は南カリフォルニアかアリゾナに居住することが求められました。そしてGMはより静かなオペレーションとさらに軽いバッテリー、そしてより低い生産コストを持つ第2世代のEV1にコンセプトを修正したのです。第1世代の車はまた、改良型のバッテリーをフィーチャーするためにアップグレードされ、オーナーは新たに2年のリース契約書にサインを求められています。2002年、GMはプログラムが終了され、リースされた車の全てを破壊してスクラップにするため、GMに返還されることを発表したのです。

△ GM『インパクト』 1990年
『インパクト』はGMの電気自動車技術への最初の斬新な試みであった。電気自動車のメーカー「エアロバイロンメント」によって開発され、1990年のロサンゼルス自動車ショーがその初舞台となった。

会社はその発表において、カリフォルニア州が要求する義務的な15年分の供給部品のコストが法外に高く設定されていたこと、そしてバッテリー技術の開発テンポが予期したよりもずいぶん遅く、車の販売予測が崩壊してしまったことを主張しています。

ほぼ60人のEV1のオーナーはGMに手紙を書

▷ ゼネラルモーターズ『EV1』 1996年
GMの専用設計された2座席の電気自動車は、96〜129kmの走行距離を実現した。それは搭載するバッテリー重量に起因するため、車重の嵩んだモデルであった。

転がり抵抗の少ないタイヤ

鉛のバッテリーパック。

油圧式のフロントディスクブレーキ。

駆動モーターによる **エネルギー回生**。

非接触の充電ポート。

き、GMのリスクなしという条件で、リースを続けたいという申し入れをしたのですが、GMはこれを拒否、顧客が任意に提出していた保証金小切手を返却しました。そしておよそ40台のEV1は廃車されて博物館に寄贈され、残りのEV1は押し潰されてスクラップとなったのです

悪い時代における正しい車

評論家は、GMが他の州の電気自動車に関し、カリフォルニアに類似した規則を提案するかも知れないことを恐れ、自らのプロジェクトを頓挫させて妨害工作をしたと論じました。これはマーケットが電気自動車に対する準備が出来ていなかったことと、水素が将来有望な燃料であることが、トヨタとGMによって行なわれた研究によって公にされ、表面上は裏付けられていました。またEV1が1台あたり、開発コストも含め生産には8万ドルから10万ドルのコストがかかったと信じられていますが、あるGM関係者は、会社のかけたコストは1台当たり25万ドルだったと述べています。レンタルの支払いが月に平均して400ドル（年式と割引による）、名目価格34,000ドルのこの車は決して収支均衡することはありませんでした。これはGMがプロジェクトを撤退することに対して引き合いに出した理由の1つでもありました。しかしながらその真実は、その時、電気自動車がもたらした公共の利益はほとんどなかったのです。そしてEV1が最終的に利益を出すことを期待しているのに、夢以上の何物でもなかったのです。

EV1は悪い時代において正しい自動車でした。これが20年後であれば、より大きな電気自動車のインフラもあってEV1は成功を見出せたでしょう。それでもEV1がなかったならば多分、電気自動車に対しての興味やそのインフラへの関心は、今日のように進んではいないかもしれません。

◁ 潰されたEV1
2002年、GMによって取り戻されて潰されたEV1の大建築。そのリースが解消された時、それまでに造られた1,117台のEV1の殆どが破壊されている。オーナーたちの遺憾の念を強く引き起こして…。

△ EV1に乗る
この車は道路上では、7.7秒という印象的なタイムで時速60マイル(96km/h)まで加速をするが、最高速度は時速80マイル(129km/h)に制限された。

車輪の上の生活
映画との連携

2006年、クリス・ペインはEV1に焦点を当て、その背後にある物語をドキュメンタリー映画化した「誰が電気自動車を殺したのか?」を監督した。映画の内容は、GMが自動車燃料の元締めである石油産業によって、プロジェクトをやめるように促されるという大筋である。映画では、GMの回収をのがれて生き残った何台かのEV1を見せつつ、カリフォルニアの当局者に、20世紀の終わりには電気自動車に対する要求はなかったことを示すGMの試みを分析していた。この映画の中でGMは、EV1がGMと消費者双方にとって様々な理由があり、経済的に引き合わず、製造から3年も経たずにスペアパーツの調達が困難になったことを解説したのである。

映画のポスターは石油産業に対する明確な言及をしていた。

"EV1は車を超える存在です。国家救済への道です!"

EV1オーナーが書いたリック・ワゴナー（GMのCEO）への手紙。

296 | 未来へのドライビング: 2001-現在

V型6気筒エンジンは、車重があるパシフィカには性能が不足している。

ディーゼルまたはガソリンエンジンは最大440馬力を生み出す。

△ **クライスラー『パシフィカ』 2004年**
カナダ人によって造られた7人乗りの『パシフィカ』は4駆なしという欠陥を持っていた。しかし4輪駆動なしでSUVのようなプロポーションはかつてない斬新さだったのだ。装備は充分であり、高価であるにもかかわらず、クロスオーバー革命を引き起こした1台である。

3列7席のキャビン。

△ **ポルシェ『マカン』 2014年**
『カイエン』が当たった後、ポルシェは2014年に小型の『マカン』を導入している。V型6気筒エンジンのほか、車の販売時に選択可能なターボ付きの4気筒もあり、幾つかのマーケットに向けたエントリークラスとしている。

四輪駆動が標準仕様（エアサスペンションも装備できる）。

快適さと室内空間のためのクロスオーバー | 297

3気筒ガソリンまたは4気筒ディーゼルエンジン。

エアーバンプパネルが側面を保護。

△ シトロエン『C4 カクタス』 2014年
コンパクトなクロスオーバー、『カクタス』は、"エアバンプ"と呼ばれる斬新なプロテクトギアを導入している。このギアは駐車場のよう場所で、ドアを接触等のキズから守る、車の側面に貼られた柔らかいプラスチックのパネルのことである。

他のベントレーと同様のキャビン。

W型12気筒ガソリン、V型8気筒ガソリン、またはV型8気筒ディーゼルエンジン。

△ ベントレー『ベンテイガ』 2015年
ベントレーは2016年、この豪華で高効率なクロスオーバーを生産するために、通常のクーペとサルーンからの多岐化を果たした。発売当時は、同社の量産車中最も高価で、最高速を誇るモデルだった。

▽ ニッサン『キャシュカイ』
2006年に初めて量産された『キャシュカイ』は4×4が導入された新たなジャンルと、エステートカー特質の最前線にいる。このクロスオーバーは世界中の家族にとってもヒットとなった1台だ。

快適さと室内空間のためのクロスオーバー

SUVが、安全で幅広い用途に適合し、広く、高い車を探していたファミリーの興味をそそりました。しかしながら、超頑丈な造りと4輪駆動によるオフロード性能の高さは、このタイプの購入層には不要でした。それでクロスオーバーカテゴリーは発展したのです。新しいこのタイプの車は、4×4とエステートカーの良いところ取りをして合体しました。例えば、車重を軽くするためのモノコック構造、軽快な走りのための独立サスペンションときちんとした操縦性。そして見晴らしの良いドライビングポジションを確保する背の高いボディなどがそれです。女性が家族における車の選択にどれだけ有力であるかをはっきりと示しました。常にそうであったのですが…、女性ドライバーは、特にクロスオーバーに引きつけられたのです。ポルシェ、ベントレー、そしてロールス・ロイスのような最高級の自動車メーカーでさえ、最終的にはクロスオーバーの製作に乗り出しています。

△ ジープ『レネゲード』 2014年
ジープはその頑丈な4×4駆動方式で有名だが、この『レネゲード』は簡潔なクロスオーバーマーケットに参入した1台だ。フィアットとジープがグループの中で並列のブランドということもあり、この車はフィアット『500X』とプラットフォームを共有している。

人口衛星技術が安全を改善する

近年、人工衛星によるナビゲーションと交通データシステムが、車の運転に革命を起こしました。車内インフォメーションシステムが事故を軽減させ、盗難車の追跡にも不可欠になっています。

GPS（全地球測位システム）は1970年代にアメリカ軍のために開発され、1995年までには完全に稼働していました。当初、民間バージョンでは恣意的に精度の低い信号品質しか使えまでんでした。ナビシステム（位置）データと並んで交通データも持ち、渋滞の列の近くで再度進行経路を決めるのに役立っています。結果は革命的でした。ドライバーは街角のターンポイントごとに指示を受け、旅をスピーディにして燃費を下げ、安全を改善するにつれて紙の地図を時代遅れなものとしてしまったのです。そして同時にそれは情報技術、テレマチックの新しい部門を作っていました。

GPSのアプリケーション

この間、GPSアプリケーションはより多様になり、より高精度のGPSデータへのアクセスは2001年に可能になりました。もし、不幸にも事故に遭ってしまった場合のために、ゼネラルモーターズは警報緊急サービスにGPSの位置データを結合した「オンスター」システムと、専用の携帯電話システムを作成しています。そしてこれは初期の試験で効果が実証された後、多くの車に取り付けられたのです。

英国では保険会社が、いつ、どこで、どんな具合に車が運転されたかを断定する、テレマチック（移動体通信サービス）の"ブラックボックス"を提供し始めていました。このデータはその後、一層正確に、ある特定のドライバーがどう車を使用したかで保険料が決められる形態の保険にも使われています。また、従来型の自動車保険のコスト上昇に直面している若いドライバーが、優しい運転をし、なおかつ、夜遅くにドライブするようなハイリスクな状況を避けることにより、保険料を削減することも可能で

▷ **信号で接続されている車**
このコンピューターが使用されているイメージ写真は、起動中のテレマチックを描写したものだ。個々の車の、他車との距離を監視するレーダーは、もし何かが接近しすぎればアラームが鳴ることになっている。

人口衛星技術が安全を改善する | 299

した。統計では、ブラックボックスを持つドライバーが保険請求したケースは20％以下であり、もし全てのドライバーがこれを取り付けた場合にはドライバーエラー（よくある原因）によって起こされる事故は、40％削減されることを示唆していました。

進歩したテレマチックス

ロールス・ロイスはGPSデータを使ったオートマチックギアボックスを実装した最初のメーカーでした。このシステムは車の進行方向を予測して、地理的なデータを的確なギアポジションとリンクさせるというもので、例えば、丘に着いた時ではなく、丘に入る前にギアが下がるのです。その結果は洗練され尽くして、レスポンスの素晴らしいドライビングが実現されたのです。そしてこれと類似した原理が商用車用に調査されました。この結果、GPSデータによってもたらされたギアボックスのコントロールを注意深くケアすることで消費燃料の抑制が達成されています。一方、中国では、国の最も大きいディーラーグループの1社が、顧客の車を追跡するGPSシステムを開発するため、技術系大学と提携しています。そしてドライバーがそのことに気付く前に、間近に迫った整備の必要性、あるいは車の、現在進行している問題を顧客に警告することが可能になったのです。また将来的には、他の車が近くに寄り過ぎた時には、車が自動衝突回避システムを起動させ、近くに来た車の位置を知らせるようにテレマチックの機能は拡張されるでしょう。そして旅行をより容易で、より円滑に、より安全なものにするために、データを道路標識と交通信号のような沿道の特徴と連動することが可能になるでしょう。

◁ GPSナビゲーション
ドライバーがGPS機器をロンドンの道路を通り抜けるのに使用している。目的地が装置に入力されると、その後はあらゆる交差点でガイダンスされる。

"車を情報のプラットホームと考えている人を捉まえて下さい。アイディアは、その後表面化するでしょう。"

ヴィンス・バラッバ、ゼネラル・モーターズ。 1999年

ドライビングテクノロジー
トラフィックを追跡する

トラフィックデータシステムによって、INRIXのようなインフォメーションが様々なソースから集められ、携帯電話会社の何社かも、電話の非特定化された追跡をこのデータシステムに提供している。主要道路の多くには車をカウントするセンサーが設置されていて、センサーがトラフィックデータセンターに大きな車の一団の動きを伝え、データは分析された瞬間に、交通速度と渋滞についての情報が「道路交通情報チャンネル（ラジオ受信機とナビシステムで解読できるラジオ放送と共に送信されるデータ）」に送られ、これを受信している車に伝えられるのである。

INRIXコンピューターがBMW『I3』のコックピットにディスプレイされている。2014年の"コンシュマー・エレクトリック・ショー（アメリカ）"にて。

中国の出発

かつては自転車の大陸として知られていた中国は、1990年代、最初は西欧の自動車メーカーと共に合弁事業を組織することにより、急速にその自動車産業を発展させてきました。そしてこれにより、中国は世界最大の自動車生産国となったのです。

△ 東豊のアッセンブリー
中国の湖北省・武漢の東豊ホンダの工場で、エンジニアがホンダ『シビック』の生産ラインに要員を配置する。2017年。

中国の自動車産業が初めて設立されたのは、1920年代でした。しかしその近代的な変身は、ソ連がともにその工場を近代化し、設計を提供することによって共産主義の同盟国を支援した1950年代に遡ります。

毛沢東首席の政府(1949-76年)の下、年間あたりの生産量は僅か20万台であり、それがピークでした。そしてその大半は中国の国内市場で販売されていました。私有の不動産が禁じられていましたから、これらの大半は州の使用のみだったのです。しかし、市民が時折、模範となる「愛国的」な行ないの褒賞としてこれを受け取ることもありました。

1976年、毛沢東の死後、中国はその政治組織の多くを改革して市場が主導する経済の導入に努めています。新しいリーダー、鄧小平の下、国は外国貿易と投資を進め、特に自動車のために国内市場の促進に腐心していました。中国人が新しい自由を楽しんだ時、マイカーに対する需要は中国の自動車生産能力を遥かに上回り、急激に上昇しました。結果として、何千という自動車が主にロシアと日本から輸入され、中国に膨大な貿易赤字を残したのです。

その反動として、中国は輸入に関税を課しました。しかし、長期的な解決は西欧の会社と、中国メーカーとの間で合弁事業を促進することでした。従って1980年代の初期、アメリカンモータース・コーポレーション、フォルクスワーゲン、プジョー、シトロエンと他のメーカーも中国に組み立て工場を造っています。これは中国にとっては生産統計を引き上げ、ヨーロッパやアメリカには比較的安い労働力へのアクセス(参入権)を与えたのでした。

パートナーシップでの労働

今日の中国の自動車業界は、「SAIC」、「東豊」、「FAW」、「北京オートモーティブ」(1部はダイムラーグループが所有)、そして「長安」の5つの主な国有のグループによって支配されています。その全てはフォルクスワーゲン、フォード、ゼネラルモーターズ、ホンダ、プジョー、シトロエングループを含めて、中国の国内市場用に、これらのブランドを生産するため主要な外国のメーカーとの提携関係を持っているのです。しかしながら、これらの合弁事業の他に何社かの中国メーカーが西欧のブランドを買収しました。中国最大のメーカーSAICは現在、英国のMGブランドを所有している他、中国の10番目のメーカー「ジーリー(吉利)」はスウェーデンのメーカーボルボと「ロンドンタクシー会社」、そしてさらにロータスを所有するマレーシアの自動車会社「プロトン(陽子)」を買収しています。これらの合弁事業はこれまでは大成功でした。しかしこれまで論争がなかったわけではありません。西欧では、他の創造的な仕事(作品)をコピーすることは非論理的であり、多分、非合法でもあります。しかし中国の文化では、『マスター』のレプリカを造ることは素晴らしく称賛されるべきものの証だと思われているのです。それをそんなものとしているため、中国のメーカーはしばしば避けられない摩擦と、訴訟を繰り返し、他の自動車会社のデザインをコピーしていました。2020年までに中国の道路には2億台の車が走っているであろうと推定されます。そして、このマーケットサイズの大きさは、既に世界中の自動車デザインに影響を与えているのです。西欧の自動車メーカーは、それらの新しい車が中国のマーケットにより適したものにするために、中国の消費者をそれらのデザイン検討プロセスに組み入れて

"生産量に関しては……、中国は制限なしで生産しています。"

クラウス・ゼルマー　ポルシェの社長兼CEO

います。クロームの外装のトリムの増加は、高いステータスを外観の見栄えに求める中国人購買層の要求に対する回答でした。さらに、後部座席のスペースの広さを強調する、運転手を使って自分は後席に座るという、中国人の優先傾向を満足させるものなのです。そして何社かの西欧のメーカーが、中国のマーケット向けに彼らのサルーンのロングホイールベースバージョンをオファーしています。北京と上海の壮観なモーターショーが証明するように、中国は市場に多大な影響を持っています。

カギとなる開発
よく見てみると…。

かつてイギリスの作家、チャールズ・コルトンは「模倣は最も誠実な形のお世辞である!」と主張したのだが、これは確かに中国の自動車産業にピタリ当て嵌まるフレーズである。数十年にわたって既存のアメリカ、またヨーロッパのデザインにウリ2つの多くの中国車が現れてきたが、例えば2014年の『ランドウィンドX7』SUVはジャガーランドローバーによって、『レンジローバー・イヴォーク』のコピーと見做され、同様にゾトイ・オートの『SR9』もポルシェ『マカン』のほぼ完ぺきなクローンなのである。このような偽物は安く造れて国内市場では入手可能である。そして合法的な異議申し立ては不可能であることも判明している。

『ランドウィンドX7』(左)のデザインは、『レンジローバー・イヴォーク』に酷似していることで批判された。

△ オート上海 2017
「オート上海」は中国の第1級のモーターショーの1つだ。ここにはヒュンダイ『セレスタ』サルーンが展示されているが、中国マーケットでの外国ブランドも存在感を増してきている。

| 302 | 未来へのドライビング：2001–現在

6リッターのツインターボ
V型8気筒エンジンが、
850馬力を生む。

広々としたインテリアで、
実用的なスーパーカーになる。

△ メルセデス・ベンツ『GLE850ブラバス』
メルセデス・ベンツGLEクーペをベースに、ドイツのチューニングスペシャリスト、ブラバスが、ベースモデルのエンジンを遥かに強力なものに換装しサスペンションを改善している。このモデルは、快適な状態のまま4人乗車が可能である。

エンジンとバッテリーを冷却
する空気取り入れ口。

ミッドマウントエンジンは、
最高時速349km
（時速217マイル）。

△ フェラーリ『ラ・フェラーリ』 2013年
フェラーリ最初のハイブリッドモデル『ラ・フェラーリ』は、6.3リットルV型12気筒エンジンの加速力を高めるために電気モーターを使用している。エンジンとモーターの合計出力は950馬力とされている。

極端な速度のスーパーカー

322km/h（時速200マイル）で車を運転することは、ほとんどのドライバーが決して体験することのない"行為"でしょう。そもそも1987年までの普通のロードカーでは不可能なことでした。しかし、畏敬の念さえ感じさせるツインターボ、478馬力、V型8気筒エンジンを搭載するフェラーリ『F40』の登場で、その概念には変化が生じました。これは今はまだ驚嘆のレベルである482km/h（時速300マイル）を超える車が今後見られるかもしれないということを示唆しています。しかし、この30年間にはスーパーカーだけが魔術的な「2トン（200

という意味）」という数字を越えられるわけではなく、SUVにもできるようになっていったのです。以前にはレース場でだけ見られていた、かつては基準点と思われていた数値を打ち破る多くのテクノロジーは、増大したパワーとスピードをロードカーにもたらせています。

ブガッティ『シロン』は420km/hに制限してはいますが、それでもなお、リミッターを取り外せば463km/hに届くと信じている自動車メーカーは、時速300マイルの大台に届くモデル製作のより近くまでじりじりと進んでいます。

"ここまで美しい車は存在しなく、
ここまで高価な車も存在しない。"

エットーレ・ブガッティ、ブガッティの創設者

極端な速度のスーパーカー | **303**

GT-Rのエンジンは、一人の職人によってハンドメイドされる。

アルミパネルによる軽量化。

カーボンファイバーのモノコックフレームに手作りのアルミボディパネル。

アクティブリアスポイラーが、安定性と速度を出した時のハンドリングを向上。

△ ニッサン『GT-R』 2007年
3.8リットルのツインターボエンジン、進歩した4輪駆動、アルミニウムと複合されたボディパーツ、『GT-R』はそれが発表された時、世界で最も技術的に進歩した自動車の1台であった。

△ アストンマーチン『One-77』 2008年
世界で最もパワフルな自然吸気エンジン車、アストンマーチン『One-77』は、アストンマーチン『ヴァンテージ』のV12から派生した7.3リットル750馬力のエンジンを搭載し、その最高速度は354.06km/h（時速220.007マイル）に達する。

▽ ブガッティ『シロン』 2016年
8リットル、W型16気筒、4装ターボのエンジンを搭載するブガッティ『シロン』は、再興ブガッティのスタートを飾った『ヴェイロン』の後継モデル。その最高速は安全上の理由でリミッターが取り付けられてはいるが、それでもまだ420km/h（時速261マイル）に達する。

| 304 | 未来へのドライビング: 2001-現在

ホンダの安全システム

1970年代の後、安全が一層重視されるようになりました。2002年、ホンダは車を道路の真ん中で走らせる洗練された新しいシステムを提示し、新しいバージョンの『アコード』に搭載して発表しました。

　世界で最も人気の高い車である上に、ホンダ『アコード』は長い間、同クラスでは最も技術的に進歩していました。日本の2002年モデルに搭載されたレーン・デパーチャー・システム(LDS)は、安全とドライバー支援の一里塚でした。LDSは高速道路上をクルージングしている時、車を「レーン」にキープすることで、ドライバーの負担を減らす目的で設計されたシステムです。これはパッケージの一部が路上で車の速度と、他車からの距離を持続するのに役立ったHIDS(ホンダ・インテリジェント・ドライバー・サポート)と呼ばれたシステムに由来しています。そして高価なボルボやメルセデス・ベンツに見られるかも知れないタイプの追加機能でしたが、アコードは量産クラスの車でした。このような先進的安全技術が組み込まれて登場した最初の主流モデルの1台でした。

　システムの核心は車をレーンにキープするLKAS(レーン・キーピング・アシスト・システム)技術の1つで、これは車のフロントガラスの最上部に設置されたデジタルカメラによって映し出された映像に基づいて、道路の前方を識別しているのです。その後、車のECU(エンジン・コントロール・ユニット)は、それに最適なステアリングアシストが働いてレーンに車をキープすると算出する仕組みでした。システムは車速が65km/hかそれ以上で作動するように設定されています。もし、車がレーンを逸脱すると、一連の電子音がドライバーに、ステアリング操作を促すのです。LKASを自動的にスピードと、前方にいる車との距離を調節することが出来るレーダーシステムと組み合わせることは、その日の安全に対する賭けで、HIDSが装備された『アコード』に、新しい優位性を与えるものだったのです。

▷ **進化する機能**
2002年に『アコード』で新規開発された安全システムは、現在ホンダの車全般で役立っている。そしてここでシュミレートされる2015年の『CR-V』はレーダーが組み込まれたグリルと、リアのカメラの両方で車の前進と、位置をモニターするのである。

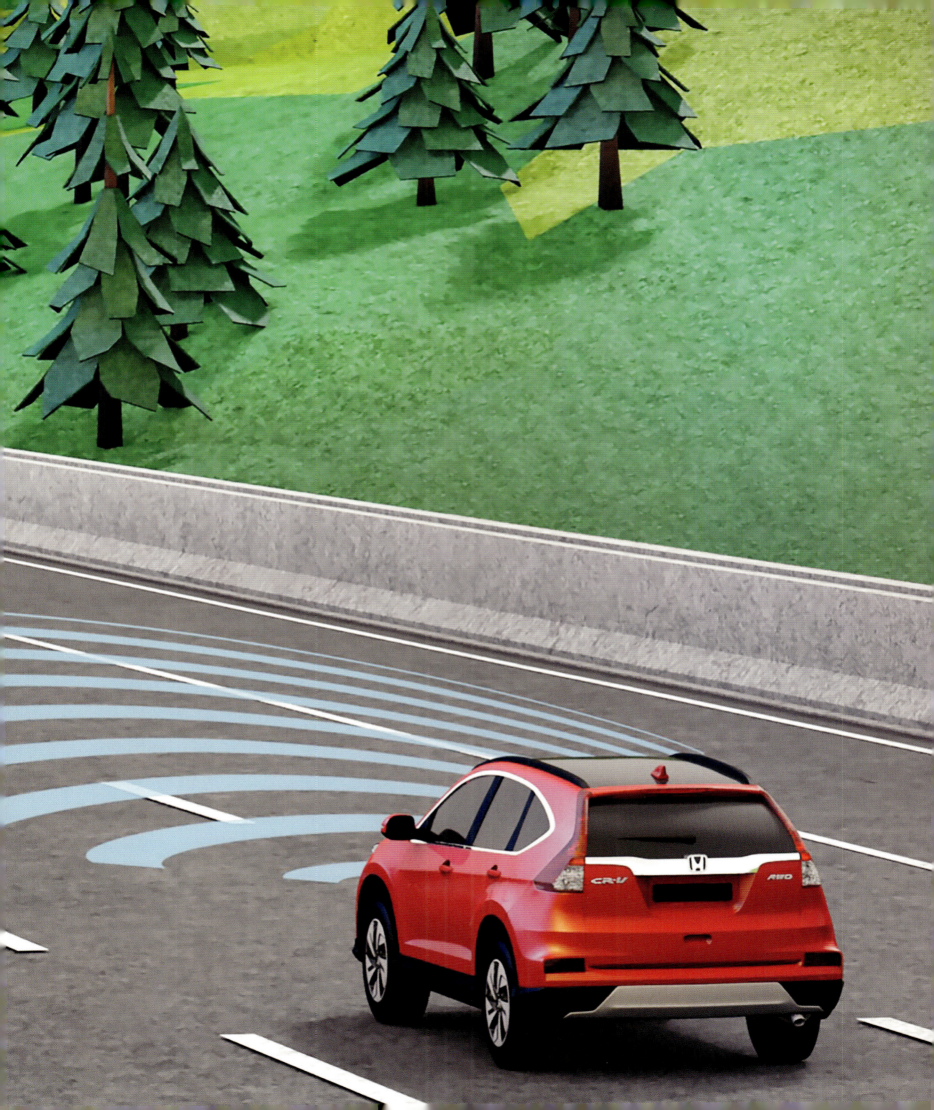

ハイブリッドの夜明け

1990年代後期、トヨタとホンダ初のハイブリッドカーが発売された後、21世紀になって「グリーン・カー（低公害車）」の時代がやって来ました。そして同時に、電気自動車も充分に発達しました。

ハイブリッドは環境上好ましい車の必要性に対する現代の解決策です。その名前が暗示するように、2つのパワーソース（排気ガスを減らし、燃費を引き上げるために同時に働く伝統的な内燃エンジンと、バッテリーに繋がった電気モーター）を持っています。

日本がリードする

自動車産業界でも、日本のトヨタとホンダは長い間、旧来車種との重複するコストにもかかわらず、ハイブリッドモデルの開発には積極的でした。環境に優しい『プリウス』は、すぐに次のグリーンカー革命のためのキャンペーンの顔となり、個々の新しい世代（2003年、2009年、2015年）には必要を満たす改善を確実にしていま

す。プリウスはまた、増大化する自社の大勢のユーザーのための選択肢も考慮し、上級の「レクサス」のハイブリッドモデル、通常のハイブリッド、そして「プラグ・イン」ハイブリッドというバリエーションも用意しています。その後者は「ゼロ・エミッション（排ガスゼロ）」のための純然たる電気ドライブに、より長い走行レンジを与えるために設定されたものです。一方ホンダは、トヨタの身近な競争相手として、その存在感を見せつけていました。そして1999年、最初のハイブリッドである、小さく、目を引く涙滴型のクーペ、『インサイト』を発売します。インテグレーテッド・モーター・アシスト（IMA）と呼ばれる

ホンダの基幹的ハイブリッド技術は、活発な走りを見せる『CR-Z』スポーツクーペと同様に『フィット（ジャズ）』、『シビック』、そして『アコード』等に搭載されて、それらがガソリンエンジン車のバリエーショ

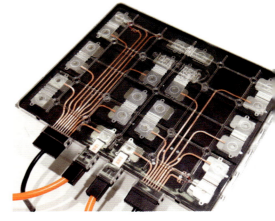

△ リチウムイオンバッテリーのセル
この「リチウムイオン」バッテリーは、ハイブリッド車や電気自動車で使用するために設計されています。リチウムイオン電池はエネルギー密度が高く、携帯用電子機器にも使用されています。

▽ BMW i8
未来的なLED照明のスポーツカーのBMW i8は、電力のみで120km/h（時速75マイル）の走行が可能なハイブリッド車だ。炭素繊維を多用して、車重を減らしている。

ハイブリッドの夜明け | 307

始動時と低速走行時に使われる**電池**

巡航中に使われる**ガソリンエンジン**

△ **レクサスの裏側**
2006年のレクサスのカットモデルは、エンジンと電気モーターの両方で動くトヨタのハイブリッドシナジードライブ (HSD) だ。このシステムは1997年のプリウスのものを改良したものだ。

ンとしても登場しました。さらにホンダは最新のスーパーカー『NSX』に搭載した、最先端科学技術を駆使した先進的な3モーターのSH-4WDという新しい"何か"を創出したのです。

ハイブリッドの普及

トヨタとホンダが最も目に見える形でのハイブリッドメーカーとなった時、ボルボ、ゼネラルモーターズ、プジョー、メルセデスを含むメーカーが同様に、ハイブリッド技術を開発していました。そしていくつかのメーカーは未だハイブリッドを、長い間純粋にコストと「走行距離の不安」問題に付きまとわれていた電気自動車への、一時的な解決策と考えていたのです。そう、電気自動車は限定されたバッテリー能力のために、そう遠くまで旅行することが出来ないし、競争力もないと考えられていたのです。

ハイブリッドから電気に?

GMに既に電気自動車のパイオニア的存在であるEV1クーペ (1996年〜99年製造) で、初期に動きを見せていました。そして2006年のドキュメンタリー映画「誰が電気自動車を殺したのか?」の中で強調された、その早期の努力と崩壊 (P294-295参照) を経験していました。そして今日、自動車業界が卸し売りの電力供給の方を向くにつれ、ハイブリッドと完全電気自動車の両方が、従来のガソリン車に代わるものと想定されています。スウェーデンのメーカー、ボルボは2019年から全ての新車は何かしらの形で電化していくと宣言していますし、一方、他の会社はルノー・ニッサンとBMW、フォルクスワーゲンを含めて、ハイブリッドと電気車の大胆な計画を発表しました。一方、21世紀初の大市場向けの電気自動車、シボレー『ボルト』が2017年に発売されました。そしてテスラは2018年に『モデル3』を発売しました。これは、メーカーから燃料使用車が供給されなくなるという動きなのですが、2017年、フランスと英国の両政府は、ガソリンとディーゼルを使用する全ての新車の販売を禁止する計画を明らかにしました。ハイブリッドで始まった車の未来は、ますます電化しているように思われます。

> "我々は輸送システムを、化石燃料から脱却しなくてはなりません!"
> デイビッド。ベイリー、英国、アストン大学教授

▷ **ピークパフォーマンス**
トヨタ『プリウス』の計器盤のディスプレイは、ドライバーにバッテリー電気モーターと内燃エンジン間のエネルギー転送を、視覚的に示す。同様に燃費とバッテリーの持続時間も示す。

308 | 未来へのドライビング: 2001–現在

航空機から受け継いだ
ように見えるスパイカー
の引っ込んだライト。

アウディ由来の、
ミッドマウントのV型8気筒エンジン。

ミッドマウントの
7.3リッター AMG
V型12気筒エンジン

尖った空力に優れたノーズは、
空気抵抗を減らして、ダウンフォース
を改善する。

△ スパイカー『C8アレルン』 2008年
極めて少数生産の300km/hをマークする手造りのスーパーカー。
オランダ人の企業家がそれを復活させるまで、「スパイカー」ブランド
は1926年以降休眠中であった。

カーボンファイバー
製のボディワークで、
車重を減らす。

△ パガーニ『ゾンダ・ロードスターF』 2006年
イタリア製の『ゾンダ』は多くの驚異的なバリエーションが造られて
いたその12年間、ずっと改良が加えられていた。軽量かつパワフル。
スピードにおいてはほぼブガッティ『ヴェイロン』に匹敵していた。

手工芸品的な車

自動車産業の初期には、すべて手で造られていました（P34-35参照）。大量生産、1日に1,000台……。もはや工場は心のこもらない、ほとんどロボットの領域です。車世界の上流階級では、常に人間的な温かみが好まれていました。そして今日でさえ、セールスカタログには熟練工によって組み立てられた車が充分にストックされています。職人の造る車は、昔、目の高いドライバーがコーチビルダーに製作を依頼した車に類似した体験を提供します。そこでは、彼らが組み立てに使う素材から、カラー、装飾、その他諸々まで、顧客が車に彼ら自身のものを盛り込むために、オプションリストから逸れることも出来るのです。このような車はまた、ドライバーが世の主流となっている車とは異なるドライビング体験も可能です。それがモーガンのオープントップの楽しみであり、ブリストルの手工芸の贅沢さであり、またパガーニの「止まって、じっと見つめる」ルックスの良さなのです。大量生産されたライバルと比較して、職人の造った車は手仕事で、特別に仕立てられていると感じられるのです。

▽ モーガン『エアロ8』 2001年
近代的なエンジニアリングと構造をクラシックなスタイリングと組み合わせた『エアロ8』は、モーガンのこの40年でほぼ初といってよい新しいデザインである。搭載した4.4リットルV型8気筒のエンジンパワーにより、最高速は241km/hに達する。

手工芸品的な車 | 309

△ ワイズマン『MF4』 2007年
伝統的スタイリングを特徴とするスポーツカーは、大きなエンジンとパワーを持つ。ワイズマンの哲学はモーガンのそれとよく似ていた。1993年にスタートし、最後の1台は2013年に製作された。

- ガラス繊維のボディワークが、軽量のアルミ製シャーシに搭載されている。
- ターボチャージャー付き、4.4リッター、V型8気筒エンジンが前に搭載される。
- 馬力が、後輪に伝わる。
- ボディ形状は、ブリストルのクラシック405を参考にした。
- 400馬力、4.8リッターのBMWエンジン

△ ブリストル『ビュレット』 2017年
会社が2011年に再生されて以来、この『ビュレット』が初の新型となった。カーボンファイバーとアルミニウムで造られ、ボディは会社業務の血統を反映して、航空宇宙に触発されたスタイリングを見せている。

> "我々は、テーラードドレスやスーツのような車を造ります"
>
> オラチオ・パガーニ、パガーニ・アウトモビリの起業者

▷ ミツオカ『オロチ』 2006年
ミツオカは日本の代表的な注文制の自動車会社だ。このミッドシップエンジンの『オロチ』は、2006年の発売で、贅沢なレザーのインテリアが売り物となっている。

ボンネットの中

自動車のパワープラント造りは、驚くほど多様性があり、130年以上に渡りめまぐるしく様々なエンジンが作られました。

初期の内燃機関は、単純な（しばしば単気筒であるような）傾向がありました。しかし、より多くのシリンダーを加えることで、よりスムーズで、パワフルになっていったのです。直列（ストレート）エンジンの場合、シリンダー数をアレンジすることで2、3、4、5、6と、8気筒まで容易に適応可能な主要なフォーマットとなりました。

そして「V」型でシリンダーをアレンジした場合はスペースを節約し、エンジンに洗練さを加えました。ランチアは1920年代から何十年間もV型4気筒エンジンを好んで使用しています。アメリカのメーカー「マーモン」は、1905年に造ったV型6気筒を手始めに、後にはV型16気筒を造っています。またキャデラックは1914年にアメリカ初のV型8気筒エンジンを製作しています。そしてこのエンジンは柔軟性に優れた長距離向けの性能が評価されていました。

「フラット」なシリンダーレイアウトは、VW『ビートル』の水平対向4気筒と、今日まで継続するポルシェの水平対向6気筒のように、ピストンが水平方向の反対側にも配置（水平対向）される稀なレイアウトでした。変わり種のエンジンには、1964年のNSU『スパイダー』に搭載されたフェリックス・ヴァンケルのロータリーエンジンも含まれています。そして電気モーターを持つハイブリッドのパワープラントが、トヨタの『プリウス』によって普及し、より少ない排気ガスとブースト効率を付け加えています。

始動用のハンドルラチェットが、クランクシャフトとかみ合う。

フォード T型 直列4気筒 カットモデル, 1908-27年

エアフィルターは、有害な粒子がエンジンに吸い込まれるのを防ぐ。

フォルクスワーゲン 水平対向4気筒, 1936-2003年

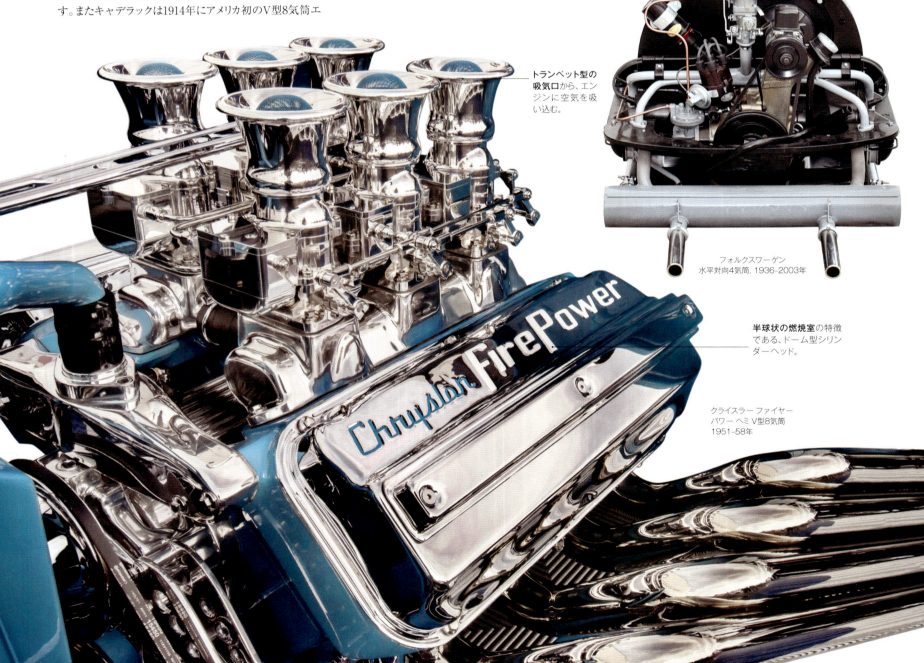

トランペット型の吸気口から、エンジンに空気を吸い込む。

半球状の燃焼室の特徴である、ドーム型シリンダーヘッド。

クライスラー ファイヤーパワー ヘミ V型8気筒 1951-58年

ボンネットの中 | 311

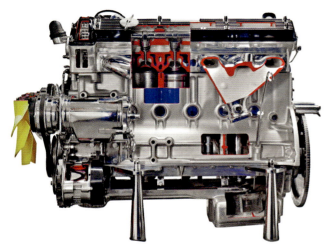

ジャガー XK 直列6気筒, 1946-86年

キャブレターは、燃焼のために空気と燃料を正しい比率で混ぜる。

NSU ヴァンケル ロータリー, 1967-77年

ロータス/フォード コスワース DFV V型8気筒, 1967-86年

ポルシェ 911 水平対向6気筒, 1963-98年

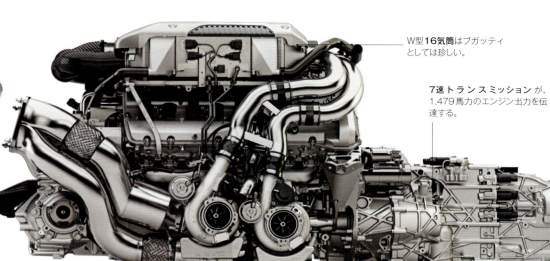

W型16気筒はブガッティとしては珍しい。

7速トランスミッションが、1,479馬力のエンジン出力を伝達する。

ブガッティ ヴェイロン W型16気筒, 2005年以降

クライスラー/ダッジ ヴァイパー V型10気筒, 1991年以降

鋳造アルミ合金製のシリンダーブロックに、イオンメッキされたシリンダーボア。

HONDA インサイト ハイブリッド, 2010年以降

ドライビングテクノロジー
エンジンの配置

車にはエンジンの"正しい"配置は存在しない。エンジンをフロントに搭載し、後輪に駆動を伝達する業界の慣例は早くから行なわれていて良好な重量配分に役立っていた。VWは1945年に、そのFRという規範を無視し、新しい『ビートル』のエンジンを、より良いパッケージングのために後ろに置いている。前にエンジンを搭載し前輪を駆動するFF方式は、1959年にミニに採用されて以来、一般化しているが、これはロードホールディングを予測可能にし、安定させる役にも立っている。1960年代以降、ランボルギーニ『ミウラ』やロータス『ヨーロッパ』のようなスポーツカーが、理想的なハンドリングバランスを求めて中央にエンジンをマウントするミッドシップを採用し、レースの練習にも役立っている。

1966年のロータス『ヨーロッパ』は、シャーシの真ん中にエンジンを配置している。

▽ 寒冷地テスト　2013年
顧客が、どんなところで車を走らせても、適切に機能することを保証するため、メーカーは極端な環境でプロトタイプをテストしている。これは、マクラーレンのプロトタイプ『P1』が、外観を隠すためのマスキングで覆われて、北スウェーデンの凍結した湖上を走っている写真。

排気ガススキャンダル

2015年9月に発覚したフォルクスワーゲンの排気ガススキャンダルを切っ掛けに、自動車汚染物質を測定するための協約と、ディーゼルエンジンが禁止されるべきかどうかを巡り、環境保護当局とメディア間の熱い討論が始まりました。

2015年、アメリカ当局は、厳しいアメリカの排気テストに確実に合格させるために、VWがその新しいディーゼル車を不法にいじっていたことを発見しました。

VWは、エンジンを人為的に低い排ガス濃度を生じさせるために、研究所の条件下でテストされた時に作動させていた、いわゆる"打破"ソフトウェアを、およそ1,100万台のディーゼル車にプログラムしていたことが明らかになったのです。しかしながら、実際に道路を走行してみると、それらと同じエンジンはアメリカの規則で認められた数値の、最高40倍も

▽ 命取りの排気
業界全体の怠慢なディーゼルの排気テストの結果、38,000人の寿命を縮めたと推定されている。

の高い窒素酸化物を排出していました。不正が表面化した時、VWは175億ドルを支出し、影響を受けた車のオーナーに補償し、クリーン・エアプログラムに出資することを強いられたのです。

メディアはこの事件に「ディーゼル・ゲート」と名前を付けています。そしてこの一件はフォルクスワーゲンによって製造されたVWブランドだけではなく、アウディ、セアト、ポルシェ、そしてシュコダにもまた同様に影響を与えていました。そしてもちろん、この一件はVWがその"クリーン"な車のために既に組んでいた大きな「プロ・ディーゼル」プロモーションを

開始していたアメリカで発覚したのですが、他の車は既に世界中に売られていたのです。

ディーゼルの危機

この意外な事実は、政府にディーゼル車の排気についての見解を再考するように促しました。問題を複雑にしていたのは、2012年までディーゼルはガソリン車よりもCO_2の排出量が少ないと見なされた時から、多くの政府がすでに未来のエンジンとしてディーゼルを擁護していたという事実でした。2001年、例えば英国のゴードン・ブラウン首相

排気ガススキャンダル | 315

△「ディーゼルゲート」デモンストレーション
積極行動主義者が、中央ドイツ、ヴォルフスブルクのVW本社前での抗議行動で車の上に立ち、「嘘をつくのを止めろ!」と書かれたサインを掲げている。

ドライビングテクノロジー
バイオ燃料

伝統的に、車は原油から精製される燃料で動いている。それは石炭のように、何百万年もかかってできた化石燃料なのである。再生は不可能であり、埋蔵された原油はやがて使い果たされるが、燃焼時、原油由来の燃料は有害でもある。そのために、現在選択肢が求められているのだ。その選択肢の1つが植物素材から作られる「バイオ燃料」であり、際限なく再生が可能なのである。そして最もよくテストされたバイオ燃料の1つが「バイオディーゼル」だ。これは一般に菜種油から作られ、何ら手を加えることなくどんな種類のディーゼルエンジンにも対応可能なのである。他の1つはバイオ（植物性）エタノールである。これは砂糖キビ、あるいは小麦の糖分を発酵させて作るのだが、この使用にはエンジンの改良が必要である。だが、近代的なガソリンエンジンならば、エタノールを添加物としてガソリンに10%混ぜたものを使用することも出来るのである。

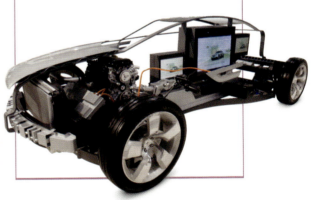

シボレー『ボルト』のシャーシ。電気のコンセプトカーだが、電気、ガソリン、バイオディーゼルのいずれも使用可能だ。

は、ガソリン車からディーゼルに切り替えるために、もっと大勢の人々を丸め込もうとする努力の一環で、ディーゼル車の燃料に対する関税をカットしていました。その後、2012年にはヨーロッパの環境庁が、ディーゼルガスの中の窒素酸化物を吸い込んだことにより、71,000人の人々が早々に大陸の向こう側で死んでいたことを示す統計を公表すると、当局はこの政策のUターンを強いられています。「ディーゼル・ゲート」は、ディーゼルの健康リスクについての討論を再び呼び起こしたのです。

そしてVWの不正が明らかにされた数ヵ月後、153ヵ国が21世紀の半ばまでに、段階的に有毒物質をゼロまで減らすことを誓って「国連パリ気候協定」にサインしました。この協定では、自動車生産国と、以前、ディーゼル車の使用を奨励していた国は除かれています。特にガソリン車よりもディーゼル車を規則通りに多く売ったヨーロッパは難しいポジションにいたのです。そして1990年代半ば以降、ディーゼル燃料の需要は3倍以上にもなっていました。実際、2013年にドイツは、イギリスにヨーロッパで提案されたより厳しい排気ガス政策への抵抗を手助けしてもらう代わりに、ロンドンの金融街で大きく懸念されていた、EUによるバンカーへのボーナス上限設定を阻止することを密約しています。

険悪な排気

それにもかかわらずパリ協定は、ディーゼルを暴飲し続けるヨーロッパに対し、行動に移るよう鼓舞していました。フランスは2040年までにディーゼル車だけではなく、ガソリン車も禁止すると宣誓しています。ヨーロッパよりも16%低いCO2の排出を既に実現していた日本は、ハイブリッド車の高い市場普及率によって好調な滑り出しを見せていましたが、グローバルな自動車メーカーが従うことに同意したのです。そしてなお一層即刻のタイムスケジュールの上で、対ディーゼルの動きはローカルなレベルで展開を始めています。ベルリンでは市街地から古いディーゼル車を締め出し、他方、パリ、オスロ、香港、ソウルそしてメキシコシティは、他の都市との間でディーゼルを全て制限するかあるいは禁止する措置を講じました。そしてディーゼル車の死が不可避なものと思われるかもしれない今、死刑の執行停止がまだあり得ました。再生ディーゼル燃料は2008年以降、廃棄油から作れるようになってエネルギー源の拡大とつながるために、これがディーゼルエンジンを道路に残す最後の望みとなるかも知れません。

> "規則違反は……、
> VWとして全く支持できません。"
>
> Dr.マーチン・ヴィンターコーン、フォルクスワーゲンCEO

◁ VWディーゼルのリコール
スキャンダルの後、VWの車のほぼ33万台の買戻しを申し出て、それらをこのポンティアックの駐車場のようなミシガンの地域施設に保管した。

自立走行する自動車

未来の輸送機関と目され、自動車メーカーが莫大な金額をその成長に注ぎ込むにつれ、自立走行する自動車が公道を走る日に向かって、時はジリジリと進んでいます。しかし未だ"ドライバー・レス"の夢が実現する前に、解決すべき問題があります。

△『ファイアーバードⅡ』
『ファイアーバードⅡ』(上)は1956年にGMによって造られたコンセプトカーだ。ハーレー・アールによって設計されたシステムは、道路のセンサーを読むための誘導システムを持っていた。

車自体が自立運転する考えは、1世紀以上の間、クルマ文化の中に存在していました。車が主要な交通手段になるとすぐに、芸術家とエンジニアが、人が動かす必要のない乗り物の想像を始めたのです。

最初の試み

1925年に最初の"セルフ・ドライビング"車はデビューしています。そう、無線操縦(ラジコン)の車を「フーディナ・ラジオコントロール」社が造ったのです。元陸軍のエンジニアであり、発明者であるフランス・フーディナの頭脳の産物である車は、その車の後ろを走る別の車からの無線信号を受け、何事もなくニューヨーク市の交通の中を通り抜けていきました。フーディナは、エスコート車からではなく、道路にある電話線からの無線信号を受け取るように、無線制御を1歩進めようと考えました。

制御を委ねる

フーディナのコンセプトは早い時期から展望があったにもかかわらず、自動化された乗り物(AV)への展望は数十年後までほとんど開けませんでした。そしてある時、GMはちょっとしたアイディアを思いついています。1956年の『ファイアーバードⅡ』コンセプトカーは、「未来のハイウェイ」(運転手に誘導用の信号を送るケーブルで繋がれている)での使用が意図されたセンサーを取り付けてありました。アイディアは1960年代にアメリカの「パブリック・ロード・ビューロー」から出資されたプロジェクトと、英国の「輸送＆道路研究所」によって、さらに深く研究開発されたのですが、何ら実を結ぶことはありませんでした。自動運転に向かっての、本当の最初のステップは、クライスラーの『インペリアル』が、クルーズコントロールをフィーチャーした初の車となった1958年に訪れています。これはドライバーがアクセルを操作せずに、同一スピードでのクルージングすることを可能にしたのです。

1970年代には更なる開発がありましたが、最初の本当のAVの生産は、1995年、ドイツに出現したThe VaMPで始動しています。再設計されたメルセデス・ベンツSクラスのThe VaMP(魔性の女)、正式名称「コンピューターの視力と、実験的な自立走行の可能性のある乗り物」がミュンヘンからコペンハーゲンまで最高175km/h(時速108マイル)のスピードでドライブしたのです。「EUREKAプロメテウス・プロジェクト」によって資金を供給される、汎ヨーロッパの研究と革新の専門相互政治組織、VaMPにより、今日の世代の自立走行車のための基礎が敷かれたのです。

「DARPAグランド・チャレンジ」

技術革新を刺激したのは、最高の"セルフ・ドライビングカー"に対して100万ドルの賞金を提供する「DARPAグランド・チャレンジ」でした。アメリカ国防省の主導したこのイベントは世界中のエンジニアから関心を集め、2005年と2007年にはさらにイベントが続き、それぞれが自動運転技術を進めたのです。DARPAチャレンジから選ばれたチームは、Googleにリクルートされました。そしてそのチームは世界で最も高度なセルフ・ドライビングカーの走行実験を2009年に始めています。

一方、BMWを含めた多様なメーカー、特にフォルクスワーゲンとGMは既に自立走行可能な車の技術関係に大きな投資をしています。ホンダはほぼ完全な自立走行車を2020年にはリリース可能であると発表し、BMWは彼ら自身のAVを2021年には乗り出せると約束(ただし緊急時にはドライバーが必要になるのですが…、)をしています。

不確実な未来

進展にはほぼ1世紀をかけた後で、本当に自立走行できる車が今、大規模なマーケットに出現する間際になっています。しかしながら、その自動運転技術の進展が加速している時、それらを支えるために必要となるインフラは追いついていません。その1つがドライバー責任の問題です。事故に関して、

◁「DARPAグランドチャレンジ」 2005年
スタンフォード・レーシングチームの自立走行ロボット・ビークルは2005年のDARPAグランドチャレンジのフィニッシュラインに到着する。イベントは、軍に役立ち得る未来技術を試す場であった。

自立走行する自動車 | 317

△ テスラ『モデル3』
テスラ『モデル3』は2017年に生産され、ある特定の条件下では半自動運転を可能としている。完全電気自動車であり、350kmの走行距離を実現した。またスイッチやダイヤルの代わりに、タッチスクリーンが埋め込まれたダッシュボードもフィーチャーされている。

もし人間のドライバーがコントロールしていないのであれば、責任は誰が取るのでしょうか？ AVはまた保険業界に否定的な影響を与えるかもしれません。保険会社はAVを新しいクラス、より安全で、事故に巻き込まれるケースが少ないこと、そしてより低い保険料の適用を受けるクラスとして取り扱う可能性が高いのです。

"完全に自立走行しない車が造られるのは稀なことになるでしょう"

イーロン・マスク、テスラCEO

ドライビングテクノロジー
運転の未来

運転がコンピューターによって制御され、そして自動車のシステムが外の世界とワイヤレス関係を持つ世界で、セキュリティで大切なことはハッキングの防止策だ。その対応は、自動車メーカーは即、必要に応じてすぐにインストールできる無線のソフトウェアアップデートを開発することに焦点を合わせているのである。また出張や買い物のような特定のニーズを満たすために、第3者からの要請に対して提供されるフレキシブルなモバイルサービスとしてAVを使った場合、業界の専門家は自動車の所有が減ると予測しているのである。そしてこれらのことはドライバーレスの車が、我々の知っているドライブ文化の完全な変更をもたらすかも知れない筋道の1つなのである。

自動運転車の運転席で本を読むイメージ写真。手動運転はオプションとなる。

| 318 | 未来へのドライビング: 2001–現在

空気力学的な外装により、性能と走行距離を最大化する。

エンジンのない車の、前後の荷物スペース。

△ ジャガー『i-ペース』 2016年
この急進的なコンセプトカーは、2018年のジャガー初の量産型電気自動車となった。これは1回の充電で482km以上走れる広いレンジを持ち、その加速は0-60マイル(0-96km)を4秒でカバーする。

フロントマウントの電動モーターで、4輪すべてに動力を供給する。

ガルウィングドアは上に開いて、内部アクセスできる。

△ メルセデス-マイバッハ『6』 2016年
有名な「ペブルビーチ・コンクール・デレガンス」で2016年に発表されたこの豪華な電気クーペは、ほぼ6mという長大な全長を持つが、2+2レイアウトだ。電磁場の無線で充電できる。

大きなホイールは直径24インチ(60 cm)。

未来のコンセプト

車で走る先駆的な日々から、今日あるような自動車になるまでには、集中して変化する期間はありませんでした。駆動力の新しい形と自動運転技術の開発は、前に1度もテストされたことのない設計の可能性を開き、新たなチャレンジを創り出すことなのです。そして自動車メーカーは、操作の革新的な方法や、構造と駆動、そして窓ガラスの必要性や車内にいる居住者のポジショニングなどのような自動車設計の根本的な問題でさえも、コンセプトカーを使用して探求しています。これらのコンセプトカーのいくつかが、間もなく実現しようとしている生産型の車に近い存在なのです。他は、噂をしている人々を捉えることを目的にしたファンタジーのようなものなのですが、それぞれは、その方向において魅力的です。時が来れば、どちらが実際に道路を走ることになるのかが、分かるでしょう。

▷ フォルクスワーゲン『セドリック』 2017年
これはセルフ・ドライビングカーに対するフォルクスワーゲン・グループの理念を具現化したのものだ。人が声で操作でき、ハンドル、ペダル類といった旧来のコントロール類は装着されていない。

◁ エアバス『ポップ・アップ』
地上と空に別れた『ポップ・アップ』モジュールが、都市交通において乗客のカプセルを運ぶシステム。人工知能システムが、最も効率的なルートと、地上と空、どちらのモジュールを使うかを判断する。

"電気自動車の時代がきました。はっきりと、その時代になったのです"

カルロス・ゴーン、ルノーの会長兼CEO

未来のコンセプト | 319

△ トヨタ『i-TRIL』 2017年
2017年のジュネーブ・モーターショーで発表されたこのi-TRIL電気自動車は、シティコミューターとしての小型ハッチバックでもあり、オートバイ代わりの"トヨタ"でもある。そしてそれは都市の交通に、情熱とドライビングプレジャーをもたらすことを目指している。

シートは1+2レイアウトを採用する。

バタフライドアにより、運転席に乗り降りしやすい。

△ ホンダ『アーバンEV』 2017年
4人分のスペースを持つこの電動シティコミューターは、どっしりしたレトロな外観を有し、ウッドトリムのダッシュボードには全方向のインフォメーション・スクリーンを装備している。

ドライブトレインは完全に電気です。

前後のディスプレイ画面で、他のドライバーと会話できる。

素晴らしいドライブ

世界中の刺激的なルート

北アメリカ

▽ リバーハースト・クロッシング
カナダ

カナダのサスカチュワン州（10万個の湖が点在する平らな草原地帯）を横切って走るハイウェイ42号線は、その両端でハイウェイ2号線と15号線とつながる全長199kmの道です。この道はそのほぼ中間地点で、ディーフェンベーカー湖（深さ60mの人造の貯水池）を、長さ1.6kmに渡って横断しなければいけません。

夏には、西岸のラッキーレイクから東のリバーハーストまでの26kmを旅するドライバーは、湖を渡る伝統的なケーブルで動くフェリーを待たなければいけません。このフェリーは運賃無料の24時間運航で、1時間毎の運航では最大15両の車両を運ぶことができます。しかし冬の数ヵ月の間、湖は凍結し、雪で覆われることが多くなります。この時期こそ、このルートにおけるベストシーズンです。ハイウェイ42号線には凍った湖を横断する道、リバーハースト・クロッシング（カナダで最も有名な氷の道）が作られ、次のフェリーを待つ必要はありません。この道の運転は爽快で、平らで雪に覆われたその景色には独特な美しさがあります。

凍った湖を横断することは危険に思えるかもしれませんが、この道の安全性は折り紙付きです。冬が近づくにつれ、この道は毎年高速道路省によって慎重にチェックがされます。そして開通前には除雪された後、凍った車道にコーンによる誘導線が作られ、時速50kmの制限速度を示す看板も設置されます。また5トンの最大重量制限も課されますが、これは最も重いファミリーカーまたはSUVの重量を遥かに超えるものです。高速道路省が道の開通を正式に宣言する前にこの氷の道を走ることは禁じられていて、それを破った場合、多額の罰金を支払わなければいけません。

冬の間は専門家が定期的に氷の厚さを計測し、危険だと判断されると道は封鎖されます。そうなると、地元のドライバーたちは湖畔のコミュニティ間を行き来するためには、大幅な遠回りを強いられることになります。川の凍結期間中道路は封鎖され、フェリーの運行はできません。この時期、ハイウェイ42号線は通行不能になります。

サスカチュワンの凍結したディーフェンベーカー湖を横切る車

▷ ヨーホーバレー・ロード
カナダ

ヨーホーバレー・ロード

ブリティッシュコロンビアを曲がりくねって進むヨーホーバレー・ロード

全長11kmのヨーホーバレー・ロードは、シャスワップ湖に面したトランス・カナダハイウェイから北に分岐しているため、この道路には「キャンピングカーやトレーラーには適していない」という警告が表示されています。この道は狭く、多くの急カーブがあるので、豪華なRVで走るのは運転に自信があっても止めるべきといえます。天候が最も穏やかな場合でも、推奨される乗り物は小型車かオートバイです。

カナダは壮大な道路の旅、北極圏のドライビングアドベンチャー、シリアスな運転における難題に満ちています。いくつかの有名な長距離高速道路をたどれば、多くの素晴らしい運転経験がもたらされることでしょう。この道はあまり知られていない小さなルートですが、遠くまで走らなくてもロッキー山脈の素晴らしいエリアへと向かう困難な道を走る機会を与えてくれます。

ヨーホー国立公園は、アメリカ大陸を分割する斜面の西側、ブリティッシュコロンビア州にあります。「ヨーホー」とはクリー語において「畏敬の念」や「不思議」という意味を持ち、同公園は世界遺産であるカナディアンロッキーを形成する一部となっています。ビジターセンターはヨーホーバレー・ロード近くにある小さな村、フィールドの近くにあります。フィールドは国立公園唯一の集落で、人口はおよそ200人。ヨーホーバレー・ロードは、荒々しい川に沿うようにして壮大な渓谷へと入っていきます。この道は公園の主要観光スポットの1つ、タカカウ滝へと向かう唯一の道となっています。ダリイ氷河を水源とするこの壮大な滝は、高さ300m以上の崖から流れ落ちるもので、その落差はカナダで2番目の高さを誇ります。ピークシーズンの間、滝は激しさを増し、その下の森林に覆われた谷はスプレーを吹きかけたように湿った状態になり、日常的に虹が現れます。駐車場がこの道の終点で、そこからは、滝の眺望ポイントや山へと続くハイキングコースへと変わります。その歩道を進めば、より多くの滝があなたを待ち構えています。

車に戻っても、トランス・カナダ・ハイウェイへの道をたどって帰る以外、選択肢はありません。冬は大雪となるので、この道は夏季（通常は6月から10月）のみ通ることができます。しかし、もしここへ向かうのであれば、事前に道が通行可能か確認することをおすすめします。

フロリダキーズ

アメリカ

もしもあなたが、この素晴らしいキーウエスト・ドライブを実行する場合、公式出発点の少し手前から始めてみてはいかがでしょう。フロリダ州サウスビーチのマイアミ・オーシャン・ドライブに沿って南下すると、アールデコ風バー、贅沢なリゾート・ホテル、ミリオネアの別荘群の風景に驚きながら、さらにキーウエストの素晴らしいバリエーションの風景を楽しむことができます。それでは、フロリダ州マイアミ市の光る高層ビル群を後にして、インターステーツ1号線(デキシーハイウエイ)を南に向かいましょう。風光明媚なインターステーツ1号線は、正式にはビスケーン湾側のフロリダ半島の南端から始まり、低地の島々が穏やかなメキシコ湾へ西南西にカーブしながら進んで行きます。「メキシコ湾の真珠」と言われるカリブ海の島巡りは、最初の島であるキーラーゴ島から、終点の島であるキーウエストまで267kmのドライブ・コースです。スペイン語のCayoに由来する小島という意味のKey=キーは、43の島々、それを繋ぐ42の橋、そのドライブ・ルートで世界的に有名です。この水平線に近い標高ゼロメートルを快適に走る、長くて低い橋と連続した道は世界的に珍しく、海上を走る高速艇のようなドライブ感覚を覚えるでしょう。輝く青い熱帯の珊瑚礁は、サンゴと石灰岩の混合物からなり、マングローブ、パームツリーの樹々で覆われています。この場所でしか観られないペリカン、カメ、イルカ、マナティーに至るまで、多様な南洋野生生物の群れが生息しています。キーウエストは北米大陸の最南端、常夏の南国ライフを身近で楽しむことができるポイントです。ここのビーチサイドには、隠れ家風の別荘、エキゾチックな庭園のある年代物の家屋や、風変わりなアート&クラフト・ショップも見つかるでしょう。キーウエストドライビングの目的としては、フィッシング、スイミング、ダイビング、珊瑚礁ではシュノーケリング、ボート・トリップ等、海と戯れる遊びが可能です。スポーツに疲れたら、涼しい木陰のハンモックでリラックス・タイムはいかがでしょう。キーウエストは、「老人と海」、「誰がために鐘は鳴る」、「日はまた昇る」等の小説で有名な文豪アーネスト・ヘミングウェイの終の住処が今では博物館となっており、飼い猫の子孫が数十匹住んでいます。彼の直筆の原稿、タイプライター等がそのまま展示されています。彼のお気に入りのスループー・ジョーズ・カフェでフローズン・ダイキリをオーダーするという贅沢も実現できます。さらに、偉大なるキーウエストを楽しみたい時は、クルマから降りて砂浜に腰掛け西空を見上げてください。200km先にはキューバ島があります。紺碧の空と海が融けるキーウエストでの休日は、あなたの人生において貴重な体験となるでしょう。

海に向かって進むフロリダキーズシーニックハイウェイ

テール・オブ・ザ・ドラゴン（龍の尾） | 325

ルイス・アンド・クラークトレイルのビジターインフォメーション

ルイス・アンド・クラーク・トレイル

アメリカ

アメリカのシーニック・バイウェイ（景勝性や歴史性などが優れていると認定された公道）として公式に認定されたドライビングルートは、長い間アメリカ大陸で最も魅力的な道路と考えられてきました。クリアウォーター・リバー・キャニオンへと続くアイダホの山岳風景を通る、全長280kmにおよぶこの片田舎の道は、そのような道の1つです。よく知られたこの道は辿るのが容易で、19世紀初頭の探検家、ルイスとクラークの足跡のいくつかを再発見する機会を与えてくれます。この勇敢な二人連れは、当時アメリカがフランスから1,500万ドルで購入したばかりの、ミシシッピ川西側の広大な土地（現在のアメリカ国土の約1/3の面積）を調査するよう、トーマス・ジェファーソン大統領から依頼を受けました。この道は、1804年にこの二人の探検家が調査して以来ほとんど変わっていない景色へのアクセスを提供しています。1925年に建設されたハイウェイ12号線のおかげで、今日の旅は遥かにスムーズなものになっています。このドライブのハイライトには、ヘルズゲート州立公園とネイティブアメリカンの歴史を祝う場所が含まれています。そこで、ネイティブアメリカンのガイドが、ルイスとクラークが雪を乗り越えロロ峠（標高1,595m）を超えるのを助けたと考えられています。現在のドライブルートは、同じ地点を通過してモンタナに達するもので、その景色は昔と変わらず印象的で険しく、人を遠ざけるものです。

テール・オブ・ザ・ドラゴン（龍の尾）

アメリカ

テール・オブ・ザ・ドラゴン（または単にザ・ドラゴン）は、テネシー州とノースカロライナ州の州境にあるディールズ・ギャップという峠を通るルート129の一部です。美しい丘陵地帯を通りつつ、全長18kmの区間に318ものコーナーがあるという特徴から、エンスージアスト・ドライバーから人気を集めています。この道はアメリカで最も素晴らしいドライビングロードの1つだと考えられていて、真っ直ぐで平らな道で有名なこの国において、この道は確かにユニークな存在です。この未知のドラマチックなコーナーのいくつかは、グラビティ・キャビティ（重力の空洞）、サンセットコーナー、ビギナーズエンド、マッドコーナーといった印象的な名が付けられています。この道はグレートスモーキーズマウンテンズ国立公園を通り抜けるもので、一年中通ることができます。迷い込む脇道や交差点はありませんが、未だに事故が多発しています。その理由の一部は地形によるもので、また別の一部は予測不可能な天候によるものです。霧と雨は突然現れることがあります。2005年、速度制限が時速30マイル（48km/h）へと引き下げられ、地元警察は無謀なドライバーを捕まえるために定期的に取締をしています。もし道を外れたならば、自尊心を傷つけられる事態（壊れた愛車の破片が、この道の危険性を思い起こさせるものとして、道路脇の「恥辱の木」にぶら下がる）に直面するかもしれません。ザ・ドラゴンは、ロバート・ミッチャムの「死への驀走（1958年）」、モンテ・ヘルマンの「断絶（1971年）」、ハリソン・フォード主演の「逃亡者（1993年）」など、いくつかのハリウッド映画の舞台となっています。

テール・オブ・ザ・ドラゴンのディールズ・ギャップ峠

ビッグサーの、印象的なビックスビー・クリーク橋

△ ビッグ・サー・ハイウェイ 1

アメリカ

サンフランシスコとロサンゼルスの間を走る中央カリフォルニアのインターステーツ1号線（カブリロ）は、海岸線の輪郭をたどる世界でも有数の素晴らしいドライブ・ウエイの1つです。実際、この645kmの道のりは、"ビッグ・サウス"として知られる険しくも壮観な風景の中を走ることで知られています。その名前はスペイン語の「エル・グランデ・デル・サー（西の偉大なる場所）」に由来します。グランドを意味する北米大陸の西側にあたるこの道は、太平洋に洗われた段崖絶壁に造られています。海辺の町の間、サンタルチア山脈が太平洋に到達する地域で、137kmの道程。カーメル・バイ・ザ・シーとサンシメオン1,524mの山頂は海岸からたった1.6kmにあり、米国本土の最も長い未開発の海岸線を作り出しています。おそらく北米でも有数の、美しく荒々しい人の手が入っていない海岸線の景色です。この道は、カリフォルニア州のハイテク産業で有名なシリコンバレーを背後に抱えてはいますが、このルートには文明の兆候はほとんどありません。路上には、電話の信号、ガソリンスタンド、レストラン等はまったく無く、断崖絶壁が続くので、一気に通過するには事前にたっぷりの燃料を給油しておく必要があります。この地域の岩盤は弱く、場所によっては地質的にも不安定です。2017年の春に地すべりで、全長98mのプフェッファー峡谷に架かる橋が破壊されましたが、その後橋は重要なビジネスラインとして復元され再開しました。道路の大部分は太平洋からの標高305m以下でほとんど海面レベルです。その道は海へと転落するように急坂を下り、手付かずのビーチを見下ろす滝と岩の間を過ぎて再び森林に覆われた峡谷へ上昇する、狭く曲がりくねったジェットコースター・ロードです。この道では、運が良ければドライブ中に潮を噴く子育て中のクジラの親子を観ることもできま

す。道の左右には巨大なレッドウッドとサボテンが風景を彩ります。多くのドライバーはこの迂回路を通ることなく、単にインターステーツ1号線のルートをひた走ります。さらにこの地域を探索したいのであれば、山々へ繋がるさまざまなハイキングコースが用意されています。一つを経験するだけでカリフォルニア州のロサンゼルスやサンフランシスコの街中の喧噪とは違う、原始の荒野の静寂を経験することができます。海岸淵の崖にしがみつくように建造されたいくつかのスタイリッシュなエコホテルのレストラン・テラスでは、太平洋を見ながらお茶や食事の時間がとれます。単に、ハイウェイのビューポイントからの休憩も可能です。これらの風景を眺めていると、日常の心配事をも吹き飛ばすほど、心身ともにリフレッシュできます。

▽ マウント・ワシントン

アメリカ

ニューハンプシャー州に位置するマウント・ワシントンの頂上は標高1,917mの高さがあり、アメリカ合衆国ミシシッピ川の東側では最も高い山です。ニューイングランド州の大部分を巡るクルーズは大きな驚きに満ちており、北米大陸の最も過酷な山の1つを登る上り坂のドライブ・コースです。その上流域は恐らく強風にさらされています。マウント・ワシントンは北半球で最も強い風速372km/hの記録を保持しており、年間110日にも渡るハリケーンの来襲に耐えなければなりません。気温の寒暖差も極端で、摂氏22度から−51度まであり、冬期に道路は凍結します。気候に恵まれたサマーシーズンならば比較的楽なドライブが可能で、頂からの眺めは、素晴らしいものになるでしょう。その道は、13kmの有料道路ハイウェイ16号線から頂上まで約1,408mを登ります。ほとんどが急勾配のワインディング・ロードが続きますが、ハイウェイは際立って運転可能です。このハイウェイは不便なアプローチしか無かったこの地域を、アメリカ合衆国の主要観光名所に変えたといえるでしょう。たとえ、あなたがドライブに興味がなくても、サマー・コーチ・ツアーといってプロ・ドライバーが運転を代わってくれるサービスが利用できます。冬には、スタッドレスタイヤが無くとも、雪道をキャタピラ・バスがマウント・ワシントンの頂上まで運んでくれるでしょう。

ワシントン山の道

車はロンバードストリートのヘアピンカーブを、ゆっくりと下っていく

▽ ロンバード・ストリート

アメリカ

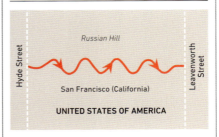

プレシディオのイーストからエンバカデロまで通じる、とても狭く曲がりくねった忙しい通りです。ハイド・ストリートとリブンワース・ストリートに挟まれた、一方通行180mの短い道路なのですが、毎年、数千人の観光客を引き付ける場所でもあります。そこからの眺めは、サンフランシスコ湾、アルカトラス島、ベイブリッジが一望できるファンタスティックな場所ですが、日常的に群衆で混雑します。ほとんどの人達は、ロンバード・ストリートの8つのヘアピンカーブを、ただ通過しに来るだけです。このストリートは、1922年にクルマが大通りに出るときの時間を短縮するため、また急勾配を緩和するためにカーブをつけて赤煉瓦舗装されました。世界で最も湾曲した道で、その地域に住む高額所得層の仲間からは"ロシアン・ヒル"と呼ばれています。このショートカット・ロードはかつて考えられたよりも、時間のかかる道です。この地の住人は、8つのカーブでブレーキ・テストをするために押し寄せる人々の喧噪を、運命と諦めています。休日には、遠方よりこの道を走りにさらに多くの車が、バンパーの接触すれすれで、喜々として丘を降りています。結局、指示速度は時速5マイル(8km/h)の道を、たいした感動のないまま走りきることになるのですが…。そこまでして車が集まる理由は、数えきれないハリウッド映画の中に、この道が出て来ることです。例えばアルフレッド・ヒッチコック監督の「めまい(1958年)」、「ビル・コスビィのサンフランシスコでのドライビング(1969年)」といった具合です。

サンセット大通りの夜の交通状況

△ サンセット・ブルバード

アメリカ

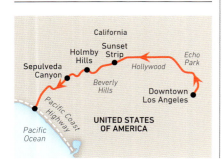

そのドライブは、ハリウッドフリーウェイとハーバーフリーウェイの交差点の近く、ロサンゼルスのダウンタウンのオフィスビルや高層ビルの間から始まります。エコー・パークのバーやクラブを通り抜け、街の北側に広がるハリウッドやビバリーヒルズなどの有名な地域に到達する、別の混雑した通勤路です。世界中のドライバーは、ある程度の期待を持って、この都市道路を走りたいと思うのも不思議ではありません。そのような刺激的な名前を持つ別の通りは他にありますか？

サンセット・ブルバードは、同じ名前の映画とミュージカルの両方に加えて、77サンセット・ストリップのTVシリーズで世界中に知られています。しかし、他の素晴らしいドライブとは異なり、大通りは主要な観光スポットや素晴らしい景色とはまったく無関係です。そしてそれは確かにどんな車やそのドライバーにとっても何の挑戦でもありません。言うなれば、ドライバーは開いている窓の上に左腕を置いてのんびり走るといった、リラックス・ドライブのコースです。そしてサウンドシステムはパンク、ロック、またはヒップホップ等々、西海岸に適切に合った音楽をかけるべきでしょう。日没に向かってブルバードを西に走る場合は、サングラスは必需品です。

サンセット大通り全体では32kmです。最も有名な地区はサンセット・ストリップで、ここはエッジの効いた西ハリウッド・エリアの中心部を走ることになります。このあたりの交通量は多く、スピードは遅いのですが、かつて観た多くの映画やテレビ番組の雰囲気を味わうチャンスを与えてくれます。ドライブの最中に、映画スターが散歩している姿を見られないかもしれませんが、世界で最も有名なバー、クラブ、そしてスタジオのネオンサインと派手な看板の間のドライブを経験できます。ここではファストフード店、バー、カフェ、土産物屋等、現代アメリカの消費生活のあ

キャデラック・ランチ・ロード | 329

なりました。悪名高いギャング、ベンジャミン・バグ・シーゲルのたまり場でもありました。さらに、ここにはザ・ドアーズ、ザ・バーズ、ヴァン・ヘーレン、モーティ・クルー、そしてガンズ&ローゼズなど、数多くのバンドの立ち上げを手助けしてくれたウィスキー・ア・ゴー・ゴーがあります。

最後に、レインボー&グリルもお見逃しなく。ロックミュージシャンやグループの時代を超越したたまり場です。キース・ムーンとジョン・レノンはここの常連でした。同様に毎日バーでポーカーゲームをしていたモーターヘッドのレミー。また、野球選手のジョー・ディマジオとマリリン・モンローが1952年に秘密のデートをした伝説のビラノバ・レストランもあります。ほら、楽しそうでしょ。

▽ キャデラック・ランチ・ロード
アメリカ

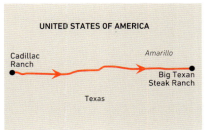

シカゴからカリフォルニアへのヒストリック・ロードであるルート66は、世界で最も有名なロードトリップのひとつです。1930年代の中西部のダストボウル(中西部の大規模な砂嵐)に見舞われた人々のための移動ルートとしての起源以来、それは古典的な長距離アメリカ横断の重要な幹線道となり、歌、映画、文学で有名になりました。おそらくルート66にインスパイアされたと思われる有名な作品は、ジョン・スタインベックの小説「怒りの葡萄(1939)」と、1946年ボビー・トゥループが作曲、伝説の歌手、ナット・キング・コールが歌った「ルート66」でしょう。

しかし3,939kmの失われたルートの正確なトレース・ドライブは非常に難しく、残念ながら実際の道を走ってもそれほど興味を引く経験はできないでしょう。キャデラック・ランチ・ロードのように、比較的短いルートで象徴的なセクションを楽しむことをお勧めします。歴史的なルート66の道端にある観光スポット、キャデラック牧場は、テキサス州アマリロの西25kmのところにあります。世界で最も記憶に残るアート・オブジェの1つは、砂漠に斜めに突き刺さったキャデラックの車10台で構成されています。キャデラックは1948年から63年までの実際のビンテージモデルですが、それらはすべて色とりどりの落書きで覆われています。もともとは1974年、グループ・アント・ファームの一員だったチップ・ロード、ハドソン・マルケス、ダグ・ミッシェルによってチームは結成され、アートとして設置されましたが、TVコマーシャル撮影、関係者のバースデー、LGBTパレード記念のイベントにより作品は定期的に塗り替えられて、ピンク、ホワイト、レインボーカラーといった色彩をまといました。現在、インターステーツ40号線沿いの牧草地に移管されて、私有地の中にありますが、年中無料で解放され、一般人の更なる自由なペイント・スプレー等の落書きが奨励されています。

さて、旧道を走りアマリロに戻り、街の東側に位置するテキサスで一番有名な「ビッグ・テキサス・ステーキ牧場」でディナーはいかがでしょうか。デカい牛の看板と、一目瞭然の黄色のモーテルを兼ねた派手な建造物が目印です。ここでは、1時間で2キロのステーキとフライドポテト(7,600円)を完食すれば無料になるコースが設定されています。かつて、2キロのステーキを平らげ、さらにもう一枚を15分以内で食べたご夫人の記録が残されています。

それを凌ぐ記録として、牝のライオンはたった80秒で巨大な肉塊をペロリと平らげたそうです。お肉が大好きな方、挑戦なさいますか?

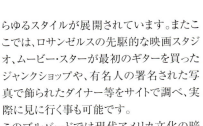

らゆるスタイルが展開されています。またここでは、ロサンゼルスの先駆的な映画スタジオ、ムービー・スターが最初のギターを買ったジャンクショップや、有名人の署名された写真で飾られたダイナー等をサイトで調べ、実際に見に行く事も可能です。

このブルバードでは現代アメリカ文化の暗い面を辿るツアーに参加することもできます。ストリップでは、ジョニー・デップが所有権の一部を2004年まで持っていた古いクラブ、バイパー・ルームを通り過ぎます。そこでは、俳優のリバー・フェニックスが1993年のハロウィーンの朝に薬物の過剰摂取で亡

州最大のステーキの発祥地である、「THE BIG TEXAN STEAK RANCH」

南アメリカ

ユカタン半島

メキシコ

日当たりがよく安全な全長129kmのドライブは、カリブ海の青い海に沿って、素晴らしいユカタン半島の海岸線を探索するものです。この道は、数々の見事なクラブやバーが並ぶカンクンの巨大リゾートから、プンタ・ニズークのビーチロード（両側に透き通った水がある狭い砂の商業地）に沿って走っています。その後、道は沿岸の平野を南に向かって走るハイウェイ307へと合流。点在するバーが道の右脇に並び、対する左側には、手付かずのヤシの木が並ぶビーチが連続しています。

白い砂浜と海が見下ろせるプラヤ・デル・カルメンでは、海に面した輝く白いホテル群を通り過ぎていきます。澄んだ景色の中にある豪華なビーチとウォータースポーツの島、コズメル島は、沖合にあり、ボートを使い短時間で訪れることができます。

307号線は南へと進み、緑豊かな植生の平らな地形をまっすぐ進んでいきます。この道は最後にツーリストクラフトマーケットと素晴らしい考古学的な宝があるトゥルムへ到着。輝くビーチ上の岩が多い岬の上にあるジャングルの中には、全体が壁に囲まれたマヤの城壁都市の遺跡がそそり立っています。見どころには、見張り用の塔として作られた崖の上のカスティーリョ、部分的に修復された壁画がある、フレスコ画の宮殿が含まれています。

▷ トランス・アンデス・ハイウェイ

ベネズエラ

カッレテラ・トランサンディナまたはトランス・アンデス・ハイウェイは、ベネズエラを横断する約1,610kmの道です。第二次世界大戦前に囚人により作られた道で、地方の反乱を鎮圧する軍によって使われていました。

今日、トロンカル7（この道の正式名称）は、ラテンアメリカにおける素晴らしい旅の1つになっています。この道は途中でアンデス北部の高地を横切る、この国の中心からコロンビアとの国境に近いサンクリストバルまでの自動車での冒険を提供してくれます。ただし、この全行程を走破できない場合、アパタデロスからティモテスまでの全長48kmのルートなど、高速道路の中心部分のみを走ることもできます。このルートはこの国で最も標高の高い道に沿っていて、標高4,118mにあるコジャード・デル・コンドル峠（時にピコ・エル・アギーラとも呼ばれます）でピークに達します。地形の影響でこの道は非常に曲がりくねっていますが、路面はなめらかで運転は楽です。晴れていれば素晴らしく劇的な

カンクンのホテルゾーンの鳥瞰写真

プンタ オリンピカ | 331

トランス・アンデス・ハイウェイの道と険しい風景

▽ プンタ オリンピカ

ペルー

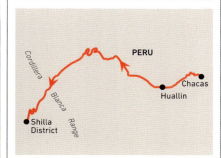

景色を堪能できます。
峠の頂上には小さな礼拝堂、カフェ、そして土産物屋があり、コンドルの像も建てられています。コンドルの像は、1813年のシモン・ボリバルと彼の軍隊によるアンデス山脈踏破を記念したものです。この峠から、美しいマラカイボ湖まで車で下ることができます。

アンデス山脈のルタを起点とするAN-107、別名プンタ・オリンピカは、世界で最も高い、通行可能な峠をまたぎます。そして新しくできた道も、世界で最も高いトンネルを通ります。このプンタ オリンピカ トンネルは驚異的な高度4,735mに位置し、約1.2kmの長さがあり、スリリングなドライブを味わえます。
トンネルが建設される前は、雪に覆われたブランカ山脈を通る、たくさんの険しいカーブと未舗装路面は、世界で最も危険なドライブの1つと考えられていました。トンネルは、峠の頂上への急勾配を避けるために建設されました。ペルー当局はそれ以来、舗装し安全な道路へと改良しました。今日ではプンタオリンピカで、息をのむような景色を楽しめる、素晴らしい山のドライブを楽しめます。しかし、道路が改善されてから46本のカーブしか残っていないにもかかわらず、地元の人々はそれを「1000のカーブがある道」と呼びます。より冒険的な旅行をするなら、トンネルを迂回した上に305m登り、さらに21のヘアピンカーブを含む古い砂利道を通れます。ただし、このセクションはトンネルが建設されてから維持管理されていないため、本当に危険です。放置されている古い路面は、最も頑丈なオフロード車以外のすべての乗り物に適していません。いっそのこと、車をオフロードバイクに乗り換えるか、徒歩で走ってください。できれば、滑り止めの付いたハイキングブーツを履きましょう。

プンタ オリンピカは曲がりくねり、プンタ オリンピカ トンネルを通り抜ける

332 | ユンガイハイウェイ

ケブラダ・デ・リャンガヌコの湖畔を通るユンガイの高速道路

△ ユンガイハイウェイ

ペルー

チナンコチャ湖とオルココチャ湖からなるリャンガヌコ湖は、ペルーアンデスの雪をかぶったコルディレラ・ブランカ山脈の有名な観光地です。2つの美しいターコイズブルーの湖は、標高3,650mの高地にあります。ペルーで最も高い山であるワスカランのすぐそばです。それらの湖は薄い岩石の表面の下に並んで横たわり、そして細長い陸地によって隔てられています。

カレテラ・デ・ユンガイ、またはカレテラ106を通ると、湖にたどり着けます。ここは、1970年に悲劇的な地震が発生し、2万人が命を落とした地方の首都、ユンゲーから山へ向かう曲がりくねった未舗装の石道です。トラックで、この町にそびえ立つ峰を登ります。

驚くことではありませんが、この道は通行困難な道で、発展途上国のドライバーが長距離を走行するときに通り抜けなければならない道です。きれいな舗装路ばかり走っているドライバーは、否応無くショックを受けるでしょう。急で、きつく、狭いカーブと、砂と砂利の表面、さらに恐ろしいことにガードレール等の崖下への落下の対策が無いこと、そして対向車が現れたときには、厄介なバックですれ違うといった心構えが必要です。

▷ セラ・ド・リオ・ド・ラストロ・ロード

ブラジル

アタカマ砂漠の道 | 333

ラストロ川山地はブラジル南東部のサンタカタリーナ州にある表情豊かな山脈です。この山地のギザギザとした緑のピークは、海から約80km離れた沿岸にある平野から急勾配で立ち上がっています。

風景は、すぐに海抜数千フィートまで上昇し、天気が素晴らしい日には、大西洋がかすんで見えます。急斜面の断崖、岩だらけの峰々、そして深い谷は緑豊かな熱帯雨林に囲まれていますが、最終的にはあらゆる方角に素晴らしい景色を眺められる、より荒れた高峰につながっています。

いくつかのエコホテルは、頂上の高台に宿泊施設を提供しています。しかし、頂上に到達するためには、ドライバーは利用可能な唯一の道路-地元でセラ・ド・リオ・ド・ラストロ・ロードとして知られているSC-390を通り抜けなければなりません。これはブラジルで最も有名な、もしくは悪名高い高速道路の1つで、ラウロ・ミュラーからサン・ジョアキンまでの25kmの間、木々の間を移動します。

道路を使ったイベントは、国際的にも普及しました。車や自転車のレース、フェスティバル、そしてデモンストレーションが一般的になり、人々はこのルートを楽しむために何百kmも走ります。ドライブは挑戦のしがいがあり、素晴らしいコースです。熱帯雨林の険しい崖上の登りには、約250本のヘアピンコーナーがあります。最も過酷なのは、わずか11kmで海抜1,460mまで上昇する区間です。色とりどりの鳥、エキゾチックな植物、アライグマ、そして絶叫するサルがいる森は魅力の一つですが、道路自体も同様です。

そのコースは、はるか遠くまで曲がりくねっていることが見渡せます。コンクリート製の道路はおおむね滑らかですが、気候の極端な変動によるひび割れには注意が必要です。この場所の天候は、熱帯の日差しから吹雪まで多岐にわたります。大雪や雪崩が時折道路を塞いでおり、冬は氷が問題になる可能性があります。

カーブの先は見やすくなっていますが、所々浅い欄干の壁で守られているだけで、簡単に谷底へ落下してしまいます。特に遠隔地のジャングルの道路で、最も驚いたのはおそらく、SC-390が夜間に一連の風車で動く街灯で完全に照らされているという事実です。日が落ちた後に遠くから見ると、道は山を越えて神秘的に照らされる螺旋型の滑り台のように見えます。

エル・タティオの超自然的な間欠泉地帯

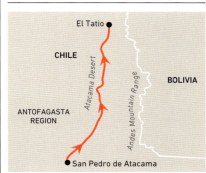

△ アタカマ砂漠の道

チリ

塩湖、火山地、そしていくつかの鉱山コミュニティが点在する約129,500km²の木のない不毛な岩場であるアタカマ砂漠は、地球上で最も乾燥した場所です。この88kmのルートは、標高がすでに高いサンペドロ・デ・アタカマから始まります。標高2,130mのところで、さらに慣れるまでに数日かかることがあります。ルートの終わりにあるエル・タティオの町は、標高4,267m(14,000フィート)です。

準備ができたら、整備されていないB245を北へ進みます。この道は充分にきれいな高速道路(雨が降らないため、水の被害は限られている)ですが、アンデス山脈の奥深くまで登っていきます。

この道は、いくつかの特別な砂漠の風景を通り、活動的な間欠泉が世界で最も集中している場所が終点で、エル・タティオだけで80の間欠泉があります。この蒸気を上げている間欠泉の地域は、アンデスの山々に囲まれた自然の温水に浸かることができる日の出時に、最もよく見えます。

ラストロ川山地は、ブラジル熱帯雨林の中を通り抜けるように連なる

アフリカ

▷ バオバブの道

マダガスカル

日没時のバオバブ通り

植物学者はその木をアダンソニア・グランディディエリと呼び、アフリカの東海岸沖のマダガスカル島で最大かつ最も壮観な植物です。巨大なバオバブの木々は、この熱帯の島でしか成長しないユニークで素晴らしい品種です。

太くて滑らかで光沢のある幹は、幅3m、高さ約30mまで成長します。上品な盆栽のような冠が大きな花や果物を発芽させるとこ

ろまで、幹には枝がありません。奇妙で恐竜のような木々は800年前まで繁栄し、かつて島全体を覆っていた密林の唯一の名残りです。地元の人々はそれらを「逆さまの木」、「ボトルの木」、さらには「森の母」と呼ぶこともあります。この木々を見るのに最適な場所は、アベニュー・オブ・ザ・バオバブとして知られている、全長260mの荒れたほこりっぽい道です。ここでは、約25本のバオバブの木が道路沿いに並び、世界で最も記憶に残るフォトジェニックなポイントの1つになっています。今日では、木は大切に保護されており、アベニューは非公式の国家遺産地域となっています。ここは気軽に行ける場所ではありませんが、主要な観光名所になったので、自分の車を持っていなくても、連れて行ってくれるたくさんの地元ガイドがいます。最も人気のある交通手段はタクシー（マダガスカル版のブッシュタクシー）で、15人以上が乗れます。

自分で運転して行く場合は、特に悪天候下ではSUVを選んでください。このサイトに最も近い町は、島の西海岸にあるムルンダバです。そこからアナレーヴァに向かって道を

東へ進んでください。ただし、10kmほど進んだ後にアベニューサインで北に曲がります。ここから、道路は未舗装で、不均一で、でこぼこしたひどい道になります。この道は、湿った水田とサトウキビ農園、そして手付かずの低木地の間をつないでいます。

季節に応じて、それは堅く乾いた泥、または粘着性のある湿った湿地のいずれかの状態です。7km進んだ後に、道路はアベニューに到着します。そこから車を降りて、敷地内を徒歩で探索できます。日の出や日の入りのタイミングは、プロの写真家や一般の自撮りをしている人たちから人気があり、カラフルな空を背景にしたアフリカの木々の素晴らしい写真を撮影するのに最適な時間

です。4月は雨季の後で、木の上に新しい青葉をつける最高の月です。

見学には費用はかかりませんが、ツアーの開始時に小さな駐車場に集まる大勢の村人が、バオバブの木の形をした木彫りの彫刻品を売ってくれるので、素晴らしい記念品になります。

バオバブの木は、それらの保存に寄与した地元の人々にとって特別な意味を持ちます。彼らは木々を先祖の神聖な家であると信じています。そして木々には非常に栄養価の高い果物がなります。

ヨーロッパ

▽ ハードノットパス

イングランド

イギリスの湖水地方＝レイクディストリクト国立公園を通り、穏やかで風光明媚なクルーズを期待するドライバーは、この通行困難な24kmのルートに驚くことになります。カンブリアのハードノット峠を通る道は「英国で最もとんでもない道」と呼ばれており、車と運転技術が試されます。天気の良い日には、ほとんどの車がこの場所を通過できますが、それ以外の天候では強力な4輪駆動車が推奨されます。

道路がきれいな湖畔から登ってくると、先の課題をドライバーに警告する看板があります。それから間もなく登場する極端なヘアピンコーナー、崖下への落下対策の不備、そして最大33パーセントの勾配から後戻りしようとしても、時すでに遅しです。この道は晴れた日には充分に楽しめます。しかし、イギリス西部の湖水地方で晴れるのは稀で、普段は水平方向の雨が降り、強風が吹き、滑りやすい舗装路になります。天候が悪い日には、通行不可能です。頑張ってステアリングとギアチェンジの操作を繰り返したご褒美に、荒々しい美しさの手つかずの山の風景へアクセスできます。荒れ狂う滝、完全なる岩壁、そして驚くべき景色が、突然山脈を横断するように開けます。ずうずうしい羊が大胆に道路を横切ってさまよいだすと、印象的な地形が、両側の雲の中にそびえ立ちます。この地方では、羊たちにとって自動車は間違いなく邪魔者です。

▽ 西の島々

スコットランド

印象に残る畦道、橋、そしてフェリーで結ばれている280km離れたスコットランドの島々を探索することは、英国で最もエキサイティングなドライビングアドベンチャーの1つです。アウター・ヘブリディーズ諸島にある、これらの小さな島々を通る道には、一連の感動的な海の景観、美しい緑色の低木で覆われた湿原、そして素晴らしい砂浜があります。これは野生の、手付かずの土地で、多くの場合感動的で、常に記憶に残るものです。カワウソやアザラシ、ストーン・サークル（※石の記念物のこと）、バグパイプ奏者、ブラックハウス（茅葺き屋根の伝統的な1階建ての乾式石造りの建物）、スコットランドで随一の新鮮なシーフードをご賞味ください。道路は静かで、きれいで、そしてしっかりと標識があります。最大の危険は、厄介な羊と難解で発音できないゲール語の地名です。本土から出航し、バラ島のカッスルベイのフェリー船台に到着するまでに、この島々ならではの魅力を感じていることでしょう。湾の真ん中に立っているのは、中世のキシミュル城です。キシミュル城は、1,000年も前からマクニール氏族の要塞となっています。氏族は最近、1年に1回のウィスキーボトルを生産する名目料金で、この城をヒストリック・エンバイロメント・スコットランド（※略称はHESで、スコットランドの歴史的な環境を保全する公的機関）に貸し出しました。

バラ島にある、中世に建てられたキシミュル城

ミヨー橋

フランス

パリを南下してモンペリエへ向かう高速道路A75号線は、景勝地を通過するコンクリートの川のような道です。南フランスのセヴェンヌ山脈一帯の山岳地帯を抜け、タルン川の広い谷へ達するまでは、車速が落ちることはありません。ミヨー橋は、鍛え抜かれたドライバーであっても心臓が止まるかのような経験をする、世界で最も高い高架橋です。息を飲むほど美しい風景でも、橋を渡っている間は、ハンドル操作という重要な仕事を忘れないでください。この並外れた斜張橋の最高部は、地上から343mという目がくらむ高さであり、ほとんどの支柱はエッフェル塔の高さを超えています。およそ4億5千万ユーロを費やして建てられた、この2.5kmに及ぶ技術の結晶は、世界で最も美しい橋の一つとして評価されています。

しかし、たとえ景色を楽しむためにスピードを落としたとしても、橋を渡る時間はあまりにも短いです。ミヨー高架橋を完全に楽しみたいのなら、下からその壮大な姿を眺めるため、地元の田園地帯を通る迂回ルートをおすすめします。そのルートの一つは、ミヨーの美しい旧市街地を発着点とする、素晴らしいワインディングロードです。新しい橋が開通した2004年以降、長距離移動する車は町で止まる事無く、町を迂回して通過します。地元の人々が静寂を歓迎する一方、商売人は商機の喪失を憂いています。観光客がほとんどいない伝統的な町であるミヨーは、立ち寄る価値があります。

ミヨーから橋の南側にあるA75号線と交差する曲がった道を進み、交差点を過ぎて高速道路から離れると、サン・ローム・ド・セルノンやサン・ローム・ド・タルヌなど、フランスの魅力的な村を巡る風光明媚な道に出ます。タルン川の谷に沿ってカーブし、ミヨー橋の真下を通る道から見る橋の景色はさらに印象的です。

ミヨー橋はとても高いので、時折、谷に集まる雲の上を走るという体験ができます。そのような日の橋のドライブは、忘れられない思い出となるでしょう。

曲がりくねった千の道

スペイン

スペインのコスタ・ブラバは、入念に整理された、家族向けの観光地でいっぱいの、海岸線の賑やかな地区のように見える一方、実に素晴らしい短い道を隠しています。それらの道は、主要なリゾート地であるサン・フェリウ・デ・ギホルスとトッサ・デ・マール間にあり、地元の人々には「曲がりくねった千の道」として知られています。現在は、この2つのリ

コスタ・ブラバにあるトッサ・デ・マールの町

マラテーアの救世主キリストの道 | 337

ゾート地をつなぐ平凡な長い道が内陸部に造られていますが、本格的なドライブを楽しみたいのなら、壮観な崖の上をすがりつくように走るより、ダイレクトに2つのリゾート地を結ぶ道を選んでください。曲がりくねった千の道では、コスタ・ブラバが人気の観光地となる以前のスペイン北東部の姿を垣間見ることができます。

これらの悪名高きワイルドな道では、自慢のマシンをテストする地元のモーターサイクリスト達に注意してください。道中は、目眩がするような崖と戦慄するコーナー、そして何百メートルも下にある地中海の素晴らしい景色が続きます。ありがたいことに、車を寄せて写真を撮れる待避所もたくさんあります。運転する前には、深く深呼吸することをお忘れなく。

ステルヴィオ峠を越え、オルトレス山を通る

 ステルヴィオ峠

イタリア

ステルヴィオ峠は、イタリアからスイスに抜けるオルトレス山脈の19kmのつづら折りが続く、ヨーロッパでも有数のアルプスを走るワインディング・ロードです。そのコースは決して心地よいコースとは言えません。それでも、頻繁に世界のベスト・ドライビング・コースの一つに選択されます。平均斜度7.7%、最大斜度15%の厳しいコースは、自転車競技ロードレースの大会の一つ、ジロ・デ・イタリアにもしばしば登場しました。BBCの名物番組「トップギア」が3台のスーパーカーを持ち込んでのステルヴィオ峠の攻略を敢行、その結果、3人は世界最高、究極のドライビング・コースと認定しました。コースの総てに立ちはだかる壁のような山肌、目眩がする48のヘアピンカーブ、さらに34ヵ所の異なった曲線を通過し、最終的に2,757mの頂上まで縫うように登ります。このドラマチック・ロードを制覇した総てのドライバーには絶景

の感動と、かつて経験した事の無いドライビングから、可能な限り速く走る事はそれほど重要なことでは無いと悟ることでしょう。

▷ マラテーアの救世主キリストの道

イタリア

イタリアのマラテーアの町の近くにある、高さ約22mの救世主キリスト像は、ブラジルのリオデジャネイロにある'60年代スタイルのキリスト像よりも、よりカジュアルな服装をしています。このキリスト像は、フィレンツェの彫刻家ブルーノ・イノチェンティが1965年に完成させ、海抜約592mのモンテ・サン・ビアージョと呼ばれる劇的な丘陵地の頂に立っています。

この曲がりくねった道は、驚くべきことに、そびえ立つ彫像の台座まで続いています。間違いなく、ヨーロッパで最も素晴らしいドライブロードの1つです。連続するヘアピンカーブは、崖の側面に突き出したコンクリートの柱によって優雅に支えられています。桁外れのハードなコーナリングとギアチェンジを繰り返すと、頂上の小さな駐車場に到達します。駐車場では疲れた身体を癒し、眼下に広がる町と南北に伸びるバジリカータの海岸線のパノラマを眺める機会が与えられます。山肌を見下ろした最も印象的な光景は、並々ならぬ道そのものです。そして帰りにはもちろん、この道に再び挑まなければなりません。

救世主キリストが、両手を広げて訪問者を歓迎する

険しい峡谷の道

イタリア

ジェームズ・ボンドのアストン・マーティンは、映画『007 慰めの報酬』のオープニングカーチェイスで、この道を猛スピードで駆け抜けました。当然、そのシーンはスクリーンでドラマチックに見えましたが、ルート自体の資質については、3人の経験豊富なスタントマンが撮影中に転落したという事実から推察できます。結局、3人の内の1人はガルーダ湖に飛び込み、もう1人は病院へヘリコプターで運ばれました。そう、どのような速度であれ、甘く見られる道ではありません。SP38と称するこの道は、アルプスの麓にある美しいイタリアの湖のほとりから、ブラサ川に削られた山の割れ目を辿って渦巻く、およそ16kmの曲がりくねったタリアテッレ(パスタの一種)のような道です。この道は、単なるジェームズ・ボンドのロケ地ではなく、多くの自動車メーカーがCMや写真撮影のために使用しています。そのルートは、岩を爆破して通した崖っぷちのトンネルを抜け、車よりも僅かに広いギザギザの山峡を進む凶悪なルートです。しかし、時折はまばゆいばかりの太陽の下に出て、眼下に広がる湖の素晴らしい景色を眺める事ができます。

峡谷の道には世界中からドライバーが集まってきますが、地元の人にはそれほど愛されていません。この狭い一車線の道に沿ったいくつかの店を巡ったり、あるいは仕事に出かけるためには、対向車を通すために幾度となく停車を強いられ、直面したトラックをやり過ごすためにブラインドコーナーをバックする必要すらあるのです。車幅の広い車は側面を擦り、極端な場合は007のアストン・マーティンのように、ドアがなくなったりもします。車幅が狭い車であれば、ヨーロッパ全土から集まるバイクと同様に、この際どい滑り台で健闘するはずです。渓谷への転落から守ってくれるのは小さな柵だけで、狭い岩のトンネルをバックしなければならない可能性もあるため、この道は総合的な集中力を必要とします。

当然の事ながら訪問者は、山頂付近にへばり付いた美しいトレモージネの村へ辿り着く前に、息切れする事もよくあります。

サー・ウィンストン・チャーチルもかつて、この険しい渓谷の道に挑んだ事があります。彼の評決ですか?「世界で8番目の不思議」と言ったそうです。

ガルダ湖から蛇行する、険しい峡谷の道

▽ オシェニク湖への道

オーストリア

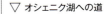
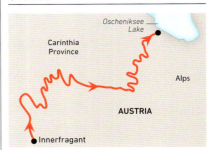

最大20%勾配のこのルートは事実上、車の登山道です。オシェニク湖への道は、アルプス山脈を1,500m上る手っ取り早い方法だと言えるでしょう。冬の間は当然、雪のために通行できません。しかし夏になると、僅か数kmの間に40以上ものヘアピンカーブを擁すこの道に、熱狂的なドライバー達が挑戦します。あなたがこの道でかっ飛び去ったら、急坂の征服を好んで奮闘努力するサイクリスト達も、恐れをなしてその考えを変える事でしょう。

このルートはオーストリア中央部のケルンテン州、美しい森の渓谷にあるたわいもない田舎道からスタートしますが、コンクリート舗装路のカーブをいくつかパスすると、様相が変わり始めます。道路はケーブルカーのように木々の間を登り、向かいのむき出しの山々を超えて行きます。僅か11kmの距離を進むと、標高2,394mのオシェニク貯水池のダムに到着します。ここに辿り着いたドライバー達へのご褒美は、360度広がる素晴らしいアルプスの景色です。

▷ オーレスン・リンク

スウェーデン

エーレスンド海峡は、デンマークとスウェーデンの間にある、北海とバルト海を結ぶ海峡です。コペンハーゲンとマルメという主要都市が両岸にあるため、この海峡は事実上、

リーセヴァイエンの道 | 339

リーセヴァイエンの道が、ライスボトン村へとジグザグに通っている

世界で最も慌ただしく、多くの船舶が行き交う水路の一つです。

この海峡を横断する最もエキサイティングな方法は、45kmもの長さに及ぶヨーロッパ最長の鉄道道路併用橋、そして、ヨーロッパ大陸で最も素晴らしい建造物の1つでもあるオーレスン・リンクを利用することです。コンクリート柱で支えられた道を8km程進んで海を横切ると、スウェーデンとデンマークの間にあるペベルホルムという小さな人工島に到着します。その後、高速道路は島の中央を通過してトンネルに入り、4km離れたデンマークの沿岸に到着します。一部をトンネルにする事で、海路の一部を確保しています。このトンネルは、55,000トンのコンクリート管で造られた世界最大のトンネルです。

オーレスン・リンクはテレビでも有名になり、人気のあるスカンジナビアの犯罪ドラマ「橋=The Bridge」の舞台になっています。

△ リーセヴァイエンの道

ノルウェー

オーレスン・リンクがドログデントンネルへと続いている

リーセヴァイエンの地図は、一見すると子どもの殴り書きのように見えます。しかしルートの俯瞰図が、この不思議な舗装路が実際の道である事を示しています。

29kmの道は、純然たるノルウェーのフィヨルド際を下る、32のヘアピンカーブと手厳しい急勾配という衝撃の連続で始まります。そして、終着点であるリーセボンの村が現れる前に、360度方向を転換する螺旋トンネルに入ります。終着点からは、ドライバーはスタヴァンゲルへ向かうフェリーを待つか、再びリーセヴァイエンへ戻るドライブのどちらかを選択できます。この道路は、山中に水力発電所を建設する際の石を運ぶため、1984年に建設されました。この道路が完成する以前、リーセボンはノルウェーの道路網から断絶され、交通手段はボートのみでした。現在、リーセヴァイエンの道はクルマのアトラクションとなっています。

インターネット上の動画では、ラリードライバーが10分を切る速度でこの道を駆け巡っていますが、普通のドライバーはもっと時間がかかるでしょう。

日没時のストルシャイスン橋

△ アトランティックロード

ノルウェー

ノルウェーの西海岸全体は、フィヨルド（入り江）、島、そして雪に覆われた山々が並ぶ壮観なものです。そしてそれは、世界で最も高価な道路、橋、トンネル、フェリーのネットワークで結ばれています。36kmに及ぶ1本の高速道路が、ノルウェーの多くの遠隔地への訪問者数を増やすことを切望している観光局長によって、「Atlanterhavsvegan（大西洋道路）」または「アトランティックロード」と呼ばれています。大西洋道路は世界で最もセンセーショナルなドライビングルートの1つであり、あなたをすばらしい海に連れて行きます。

たくさんの花が咲き誇り、「バラの町」として知られている小さな海岸沿いの町モルデのすぐ北にあり、曲がりくねった舗装路が本土から離れています。広大な大陸の海岸線から大西洋の荒涼とした島へと続き、広大な橋と離れた島のコミュニティを横切って、岩が多い小島から波が跳ね上がった土手道まで続いています。この道路は、ノルウェーの「世紀のエンジニアリング偉業」に選ばれました。これは、水力発電ダム、山岳トンネル、そして北極建築の独創的な例と並ぶ国の自慢です。

1989年に完成したルートは、元々は本土に行くためにボートに頼っていた村を結ぶために作られました。現在は全国観光ルートに指定されていますが、料金は無料です。何よりもすばらしいのは、北西からの強風によって波が道路を横切る環境で、高速道路は8つの橋を渡って蛇行します。穏やかな時期には、道路の横にある岩の上で急上昇するワシや、アザラシを見ることができます。

この道路のハイライトはこの道路の中で最も長い橋である、片持ち梁のストルシャイスン橋とそのロゴです。橋の全長は260mあり、真下を船が通ることができるように高くカーブしていて、真ん中でねじれています。嵐の中でその橋の写真を撮ることは、プロ、アマ問わず写真家の夢です。

ルート沿いには様々な休憩所やハイキングコースがありますが、いくつかのビューポイントでは大規模な波しぶきがかからないようになっています。探索をしたいのであれば、沼の湿地を通って上げられた木製の歩道をたどったり、各島の最高地点に登ることもできます。また、釣り人のために釣り場が設けられている場所もあります。

よりシュールな経験を望むならば、現代の芸術家ジャン・フロイゲンによる印象的な大理石の彫刻の一部を見つけるために、ハガ島の海岸沿いの道をたどることができます。彼の創造物は大西洋岸の岩の間に捨てられた、ねじれた白い古代の柱の残骸であるように見えるように意図されています。

バフチサライ・ハイウェイ

クリミア半島

人気のある黒海のヤルタビーチリゾートから、かつてクリミアのタタール王国の首都であった、輝く歴史的な町バフチサライへの旅は、旅行者に人気があります。しかし、ドライバーは近代的で安全な、滑らかな高速道路を通るか、よりダイレクトな古い道路を利用するかというルートの決定をしなければなりません。そう、この場合の古い道路とは、悪名高いバフチサライ・ハイウェイのことです。正式にはT0117と

ラヒージマウンテンロード | 341

いう称号を与えられたその道は、世界でも筋金入りの、ヘアピンカーブが続く道のひとつです。この道は急な岩の谷を通って77kmの間螺旋を描き、山や峡谷を通って走るのでドライバーは50以上のスイッチバックコーナーをクリアしなければなりません。さらに、ガードレールが無く、狭いブラインドコーナーもあるこのルートは、非常に挑戦的なドライブ旅行のあらゆる要素を含んでいます。

この道は通常の条件でも、慎重さと集中力を必要とする低速路です。しかし、このルートはクリミアの風景の中を走る、非常に風光明媚な旅です。ただ、コンディションが悪いので、慎重なドライバーではない場合、危険な挑戦となります。

▽ ケマリエ・タシュヨル

トルコ

ユネスコ世界遺産のディヴリーイの大モスクを見るために、ケマリエの町からムンズール山脈まで車で走ることを計画している自動車運転者は、山を囲む近代的な舗装道路を通る長いルートか、高地を通るより短いルートを選ぶことになります。後者はトルコの有名なケマリエ・タシュヨル、またはケマリエストーンロードと呼ばれ、長さは80kmで、建設に1世紀以上かかりました。坑夫達は生涯をかけて、通行不能な崖を手で削り、山を通り抜ける5kmの長さのトンネルを掘りました。

今日、ストーンロードはよく知られた冒険の道であり、気の弱い人向けではありません。その道は狭く、崩れ、そして舗装されておらず、ユーフラテス川の流れに沿って峡谷を通っています。峡谷の最も深い部分は、ダークキャニオンに入ります。そして、その壁は非常に高く、ほとんど太陽の光が届きません。この道のドライブは本当に大変です。そして、この危険な道を造るために死んだ人々の記念碑の前を通る時、あなたは謙虚な気持ちのドライバーとなるでしょう。

アゼルバイジャンのラフジ村

△ ラヒージマウンテンロード

アゼルバイジャン

ラヒージの素晴らしい古代の村は、アゼルバイジャン共和国の観光名所のひとつです。石造りのコテージと石畳の路地が並ぶこの迷路のような村は、グレーターコーカサス山脈のふもとの丘陵地帯にあります。

厳しく、不毛で、岩の多い風景に囲まれたラヒージは、文明から非常に遠く離れた孤立した村です。何世紀にもわたって、その距離と孤立のために住民は独自のインフラと生活様式を開発してきました。これには世界最古と思われる1,500年前の下水道システムが含まれます。彼らは独特の工芸品スタイルを開発し、それらの複雑な銅器と敷物でも有名です。

タザケンドからラヒージまでの距離は、22.5km程しかありませんが、到達するのが難しい場所です。村への幹線道路は、整備された高速道路だけを走ることに慣れている運転手にとって手強い道です。その道は、深く劇的な渓谷を流れる乾いた川をたどります。それは非常にフォトジェニックですが、道路のいくつかの区間は、純粋な岩石の表面を削っただけの単に狭い砂利道です。眺めは印象的ですが、運転するときは注意が必要で、道路の橋がガードレール等で保護されておらず、車が崖から落下することがあります。安全のため、この遠くて険しい風景の中は四輪駆動車で走ってください。

石の道が、ユーフラテス川の谷に沿って通っている

アジア

チュイスキー・トラクト
ロシア

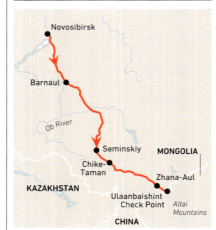

ロシアの第3の都市、シベリアの首都であるノボシビルスクから、アルタイ地方とアルタイ共和国を横切って南へ959km、モンゴルとの国境までつながっています。観光客で渋滞することは決してありませんが、知っている人にとっては、チェイスキー・トラクトは世界でも長距離を走るすばらしいドライブの1つです。このルートはあまり知られていない地域を通り抜け、壮観な景色の素晴らしい範囲を提供しています。そして道路自体、正式にはM52またはP256はこの地域のために異常に良いコンディションで、幅が広く舗装されています。残念なことに、その大部分は、悪名高いシベリアの収容所から連れてこられた最大12,000人の囚人の努力によって造られました。第2次世界大戦前の20年間、囚人たちは道路を建設するために恐ろしい状況での労役を強制されました。地元の言い伝えでは、道の脇にはその亡骸が並んでいるといわれています。

このルートは極東とロシアを結ぶ古代のラバのキャラバントレイルをたどっていて、ジンギスカンがこの地域に侵入したときに使われました。この道は、事実上偉大なシルクロードの北部の分流なのです。オビ川は世界で7番目に長い川で、アルタイ山脈から北極海までずっと続いています。この道は森林に覆われた島の周りを流れる水に沿って通り、黄金のドームの教会のある美しい丸太小屋の村を通り過ぎます。輝かしいセキンスキーとチキ-タマンの峠は針葉樹林、輝く湖、劇的な岩の崖、そしてそびえ立つ雪をかぶった山々の高い景観へと続いています。これらはアルタイ山脈で、そこではトナカイの群れや遠くの氷河を見つけることができ、先史時代の芸術で飾られた洞窟を訪問することさえ可能です。カザフ文化博物館を訪問するために、ザナ-アウルの村に立ち寄る価値があります。ここでは本当のパオ（ユルタ）テントで生活しています。この道は最後に高くて乾燥した草原に到達し

チュイスキー・トラクト沿いの観光スポット

ダイアナの中心地へと続く道にある、ロッキーパノラマの景色

ます。そこでは、現在でも馬に乗った人々が広い空の下の開かれた土地で家畜を飼っています。
ルートの最高点は2,000mですが、道路の質が良いため到達するのは難しくありません。それでも、これは遠隔地を通る長い道であり、冬は条件が厳しいこともあります。夏の間は、ホテル、ガソリンスタンド、およびカフェが道に沿ってオープンします。

△ ニズワからダイアナズ・ポイント

オマーン

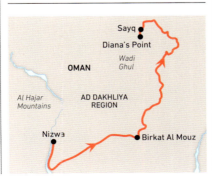

オマーンはアラビア半島の南東隅にある国です。その都市のほとんどは海岸の近くにありますが、最近の観光客は手付かずのままの風景を求めて内陸を探索し始めています。このルートは魅力的なオアシスの町ニズワから伸びています。スーク市場は手付かずの中世の砦を囲むように広がっていて、アル・ハジャル山脈の中にあります。そこへは無料の新しい高速道路を通って行きますが、あなたが四輪駆動車を持っているかどうかが重要になります。乾燥した山の景色は、道がオマーン版グランドキャニオンと呼ばれる広大な乾燥した渓谷ワディグールの端にある遠く離れた街のセイクへ登ることを魅惑します。その山の縁に約2,000mにある岩肌むき出しの渓谷の頂上に、自然のビューポイントがあります。
1986年に英国のダイアナ妃がヘリコプターでその場所を訪れたため、ダイアナズ・ポイントと呼ばれています。地元の人々は、彼女が本を読んで数時間静かにここに座ったと言います。
今日では、このダイアナズ・ポイントは人気のアトラクションで、魅力的なテラスバーの一部を形成しています。夕日が峡谷を照らしながら没していく様子を、眺めることができる場所です。

ロータン峠では、羊が原因で交通渋滞が起きる

△ レーマナリハイウェイ

インド

このセクションで選択されているルートのほとんどは、短くて刺激的な「目的地のあるドライブ」ですが、レーマナリハイウェイは手近な目的地は無く、しかも目的地はどこでもありません。これは人生を変える重大な旅であり、試みる人は危険な488kmの旅に充分に備えるべきです。レーマナリハイウェイは、非常に高くて険しいヒマラヤ地形を通って2つの北インドの州を結ぶ悪名高い挑戦的なルートです。この道を運転することは気軽なドライブではなく、遠征のようです。道は、年の4ヵ月半（夏季）しか開かれていません。そして、その束の間の天気の良い日に旅をしなければなりません。それ以外の期間は、大雪のため道路は通行不能になります。

高速道路のルートは、いくつかの非常に標高の高い峠を越えます。これらのうち最も高いのはタグランラ峠で、その高さは5,328mと、世界で最も高い道路の1つです。しかし最も危険なのはロータン峠です。その名は「死体の山」を意味します。ここでは、砂利道がいくつかの非常に無防備な状態での転落を引き起こしています。

道路はインド軍によって維持されていて、少なくとも12の仮設ベイリー橋で雪解け水の小川を含む浅瀬を渡ります。太陽が大量の雪を溶かし出すため、これらの浅瀬のいくつかは正午までに渡らなければなりません。この道の多くの地点は、呼吸が困難な標高にあるので、道路を維持することはかなり大変なことです。旅行者は高山病にかかる可能性があり、最も高い峠に長く居続けないことをお勧めします。

このルートの平均標高は4,000m以上です。これは危険な高さですが、世界中のどんな道路よりも最高の山の景色を眺めることができます。一年中遠くに見える雪の積もった山の頂、遠くのテントキャンプ、興味深い形の岩、道端の小さな食堂、古代の山の修道院、そして仏教の祈りの旗が散らばる風景などがここの見所です。気楽な探検家から地元のバス運転手まで、同行する旅行者たちは大抵愉快な人々です。オートバイでの長旅も一般的です。また、トラックの車列も走っていて、急な、防護されていない区域を越えようとする時に後退してくることがよくあります。この高速道路を完走するのに少なくとも2日はかかり、天候や道路状況の悪さによる遅れにも備えてください。また、給油の計画をする必要もあります。タンディとレーのガソリンスタンドの間は、362kmも離れています。

スリーレベルジグザグ道路

インド

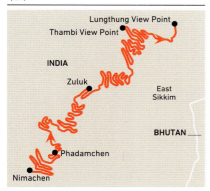

インドの東シッキムにあるスリーレベル（数字の3を描くような）ジグザグ道路は非常に珍しい設計で、ヒマラヤの丘陵地帯の急な斜面を行き来する様子は錯視のように見えます。風景はぼんやりと山脈に馴染んで傾斜しますが、隣接する丘には密集した道の縞模様が浮き出てきます。それはすべてスリーレベルジグザグの一部です。遠くから見ると、これらの縞模様は地質層のように見え、あたかも丘の内部が露出しているかのようです。

地図を参照すると印刷エラーのように見えます。実際の道は、のたくりの連続となります。道はたった32kmの距離ですが、この区域は100以上のヘアピンコーナーがあり、そのために世界で最も複雑な運転ルートとなっています。ドライバーは、多くのハードなハンドル操作やブレーキ操作、そして道路に集中することが必要です。乗客は（リラックスできるくらいに運転手を信頼できるのであればですが）世界で3番目に高い山であるカンチェンジュンガを垣間見ることなど、一連の素晴らしい景色を楽しむことができます。

その上この経路にも歴史的意義があります。この道は中国との国境近くに位置し、かつてはシルクロードの一部でした。シルクロードは、日本と地中海を結ぶ古代の交易路網でした。今日、道路は独自の目的を生み出しています。ビューポイントでは車を道の片側に止めて、たった今、苦労して通過したルートが風景の中を蛇行しているのを見ることができます。停止するのに最適な場所は、てっぺんの右側のタンビビューポイントで、できれば日の出時が良いでしょう。

道はこの山脈の急斜面を、上下に何度も何度も折り返しているようです。ジグザグ自体が観光客の注目を集めるようになったのは、そのような奇妙な道路構造のパノラマからです。この道路は驚くほどよく舗装されていますが、膨大な数のループがあり、そのほとんどに保護柵などはありません。標高3,414mという厳しさの中、一年中雪と激しい雨が突然降ってくる環境にあります。

路面は凍ることもあり、これは非常に危険です。5月から9月が一番いい時期です。10月から3月にかけては天気が悪くなり、道路は頻繁に閉鎖されます。旅行の前に必ず状況をチェックして、予備の燃料を多めに持って行ってください。

危険なキーロング・キシュトワール道路

キーロング・キシュトワール道路

インド

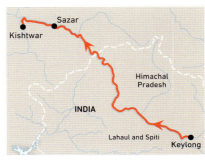

世界のベストドライブルートのリストには必ず、第三世界で見られる極端な道路の1つを含めることになっています。244kmのキーロングからキシュトワールへの道路は確かに最も恐ろしいものの1つです。この標高の高いルート歩きたい人はいないでしょう。1人のドライブも同じです。山岳峡谷の側面から曲がってくる道、曲がりくねって舗装されていない狭い一車線の道のことを想像してみてください。落水はわだちのある砂利道に流れ込み、その端は305m下へと崩れ落ちています。死角になっているカーブの向こうからトラックがやって来ます。すれ違う場所は無く、片側には致命的で無防備な崖っぷちが待っています。車両は後退しなければならないか、あるいは峡谷の端から車輪をぶら下げてなんとか通り過ぎようとします。山の天気は、3,050mの高度では残忍なものです。それが知られざる国道26号線の旅の現実です。

タンビビューポイントから見たスリーレベルジグザグ道路

ラテラルハイウェイ

ブータン

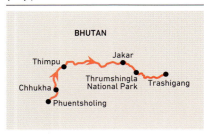

貧しいヒマラヤの国ブータンには、国道が一つしかありません。地元の人々はそれを「ラテラルハイウェイ（ブータン横断道路）」と呼んでおり、この遠方の国を横切って西から東に走っています。ブータンは約38,850平方kmにわたりますが、1962年までは数kmの舗装道路しかありませんでした。ラテラルハイウェイは近隣のインドの助けを借りて1960年代に始まり、そしてそれは557km離れたタシガンとプンツォリンの町を結びました。財政的な制約のため、道路は広大な山の谷間の主要集落を結ぶ幅2.5mの一車線の車道です。砂利と石だけの部分があり、標識は不規則で、悪天候はしばしば地滑り、洪水、そして浸食を引き起こします。クライマックスは、寺院が点在する風景の雲間に浮かび上がる、森林に覆われた山々の眺めです。

それはどんな車にとっても長くて大変な旅です。運転には絶えず注意を必要とします。バイク、バス、そして積載オーバーの貨物トラックを避けるためには特に。しかし、他の道路ではかなわないような民族のスナップショットが得られるでしょう。ブータンは世界で最も平和で腐敗のない国のひとつであり、ラテラルハイウェイはこの国を見るための素晴らしい方法です。

ラテラルハイウェイから離れた場所にある、タクツァン僧院

古代都市ホイアンの、絵画のように美しいボートヤード

ダハアータ・ワングァ

スリランカ

スリランカ島のこの77kmの道路は恐ろしい評判を得ています。「18の曲がりくねった道」は、キャンディの旧首都と、スリランカでのブッダの最初の訪問地と言われた聖地マヒヤンガナを結びました。道路はもともと都市間の中央平野にそびえ立つ厚い森林に覆われた山々を横切る単なる粗く狭い道で、18の鋭いコーナーの連続で有名でした。今日でも名前と評判は変わりませんが、アジア開発銀行のおかげで道路自体は変貌しました。

依然としてこれら二つの興味深い都市を結びつけ、山を登り越えますが、もはやかつての厄介な道ではありません。まだやりがいのあるドライブであり、初心者の運

ダナン海岸線 | 347

転手には適していないかもしれませんが、観光客にはとても人気があり、停車して平原の景色を眺めることができるカフェや停留所がたくさんあります。路面が改善されただけでなく、曲がった部分には頑丈な石の安全バリアが施され、視認性を高めるために凸面鏡が取り付けられています。最も重要なことは、曲がった部分の1つが削除されたことです。そのため現在は、正式に言うと「17の曲がりくねった道」なのです。

△ ダナン海岸線

ベトナム

世界遺産から別の世界遺産へ、ベトナムの中央海岸に沿って走るこのドライブは、色彩、個性、そして美しい海岸線に満ちた短い129kmのロードトリップです。

旅は中世の街ホイアンから始まり、そこには精巧に彫られた木造家屋が港に並んでいます。このルートは、椰子の木に縁取られたビーチと水田の間の海岸道路に沿っています。レディブッダ像が海岸線にそびえ立つリン・ウン・パゴダで、ルートはダナン海岸遊歩道に向きを変え、湾の周りの海岸に沿い、クデ川を横切るハイウェイ1号線の橋を渡ります。ドライバーは森林に覆われた山々を曲がりくねる古いハイヴァンパス道路に固執することも、湾や街の景色を眺めるための様々な場所で駐車することもできます。賑やかなお店やカフェは、ハイヴァン・クアン・パスのアメリカ要塞の遺跡の中にあります。北の海岸沿いの景色は素晴らしいものです。

歴史的な通りの格子模様やモニュメントでユネスコ世界遺産に登録されている、古代の帝国の首都フエに入る前に、巨大な海水都市ラグーンを巡るドライブに向けて、ふたたびハイウェイ1号線に戻りましょう。その19世紀の城塞は、今なお堀と厚い石の壁に囲まれています。

ハルセマハイウェイ

フィリピン

ルソン島北部のコルディレラ山脈を通過するハルセマハイウェイは、フィリピンで最も標高の高い道路です。いくつかのポイントでそれは海抜2,255mに上昇します。この道路はもともと歩道として建設され、1922年から1930年の間に地元の助けを借りてそれを建設したアメリカ人エンジニア、ユーセビアス・ハルセマにちなんで名付けられました。それ以降、150kmの小道は道路に広げられ、危険であるという悪評を得ています。

晴れた日に山の斜面の段々になった農場を縫うように進むドライバーは、なぜ高速道路が悪名を獲得したのか疑問に思うかもしれません。路面は滑らかで、ともすれば致命的であるコーナーは頑丈な石の安全壁で保護されています。ガレージやカフェなどの便利なサービスもこのルートに点在しています。風景は熱帯雨林と小さな畑の感動的な組み合わせです。現れるものすべてがこの地域の素晴らしい風光明媚なドライブの要素です。しかし、雨天時にはその悪評の理由がわかります。雨は頻繁に降り、豪雨は土砂崩れや洪水で道路を塞ぐ可能性があります。滑らかなアスファルトは滑りやすくなり、森林からの霧は視界を著しく低下させる可能性があります。これらの理由から、世界で最も危険な道路の1つと考えられています。

フレーザーの丘への道の、スンガイのセランゴールダム

ハルセマハイウェイは、コルディレラ山脈を通り抜ける

フレイザーズ ヒル

マレーシア

クアラルンプール北部の、森林に覆われた丘を目指す、楽しくも短いドライブです。地元ではよく知られているこのドライブは、クアラルンプールから車で約1時間のところにある、魅力的な植民地時代の町クアラ・クブ・バール（またはKKB）から始まります。国道55号線は、2002年に完成した巨大なスンガイ・スランゴルのダムと貯水池への起伏のある風景の中を通っています。ビジターセンターや水遊びは貯水池で楽しむことができ、近くの様々な駐車場はハイキングルートの出発点としての役割を担っています。人気のあるルートの1つはブキット・クチュの小さな山です。もう1つは、熱帯雨林から円形のプールへと落ちる美しい滝「スンガ・シリング」です。貯水池を越えて、国道55号線はパハン山脈を登るにつれて、曲がりくねって急勾配になります。霧が出ることが多いですが、そこからの眺めは壮観です。

やがて道路は、元植民地時代の丘陵地帯マレーシアの「リトルイングランド」地域の一部であるフレイザーズヒルの、極めて高地にあるリゾート地に到達します。観光客向けのスポットとしては、ツタに覆われた趣のある時計台や、きれいに整えられたゼラニウムの花壇があります。

ケロック・センビラン

インドネシア

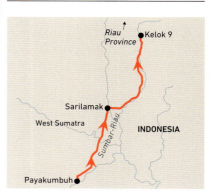

ケロック・センビラン | 349

インドネシア人は、世界で最も複雑な道路システムの1つであるケロック・センビランを作りました。これは熱帯雨林の真ん中に広がっています。オランダの植民地時代の古い道路は、100年以上前に造られたれたものです。この道路では、ヘアピンカーブが連なる急勾配の峡谷を、時間をかけて進む必要があります。急なカーブが原因で常に渋滞しており、以前はパヤクンブの町からリアウ州まで行くのに半日以上かかることもありました。

それ以来、スマトラ政府が介入するようになり、その結果できたのがケロック・センビランです。この2.8kmの道路区間は、橋、高架道路、地下道を含めた驚くべきシステムによって、2つの目的地間の渓谷と旅のあり方を劇的に変えました。地元の人々の話によると、その所要時間は、以前よりも最大で4時間短くなったそうです。

しかし外部の人間にとっては、その新しい道路システムは奇妙な観光施設のように思えることでしょう。特定の見晴らしが良い地点では、人々が眼下の交通量を遠巻きに観察しています。そして多くの人が面白がったり、複雑に絡み合った道路に困惑したりしています。渓谷の頂上には様々な屋台が立ち、その光景を見るために集まった大勢の人たちを相手に商売をしています。

はじめ、そこは分岐点（おそらく地球上で最悪の交差点）のように見えるかもしれません。しかし実際は、丘を越えて高速道路をかけるという壮大な試みの対象にはなっているものの、一本の道なのです。

自動車運転の観点からみれば、確かにユニークな経験です。一方の端から入り、単純にもう一方の端から出ることを望んだとします。しかし峡谷にかかる6つの橋と、3つのS字カーブの構造を把握することは、簡単ではありません。時には自分が、まるで間違った方向にあなたを導こうとする幻影の中を運転しているように感じるかもしれません。それでも、道路技師を信頼しその道を進み続けると、目的地に到達できるでしょう。

西スマトラ州ではその道路は、9つの大きなカーブがあることから"ケロック9"または"9カーブクライム"と呼ばれ、多くのドライバーがそのカーブを体験するために遠方から訪れます。そこは、とりわけミッド・エンジン車の運転の練習に適した、平らで楽しい道です。バイク乗りたちは特に、前述の広大な熱帯雨林の曲がりくねった最も複雑な部分を、グルグルと曲がりながら走ることを好む傾向があります。

ドライバーにとっても見物人にとっても魅力的なケロック・センビラン

オセアニア

▷ グローム・トンネル・ロード

オーストラリア

オーストラリアのニューサウスウェールズ州に位置し、リスゴーからグローム・トンネル・ロードまでを結ぶこの35kmの興味深いルートは、地元のオイルシェール産業に役立てるために、100年以上前に建設された鉄道路線に沿って走っています。
長い間レールは外され、切断された線路を通過し、廃線となった古い鉄道トンネルを走ります。そこはたった1台分の道幅しかなく、場合によっては逆走しなくてはなりません。広い熱帯雨林と深い峡谷を通るにつれて、この道は次第に通るのが困難になっていきます。草木が生い茂る中で、旅行者は突如現れるカンガルーとウォンバットに注意する必要があります。わだちが入り深い窪みのある道は、モンスーンの季節には滑りやすく泥だらけになり、ほとんど通行できなくなります。
そのドライブは、有名なグローム・トンネルまで歩いてすぐの場所にある駐車場で終わります。そこは、その道の名前の由来となった生き物を見るために、世界中で最も適した場所の1つです。その敷地はかつて鉄道のトンネルでしたが、中央部がとても暗く湿っているため、ワームを見つけるのに最適な場所となっています。ワームはキノコバエの幼虫であり、体の中で引き起こされる化学反応によって青色に輝きます。彼らが輝くのは、餌となる蚊やその他の昆虫を誘惑するためです。完全な"天の川"現象を見たいのであれば、静かにして、すべての明りを消しましょう。

リスゴー・ロード上の古い鉄道トンネル

▷ 素晴らしいビーチのドライブ

オーストラリア

運転手は太平洋に沿って走る、素晴らしいビーチドライブを体験できる

クイーンズランド州のネイチャー・コースト沿いにある378kmの浜辺のドライブでは、素晴らしい旅の体験をすることができます。ただし従来の道路をまったく使用していない、という難点もあります。
そのドライブでは、世界で最も美しいと言われるビーチの1つである、純白の砂上での運転を体験することができます。また、世界で最も長いビーチドライブのひとつでもあります。このルートは、オーストラリアのサンシャイン・コーストと、世界遺産に登録されているフレーザー島およびフレーザー・コーストとを結びます。
その"ハイウェイ"の目玉は、2つのユネスコ生物圏保護区、さらには世界遺産に登録された海洋公園、そして世界最大の"砂の島"を渡ることです。ドライバーは四輪駆動車を使用する必要があります。またいくつかの地点では、通行するために許可を得なければいけません。ただし、これらの許可は旅

マキロップス ロード | 351

のスタート時に、テウェンティンですぐに手配することができるので安心してください。またテウェンティンにある複数の会社が、これらの全ルートを含めたツアーを提供しているので、それらのツアーを利用しても良いでしょう。自分で運転したいのであれば、水位線と満潮時の線の間の砂が硬くなっている部分を走り続け、崩れやすい砂丘は避けることです。干潮側で2時間以内に走行するため、柔らかい砂でも牽引力を維持できるようにタイヤの空気圧を下げておくこともお勧めします。

このルートでは太平洋の海岸に沿って走り、テワ・ビーチのカラフルな砂浜や、レインボー・ビーチの高い砂丘と巨大な波を通り過ぎます。旅の途中で数回、フェリーでの航海が必要になります。その後この道は、絶賛されたコンダリーラ国立公園を含む内陸の森林地帯と保護された公園内を、ティン・キャン・ベイとグレート・サンディー海峡を回って戻ります。そこには100種以上の鳥が生息しており、公園の名前となっている90mの滝もあります。

ほとんどの旅行者は、高級ビーチホテルからキャンプ場まで、様々な宿泊施設の選択肢があるルートを楽しみながら、数日間過ごします。ドライブルートの観光スポットには保護された野生生物の他、きれいな小川や淡水湖、漂着難破船、灯台、放棄された古い伐採作業員のキャンプ、そして所々に熱帯雨林があります。またこの地域には、先住民族による開拓の歴史もあります。

海が好きであれば、イルカの群れや移動するクジラと一緒に、沖合でカヤックを楽しむこともできます。それ以外には、車を停めてボートを漕いだり、何kmも続く無人の空いたビーチで日光浴をすることができます。

マキロップス ロード

オーストラリア

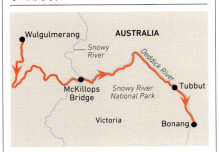

C6IIは「マキロップス ロード」とも呼ばれる、オーストラリアのビクトリア州東部にある山脈の主要道路です。その道路はスノーウィー・リバー国立公園の縁に沿って約80km続いており、川の深い渓谷と壮観な眺めが点在する、樹木の生い茂る険しい丘を通ります。公式には、ウルガルマランとボナンを結ぶ幹線道路であるにも関わらず、道路の大部分は荒れており舗装されていません。そのため、道路のところどころに深い窪みがあり、片側は急斜面になっています。これらの事情からこのルートは、経験の浅い運転手には適していません。また、牽引用のキャラバンや車体の低いスポーツカーなどで運転することは、避けた方が無難でしょう。

この「バックカントリー」ルートの目玉は、スノーウィー・リバーとデディック川が合流する地点にかかる、マッキロップ橋です。この、木と鋼でできた基本的な構造の橋は、長さが244m以上あり、何マイルもある長い川を渡るための、たった1つの橋です。1935年に建てられたこの橋は、当時の土木技術における偉業だと言えるでしょう。地元の人々は、このギシギシと音を立てる、歴史的建造物の木の板を横切ることを今でも誇りに思っています。また、地元の峡谷を探索するための船着き場として橋を使用する、カヌー乗りたちにとっての人気スポットでもあります。

ヤコブスラダーの曲がりくねり

△ ヤコブスラダー

タスマニア

タスマニア州北東部のベン・ロモンド国立公園内に位置する、急なジグザグ道であるヤコブスラダーは、世界で最もスリリングなヘアピンカーブの道路です。上部または下部から急な曲がりくねった道に近づくと、黄色と赤の警告標識があり、この道に待ち受ける危険をドライバーに知らせています。標識の種類は、「落石の危険性」や「深刻な危険区域」、「ブレーキフェードの回避」、「低速ギアの使用」、「車2台分の車間距離を保つ」などです。そのため、この狭く蛇行した道での制限速度が、11kmにわたり時速30kmであるのは、当然のことなのです。

その悪名にもかかわらず、ヤコブスラダーは運転を好む人を楽しませる長距離のルートであり、確かに思い出に残るドライブとなります。その砂利道は恐ろしい岩だらけの円形競技場をうねうねと登っていきます。最悪の落下への備えは無く、またこの地域は危険な落石の危険性もあります。

しかし、その景色は素晴らしいものです。それはベン・ロモンド高原の海抜1,524mの高さの見事な地点へと続く、ただ一つの道です。唯一の不確定要素が、天気です。そこではとても短い時間で、明るい日差しがある気候から穏やかな雪へと変わることがあります。

▽ リンディス・パス

ニュージーランド

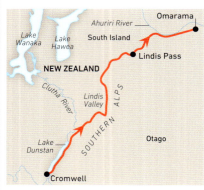

ニュージーランド南島のアルプスの奥深くには、海抜914m以上の峠を横切る、滑らかな2車線の63kmの高速道路があります。一般的に「リンディス・パス」として知られるこのルートは、マッケンジー盆地とセントラル・オタゴ高原を結ぶ主要な道路であり、ニュージーランド南島で最も高い道路です。

正式には「ステート・ハイウェイ8」と呼ばれるこの道は広く、なだらかにうねり、滑らかで曇った路面をしています。この道は快適なドライブを提供し、その眺めは歓迎されているとしても、ドライバーの気を逸らすものです。道路は、高山の山々を背景にして開かれている、鋭い丘の間を通っています。その丘は、遠くからだと毛皮を被っているように見える、茶色のススキの穂で覆われています。季節によっては、道路沿いや遠くの山頂に雪が積もることがあります。夏には、開花したルピナスが道端に並びます。リンディス・パスは保護された荒野の地域で、開発の手は入っていません。ただし、ルートに沿ってピクニックスポットやハイキングコースがあります。

▽ クラウン・レンジ・ロード

ニュージーランド

これはニュージーランドの北島内の、いくつかの素晴らしい場所を通る古典的な旅です。その193kmの旅は、島最大の都市オークランドにある有名なハーバーブリッジの隣の、華やかで高層のウォーターフロントから始まります。ニュージーランドで最も重要な道路である州道1号線を出たら、すぐに海岸に向かい、オマナ・リージョナル・パークの魅力的な森を通り抜けます。砂浜が広がるマラエタイへと続く道を通り、その後、イースト・コーストロードに沿って進みます。そこでは、ハウラキ湾の向こう側の山々の景色とともに、素晴らしい湾岸の景色が近づいてきます。それから、湾に沿って輪になっている、荒々しくも美しいコーラマンデル・ペニンシュラの西海岸へと続く、ハイウェイ25号線に合流します。そこからの景色は素晴らしく、熱帯雨林やギザギザの山々から、緑豊かな畑や異国情緒漂うビーチまで、実に多岐にわたります。その道は、湾の向こう側にある古い港町のコーラマンデルまで海岸沿いに続き、その町の自由奔放な空気は芸術家や観光客、地元の漁師たちを魅了しています。

リンディス・パスの縁に咲くルーピンの花

索 引

数字・ABC

1000マイルトライアル (1900) 22-23, 36, *36-37*
260 D 144, *144*
2ストロークエンジン 17
4×4
 SUV (多目的スポーツ車) 257, 261, **282**, *282-83*, 297, 302
 初期 **134-35**
BMC (British Motor Corporation) 208, 224, 248, *248*, 271
 ミニ モーク 228-29, *229*
BMW 68, *284*
 1500 204
 328 116
 i8 *306-307*
 M3 267
 X3 261
 イセッタ 156, *180-81*, 181, *194*
 合併 284
 自立する自動車技術 316-17
 ハイブリッドカー／電気自動車 *306-307*, 307
BSA スカウト *117*
DARPAグランド・チャレンジ 316, *316*
DAT 41 *114*
DKW
 FA 116
 Flサルーン 124-25
 シュネラスター 260-61, *260*
E.T.グレゴリー. 148
EUREKAプロメテウス・プロジェクト 316
F1 *197*, 256, 266
FAW 300
GAZ (ガズ)
 GAZ 61 *135*
 GAZ-M1 *108*, 109
 GAZ 21 ボルガ 172, *173*
GM-AvtoVAZ 268
GMC
 キャニオン 281, *281*
GPS (全地球測位システム) **298-99**
INRIX 299, *299*
J.A.ドリスコル. *90*
『Jiefang (解放)』トラック 109
J.P.ナイト 66
J.W.ヒンケル 96
MG
 MGA 183
 MGB 204, *210*, 211
 PB *117*
 SAICの所有下 300
 広告 *182*
 手頃なスポーツカー 88, 116
 チェル・クォバル 200
 マエストロ EFi 252

ミゼット 145, *145*
メトロ 6R4 266
輸出 200, *201*, 20˙
MPV (多人数乗用車) 256, **260-61**
NASCARレースシリーズ *197*, 267
National Association for Stock Car Auto Racing (NASCAR) 91
RACラリー 208
SAIC 300
SS車 89
 SS 1 *121*, *142-43* 143, *153*
 SS 1 ツアラー 89, ;*04-105*
 ※『ジャガー』も参照
SUV (多目的スポーツ車) 120, 257, 261, **282**, *282-83*, 297, 302
VaMP (コンピューターの視力と、実験的な自立走行の可能性のある乗り物) 316
VAZ-2101 *238-39*, 239
WD-40 190

あ

アーノルド・ウォルター 22
アーマンド・プジョー 18, 34
アール・デコ スタイル 88, **104-105**, 126
アイザック・ド・リバス 17
アウストロ・ダイムラー 72
アウディ 98
 One-77 *303*
 オールロード 282
 クアトロ *258-59*, 259, 266
 ディーゼル・ゲート ●14
アストンマーティン 57
 DB5 *57*, *219*, 220, 248, *249*
 モータースポーツ 183
 ラゴンダ 258, *258*
アウトウニオン 90
アウトビアンキ A112 アバルト 252
アタカマ砂漠の道、(チリ) *333*, 333
アドルフ・ケグラッセ 84
アドルフ・ヒトラー 90, 102, 120, 125, *138*, 139
アフトヴァース 268
アメリカ
 326-27, 326
 アメリカの輸入車市場 **200-201**
 安全性 272
 汚染と排気 245, *245*, 272, 294
 ガソリン 55
 キャデラック・ランチ・ロード *329*, 329
 巨大合併 284
 混雑 58, *59*
 最初の大陸横断ドライブ **38-39**

サンセット・ブルバード *328-29*, *328-29*
信号機 66, *66-67*
自動車レース 63
蒸気自動車24
初期の道路網 32, *33*, 38, 39
戦後 158-59
早期の自動車産業界19, 23, 34, 50
大恐慌 **132-33**
第二次世界大戦 137, *137*
多層階駐車場 75
中古車 122-23
駐車場 75, 234
テール・オブ・ザ・ドラゴン 325, *325*
デトロイトの凋落 *270-71*, **271**
電気自動車 24-25
道路 32, *33*, 38, 39, *82-83*, 83, 157, 158, 164, *164*, 174, 289, *289*
道路の安全性110, *111*
道路標識 170, *170*, *171*
燃料効率 245
ピックアップ **280-81**
ビッグ・サー・ハイウェイ1 *326-27*, *326*
フロリダキーズ 324, *324*
マウント・ワシントン *327*, 327
ルイス・アンド・クラーク・トレイル *325*, 325
ロンバード・ストリート 327, *327*
アメリカ自動車協会 (AAA) 110
アメリカン・オースチン124
アメリカン・モーターズ・コーポレーション (AMC) 159, 160
 イーグル *109*
 中国製品 300
アリス・フイラー・ラムゼイ 39
アルゼンチン **194-95**
アルバ 194, *194*
アルファ・ロメオ 68, 178, 182, *218*, 285
 8C ベルリーナ・スポーツ 98, 99
 アルファスッド・スプリント 232
 スパイダー*211*
 デュエット・スパイダー 204, 248
 輸出 200
アルフォンス・ボー・ド・ロシャス 17
アルベルト・アスカーリ 182
アルベニー・キャリッジ 98
アロール・ジョンストン *68*
安全性 205, **216-17**
 ABS 217, 272
 エアバッグ 272
 シートベルト216-17, 272
 衝突実験 *204*, **216**, *216-17*, 272
 道路の安全 **110**
 ホンダの安全システム **304**, *304-305*
 レース **266-67**
アンダーソン委員会 (1957) 212

アンドレ・シトロエン 84, 85, 162
アンドレ・ミシュラン 32
イギリス
 1960年代の自動車産業 **220-21**
 アメリカへの輸出 200, *201*
 運転教習 27
 機関車に関する法規 15, 22, 23
 レース 62-63
 信号機 66
 戦後 158-59
 大恐慌 133
 第二次世界対戦 136, *136-37*, 137
 多層駐車場 75
 駐車場 234
 道路の安全 110
 道路標識 170, *171*, **212-13**
 道路 83, 157, 158, 164, 170, 174-75, *175*, 289, *289*
 都市における交通 174, *175*
 西の島々 (スコットランド) *335*, 335
 ハードノットパス (イングランド) 335
イスパノ・スイザ 64, 68, 125
イスズ 114, 189, 206, 284
イソッタ・フラッシーニ 68, *69*
イタリア
 険しい峡谷の道 338, *338*
 ステルヴィオ峠 (イタリア) 337, *337*
 マラテーアの救世主キリストの道 337, *337*
イラン *238-39*, 239
イリア・エレンブルク 19
医療の輸送 70-71
イワン・ハースト少佐 139
インジヒ・クビアス *146-47*, 147
飲酒運転 91
インディ500 *62*, 63, *63*, 90, 196, 267
「インディカー」レース 266, 267
インド 109, *109*, 239
 ガソリンポンプ 94
 キーロング・キシュトワール道路 *345*, 345
 スリーレベルジグザグ道路 345, *345*
 マハラジャの車 68, **80**, *80-81*
 レーマナリハイウェイ 344, *344*
ヴァージル・エクスナー 178
ヴァルボリン 129
ウィリアム・ギグリエリ 66
ウィリアム・ゴードン・ステイブルス 140
ウィリアム・スタウト 104, 261
ウィリアム・トライトン 71
ウィリアム・ポッツ 66
ウィリアム・モーリス 78
ウイリス
 MB ジープ *134-35*, 135
 ジープ『ジープスター』135
 ウイリス・オーバーランド 109

ウィンドスクリーン 33, 39, 68
ウィントンエンジン馬車会社 34
 ゴードン・ベネット・カップ 42
ウィルヘルム・マイバッハ 17, *17*, 42, 73
ウェイクフィールド・トロフィー *104*
ウェストミンスター公爵 *7C*
ヴォグゾール
 アストラGT/E 252
 シャベット2300HS 252, *252*
 プリンス・ヘンリー 64, *64-65*
ウーズレー *72*
 6hp 29
ウォーボーイズ委員会 (1963) 213
ウオールフ・バルナート*106*, 107
ウォルター・オーウェン・ベントレー *101*, 107
ウォルター・クライスラー 160
ウォルター・ゴードン・ウィルソン少佐 71, 152
ウォルター・パーシー25
ヴォワトレット 19, 76
ウニバルド・カム教授 99
運転教習・運転免許 27, 89, 110, 144
エアストリーム 141, *141*
エアバス『ポップ・アップ』318
エアバッグ 272
エアフェリー (輸送機) **236-37**
映画 248, *249*
エキュリー エコッス 183
エステート・カー 156, **192-93**, 282
エックルス・モーター輸送社 *140-41*, *141*
エットーレ・ブガッティ 65, 68, 218
エティエンヌ・ルノアール 17, *17*
エドセル・フォード**148-49**, *149*, 179, *179*
エド "ビッグ・ダディ" ・ロス 228
エドワード7世 *29*
エネルギー 税法 (1978) 245
エバ・ディクソン 147
エミール・ルバッソール *18-19*, 34
エルウッド・インゲン 215
エンジン **310-11**
 2ストロークエンジン 17
 4ストロークエンジン 17
 汚染に対する抗議 **288-89**
 ターボチャージャー 145, 256, 259, 266
 内燃機関 *17*, 17, 18
 配置 **311**
エンツォ・フェラーリ 182, 220
オイル缶 **128-29**
オーガストとフレデリックのデューセンバーグ兄弟 133
オーサ・ジョンソン *109*
オースチン・ヒーレー*179*
オースチン 133
 1800 ラリー車 *208-209*
 A30 163

太字のページ番号は主要な記載ページを表しており、*斜体*のページ番号はイラストや写真の掲載ページです

A40 159, 189
J40 56
アルスター116-17
セブン 77, 78, 78, 89, 124, 124, 125
第二次世界大戦 136
ミニ 229, 242, 244
輸出 201
量産 77
オーストラリア
　グローム・トンネル・ロード 350, 350
　素晴らしいビーチのドライブ 350-51, 351
　マキロップス ロード 351
自動運転
　自動運転手 276, 292-93, 293, 316-17, 318
　自動車生産 256
オーバーン 68, 105, 218
オーバーン・コード・デューセンバーグ・グループ 72
オールズモビル 23, 259
　安全性 272
　76 クラブ・サルーン 120, 130, 130-31
　エアコン 160
　カーブドダッシュ 34, 34
　初期の自動車 33
オーレスン・リンク（スウェーデン） 338-39, 3391
お抱え運転手 27, 32, 50, 198, 205
オシェニク湖への道（オーストリア） 338
汚染に対する抗議 288-89
オビディオ・ファラッシ 69
オペル 121
　4PS ラウプフロッシュ 78
　オリンピア 100-101, 125
　マンタ GT/E 232, 233
オリバー・エバンス 15

か

カート・ツィーバート 191
ガードナー・セルポレの"イースター・エッグ"号 24, 24-25
カーラジオ 121, 160
カール・ヘーベルレ 145
カール・ベンツ 17, 24, 218
外国旅行 157, 186
カイザー・フレーザー200
カイゼル『ベルガンティン』194-95, 195
解体工場 122
解放ラン 22
カスタムカー 228-29, 230, 230-31
カストロール 129
ガソリン 55
　ガソリンスタンド 39, 50, 55, 94-95, 144
　初期のガソリン車 24, 25, 46, 144
　レート 136, 137, 158, 158
ガソリンエンジン 46, 46
合併 284-85
カナダ
　ヨーホーバレー・ロード 322-23, 323
　リバーハースト・クロッシング 322
カミーユ・イェナツィ 13, 42, 42, 43

カルロ・カバーリ 78
ガレージ 123, 198, 198-99
カロッツェリア・ギア 116
寒冷地テスト 312-13
ギア 27, 152
ギア・ジョリー 229
キーロング・キシュトワール道路（インド）345, 345
企業の平均的燃料経済性（CAFE）245
キット 211
キャッツ・アイ 40, 40
キャデラック 68, 178, 218, 258
　V16 エアロダイナミック・クーペ 99
　エアコン 160
　エルドラド・セビリア 178-79
　エンジン 310, 310-11
　初期のガソリン 25
　モデル A 29
　ライト 33
キャデラック・ランチ・ロード（アメリカ） 329, 329
キャラバンクラブ 140
キャラバン 140-41
救急車 46, 70, 70
休日のドライブ 89
キュニョーの砲車 19
空気力学 98-99
　「アールデコ」デザインの傾向 88, 98-99
　グランド・エフェクト 266
　レーシングカー91, 256
クライスラー 190, 271, 300 178
　MPV 260, 261
　PT クルーザー 275
　安全 272
　インペリアル 160, 160, 178, 316
　エアフロー 88, 99, 99, 100, 101, 114
　合併 284, 285
　カナダの自動車生産 125
　大恐慌 132, 133
　『タウン&カントリー』のミニバン 261
　タービン 214-15
　第二次世界大戦 137
　ダッジ『ディオラ』 56, 230, 230-31
　レバロン 256, 264-65
　流線形 98
クラウン・レンジ・ロード（ニュージーランド） 352
グラハム 133
グラハム・ペイジ 98
グランドツーリングカー（GT） 232-33
グランプリレース 88, 90, 90, 91
グリフォン・トライカー 76
クルーズコントロール160, 316
グレン・キッドストン大佐 106, 107
クロスオーバー 261, 282, 292, 293, 296-97
クロード・ジョンソン 22-23
グローム・トンネル・ロード（オーストラリア） 350, 350
経済性 124-25
軽自動車 262-63
ケマリエ・タシュヨル（トルコ） 341, 341
ケロック・センビラン（インドネシア） 348-49, 349
険しい峡谷の道（イタリア） 338, 338
豪華なモデル 68
合金製ホイール 218, 218-19, 219

交通渋滞 174, 174-75, 257, 276, 276-77
交通データ 298
コード 104, 105, 133
ゴードン・ベネット・カップ 42-43, 42-43, 196
コーギー 57, 57
ゴーリキー自動車工場（GAZ） 268
国際自動車クラブ連盟（AIACR） 43
国連パリ気候協定 315
国家交通自動車安全法（1966） 217
ゴットリーブ・ダイムラー 17, 17, 18, 73
コモンレール燃料噴射 145
コロンビア電気自動車 32
コント・ジュールとアルバート・ド・ディオン 19, 36
混雑 58
　コンジェスチョン・チャージ 289
コンセプトカー 178-79, 292, 293, 318-19

さ

サーブ 156
　92 163, 163
　93 200-201
　輸出 200
サイクルカー 50-51, 76-77
雑誌 240-41
砂漠でのドライビング147
サマンド 239
サミー・デイビス 107
サミュエル・ジョン・グリーン 109
サルーンカーレース 267
サンセット・ブルバード（アメリカ） 328-29, 328-29
サンビーム 70, 89
サンビーム 1,000hp 92
シートベルト 216-17, 272
ジープ 120, 134-35, 135, 229, 285
　ウィリス ジープ 134-35, 135, 189
　チェロキー 261
　チェロキー XJシリーズ 282
　バンタム ジープ 135
　レネゲード 297
ジープニー 229
ジーリー 300
ジェームス・ゴードン・ベネット・ジュニア 42, 42
自家整備 190-91
シート 28, 29
自動運転手 276, 292-93, 293, 316-17, 318
自動車（car）の語源 19
自動車専用道 102, 102-103, 157, 164, 164, 165, 170
自動車製造産業法（1936）114
自動車での冒険 147
自動車クラブ（後のRAC） 22, 36, 36-37
自動車法、機関車に関する法規 22, 23
自動車レース 88, 88, 256, 256
　安全性 266-67
　主な流れ 90-91
　ゴードン・ベネット・カップ 42-43, 42-43
　最初のレーストラック 62-63
　初期 30-31
　トロフィー 196-97

シトロエン 206
　2CV 156, 162, 163, 191
　5CV タイプ C 60-61
　11 ラージ100, 100, 101
　C4 カクタス 297
　DS 178
　DS サファリ 193
　Hバン 275
　XM 275
　オートシェニール 84, 84-85
　クサラ・ピカソ 261
　大恐慌 133, 133
　タイプ A 78
　タイプ C 78
　トラクション・アバン 100, 100, 101, 133
　メアリ 229
　ポルトガル 194
ジネッタ G4 211
ジャガー 89, 310
　Eタイプ 204, 210, 220, 220, 248
　i-ベース 318
　合併 284
　電気自動車 318
　燃料噴射 259
　モータースポーツ 183
　輸出 200
　※SSカーズも参照
ジャガー・ランドローバー109
ジャック・アービング大尉 92
ジャピック・サイクルカー 76
ジャムシェトジ・タタ 109
上海モーターショー 300-301
ジェカー・メッタ 208
ジュゼッペ・フィニョーニ 69
ジェームス・ディーン 183
ジェームス・ホーグ 66
ジェームズ・ボンド 56, 220, 248, 249
ジェームズ・ヤング 55
ジェットエンジン車 215
シェル 54, 54, 128, 129, 144
ジェンセン 72
　FF 217, 220, 220, 259
シビオーネ・ボルゲーゼ 109
シボレー 149, 200, 310-11
　ヴェガ 271
　エントリーモデル 124
　オバラ 195
　カメオ 280, 280
　広告 165
　コルベア 217, 226, 227, 271
　コルベット 57, 105, 165, 176, 178-79,183, 204, 210-11, 232, 248
　下取り車 123
　ベルエア・ノマド 157, 192-93, 193
　ブレイザー 282
　マーキュリー スタンダード 124
　ロードスター 228
シムカ 133
　1100 Ti 252
シューウォール・K・クロッカー 38-39, 38
祝福のシャンパン 197
手工芸品的な車 308-309
シュコダ 268
　エステル 268
　ディーゼル・ゲート 314
　ファビア 284
　ラピッド 146-47, 147
ジュセリーノ・クビチェック 195
蒸気自動車15, 22, 24, 25
衝突試験 216, 217, 272
初期の税制 23

ジョージ・イーストン 92, 145, 145
ジョージ・バリス 230, 248
ショーン・コネリー 248, 249
触媒コンバーター 245, 256, 272
女性ドライバー 50, 51, 60
　レース 22, 23
　自動車での冒険 147
　第二次世界対戦 137
ジョック・キネアー 170, 212-13, 212
ジョルジュ＝マリ・アールト 84
ジョルジュ・ブートン 19
ジョン・D・ロックフェラー 55
ジョン・エリス博士 129
ジョン・コッブ 92
ジョン・ティハーダ 261
ジョン・ダフ 107
ジョン・ブラッシュフォード・スネル 226
ジョン・ベリー・トーマス 92
ジョン・マカダム 14
シルバー・シティ航空 236, 236-37
シルバー・バレット 93
シンガー 44, 77, 100, 206
信号機 58, 58, 66-67, 110, 111
シンセティックオイル 128, 128
スウェーデン
　ダゲン・H 83, 83
　オーレスン・リンク 338-39, 339
スズキ114, 206, 229
　カプチーノ 263
　スズライト 263
　ワゴンR 263
スタウト『スカラブ』104-105, 261, 261
スターターモーター 152
スタッツ 89
スタッツ・ベアキャット 64
スターリング・モス 145
スタンダード石油 55
スタンリー・エッジ 78
スタンリー兄弟 72
スタンリー・ロケット 24
スチュードベイカー 132, 159
　スターライナー・クーペ 98
　チャンプ 281, 281
スチュードベイカー・パッカード 159, 159
ステアリングホイール 27, 39, 152, 153
スティーブ・マックイーン 222-23, 248
ステファン・ヨハンソン 266-67
ステルヴィオ峠（イタリア） 337, 337
ストックカーレース 91, 166-67, 167
スーパーカー 204, 256, 293, 302-303
スーパーチャージャー 88
スパイカー 68, 68
　C8 アレルン 308, 308
素晴らしいビーチのドライブ（オーストラリア） 350-51, 351
スバル 114, 206
スピード 23, 152
　機関車に関する法規 15, 22, 23
　スピード違反チケット 22
　スピードカメラ 171, 171
　制限速度 89, 110
　※「陸地での速度記録」も参照
スペイン 194-95

曲がりくねった千の道
　336-37, *336*
スポーツカー 50, 88, 157,
　182-83, 204, 252
　1960年代 **210-11**, 220
　最初のスポーツカー **64-65**
　所有可能 **116-17**
　ホイール 218
スマート・オートモービル *275*
スリーレベルジグザグ道路（インド）
　345, *345*
スワーフェガ 190 *9*
セアト（スペイン乗用自動車会社）
　125, *125*, 194
　600 194, *195*
生産
　手工芸品的な車 **308-309**
　初期の生産 **34-35**
　大量生産 19, 23, 34, 50,
　52-53, 76-77, 96, 122,
　309
石油
　シンセティックオイル *128*, *128*
　燃料危機（1973）244, *244*
ゼネラル・ハイウェイ法（1773）83
ゼネラルモーターズ（GM）50
　EV1 **294-95**, *294*, *295*,
　307
　アート・カラーデザインスタジオ
　148-49
　安全性 204, 217, 272
　インドの子会社 109
　インパクト 294, *294*
　合併 284, 285
　カナダの自動車生産 125
　キャニオン *281*
　サターン 271
　自動運転 316
　衝突試験 216
　大恐慌 132, 133
　第二次世界大戦 137
　電気自動車 **294-95**, *294*,
　295, 307
　ノーマン・ベル・ゲッデス 98
　排ガス 258
　ハイブリッド 307
　ファイアーバードII 316, *316*
　ブラジル 195
　ポルトガル 194
　モトラマ *179*, *179*
　※ビュイック；キャディラック；シ
　ボレーも参照
セラ・ド・リオ・ド・ラストロ・ロード（ブラ
　ジル）332-33, *333*
セルウィン・エッジ 42, 43, *43*
セルジオ・マルキオンネ *285*
セルポレ 24
戦車 **71**, *71*
全米自動車商工会議所 123
洗車 **96**, *96-97*
装甲車 46, 51, *51*, **70**, 71
操縦装置 **27**, **152**
ソーニークロフト社 46
ソリド 56
ソ連 109, 239, 268, 300

た

ターボチャージ 145, 256, 259,
　266
第一次世界対戦（1914-18）
　70-71, 186
　ガソリン 55
　装甲車 46, 51, *51*, **70**, 71
第二次世界対戦（1939-45）120,

123
4x4 120, **134-35**
　戦後の緊縮政策 **158-59**
　戦時の車 **136-37**
　ディーゼル 144
　フォルクスワーゲン『ビートル』
　125, **139**
　ローローフェリー 185
大気汚染 205, *273*
　環境の危機 58, *272*, 288
　フォルクスワーゲンの排気ガススキ
　ャンダル
　293, **314-15**
　自動車汚染のコントロール 245,
　245, *272*, 294
　触媒コンバーター **272**
　電子制御ユニット（ECU）
　258
　ハイブリッド車 292
大恐慌（1930年代）**132-33**
大衆向けの自動車 **162-63**,
　224-25
大西洋道路、ノルウェー 340, *34*
ダイハツ 114, 206
ダイムラー **12**, 29, 34, *35*
　救急車 70
　初期の自動車産業界 18-19
　世界初の4輪自動車 *16*
　デインゴ・スカウトMK3 *134*
　トラック 46, *46*
ダイムラー・ベンツ 17, *33*, 28
ダイムラーエンジン会社（DMG）
　17, 18
タイヤ 32, 137, **191**, *191*
大陸横断ドライブ **38-39**
大量生産
　サイクルカー 76-77
　フォード 19, 23, 50, **52-53**,
　77, 96, 122, 309
タクシー 46, **286-87**
　パーシー・タクシー 12, 25,
　25
タクリー号 114
ダゲン H *83*, **83**
多層駐車場 74-75, 75, 174,
　175, 234
タツィオ・ヌヴォラーリ *91*
タタ・モーターズ 109
ダットサン 114, *114*, 206
　タイプ 10 114
　チェリー・100A *206*
　フェアレディ *211*
ダッジ 100, 285
　戦後 158
　キャラバン 260, *260-61*, 261
　チャージャー 248
　ディオラ 56, **230**, *230-31*
　ラム 280
タトラ 98
　T87 98, *98*
ダナン海岸線（ベトナム）347, *347*
ダハアータ・ワンガ（スリランカ）
　346-47, *346*
多目的スポーツ車（SUV）**282**,
　282-83
　ジープスタイル 120
　スピード 302
　都市のSUV 257, 261, 282,
　282-83, 297
多用途車 144
ダラック 89
ダラック自動車フランス 18
ダリエン・ギャップ **226-27**
タルボ 72
　サンビーム・ロータス 252, *252*
　ホライズン 258
タルボ・ラーゴ『T150クーペ』105

誰がEV1を殺したのか？
　295, *295*, 307
ダン・ガーニー 196
ダンテ・ジアコーサ 124
チェッカー 『A8』*287*
秩父宮 114
チャールズ・マクロビー・ターレル
　23
チャールズ兄弟とフランク・デュリア
　34
チャールズ・スチュワート・ロールス
　13, 19, 26-27, *32*, *33*
　1000マイルトライアル（1900）
　36, *36-37*, 37
チャールズ・コルトン 301
チャールズ・"チアーズ"・ウェイクフ
　ィールド卿 *104*, 129
チャールズ・ロビンソン・サイクス
　278
チュイスキー・トラクト（ロシア）
　342-43, *342*
中国 109, **239**, 293
　交通渋滞 276, *276-77*
　自動車業界 **300-301**
　テレマチック 299
中古車の販売 **122-23**
駐車 205
　市街地 **234-35**, 257
　多層駐車場 74-75, 75,
　164, 174, *174*, 175, 234
　駐車料金 *205*, 292
　パーキングメーター234, *234*
駐車違反係 234
駐車場
　最初の自動化 234
　多層 74-75, 75, 164, 174,
　174, 175, 234
　駐車料金 *205*, 292
　ナショナル・カー・パーク（NCP）
　175
　パーキングメーター 234, *234*
長安 300
通勤 164
ツェッペリン 73
ツーリングカーレース 267
ティーモ・マキネン 208
ディーン・ジェフリーズ 230, 248
デイトナ 500 267
デューセンバーグ 68, 73, 105,
　126
　J型 126, 133, *133*
　大恐慌 *132-33*
鉄道 14, 15, 24
デラヘイ 68, *159*
電気自動車 292, *318*
　EV1 **294-95**, 307
　初期 24-25, *24*
　ハイブリッド **306-307**
電子制御ユニット（ECU）256,
　258, **258-59**, 272
ドイツ
　交通渋滞 276
　初期の自動車業界 18
　大恐慌 133
　ディーゼル車 315
　道路 102, *102-103*
　ベルリンの壁崩壊 268, *268*
道路
　アメリカの道路 32, *33*, 38, 39,
　82-83, 83,157, 158, 164,
　164, 174, 289, *289*
　安全性 **110**
　イギリスの道路 83, 157, 158,
　164, 170,174-75, *175*, 289,
　289
　慣例 **82-83**
　交通渋滞 **58-59**, 174,

174-75,257, **276**, *276-77*
　事故 22
　自動車専用道 102, *102-103*,
　157, 164, *164*, *165*, 170
　初期の道路 14, 32, 38, 39,
　39, 51
　戦後 164-65
　道路の旅 320-52
　ドイツの道路 102, *102-103*
　フランスの道路 32, 157, 174,
　276
　ミヨー橋（フランス）336
　ルート66 176-77
道路交通情報チャンネル 299
道路交通法 110, 170
道路建設 288
ド・ディオン・ブートン *108-109*
　8hp タイプ 0 *28*
　蒸気自動車 24, 25
　初期の自動車業界 19
ドナルド・ギブソン 175
トヨタ 285
　AA 114, *115*
　i-TRIL *319*
　RAV4 282
　カローラ 204, 224, *224*, 271
　クラウン 189
　コロナ 201, 206
　コンフォート 286
　セリカ 233
　電気自動車 *319*
　トヨペット *206*
　ハイブリッド車 306, 307, *307*
　プリウス 306, *307*, 310
　輸出 201
　ランドクルーザー 282
ドラージュ 105
トラック
　タッカー 200
　配送用の小型バン 46
　ピックアップトラック 257,
　280-81
　モンスタートラック **246-47**
トラフィケーター 152
トラム 14-15, *15*
トランス・アンデス・ハイウェイ（ベネ
　ズエラ）330-31, *331*
トリップ・コンピューター 258
ドロシー・エリザベス・レビット 22,
　23
トロフィー **196-97**
デトロイト・エレクトリック 24, 25
ディーゼルエンジン 121, 292
　コモンレールシステム 145
　再生ディーゼル燃料 315
　ディーゼルエンジンの登場
　144-45
　フォルクスワーゲン 排気ガススキ
　ャンダル **314-15**
ディキシ 124
ディンキー 56, *56*
テスラ『モデル3』307, *317*
テール・オブ・ザ・ドラゴン（アメリカ）
　325, *325*
テールフィン 178
テレビ **248**, *248*
テレマチック **298-99**, 299
トーマス・テルフォード 14
トムソン&テイラー 93
東豊 300, *300*
ドアモバイル *141*, *141*
トーマス・ハンバー 18
トライアンフ 211

TR 183
TR2 *157*, *182-83*
　広告 *182-83*
　フューエルインジェクション 259
ドライブイン 157, 165, *184-85*
ドライバー・レス自動車 **316-17**
　交通渋滞 276
　コンセプトカー *293*, *318*,
　318-19
トラバント 257, 268, *268*, *269*
トランス・アンデス・ハイウェイ（ベネ
　ズエラ）330-31, *331*

な

内燃機関 **17**, *17*, 18
ナショナル・カー・パーク（NCP）
　175
ナチス *138-39*, **139**, 162
ナッシュ 132, 137, 216-17
ナビゲーション 293, **298-99**
ナポレオン 82-83
ニース・グランプリ *91*
ニコラ・ジョセフ・キュニョー *19*
ニコラウス・オットー 17, 144
西の島々（スコットランド）335,
　335
ニズワからダイアナズ・ポイント（オマ
　ーン）343, *343*
ニッサン 78, 189
　GT-R *303*
　合併 284
　キャシュカイ 282, *292*,
　296-97
　サニー 261
　サニー120Y *206*
　タイプ70 114
　バイク 275
　フィガロ *274*, 275
　ブルーバード 206
　プレーリー 261
日本 89, **206-207**, 257
　合併 284
　軽自動車 **262-63**
　自動車生産 157
　初期の自動車 **114**, *115*
　戦後の日本の車事情 *188-89*,
　189
　排気 245
　ハイブリッド車 306
日本自動車工業会（JAMA）206
ニュージーランド
　クラウン・レンジ・ロード 352
　リンディス・パス 352, *352*
ニルス・ボーリン 216
ネイピア 42, *42-43*
燃料
　石油危機 157
　燃料危機 **244-45**
　燃料供給 **259**, 272
　配給 *136*, **137**, 158, *158*
　バイオ燃料；ディーゼル；ガソリン；
　※「蒸気自動車」も参照
ノーマン・ベル・ゲデス 98, *99*
ノルウェー
　アトランティックロード 340,
　340
　リーセヴァイエンの道 339, *339*

は

バーシー・タクシー *12, 25, 25*
ハーツ *34*
バート・チェイニー 71
ハードノットパス（イングランド）335
バーナード・ルービン 107
ハーバート・スペンサー 213
ハーレー・アール 105, 178
ハイウェイ 1（アメリカ）326-27, *326*
ハイウェイ42号線（カナダ）322, *322*
ハイウェイ・コード 110, *110*
ハイウェイ法（1835）83
バイオ燃料 **315**
排気ガス 273
　自動車汚染のコントロール（アメリカ）245, 272, 294
　触媒コンバーター **272**
　大気汚染の懸念 58, 272, 288
　電子制御ユニット 258
　フォルクスワーゲン 排気ガススキャンダル *293*, **314-15**
配送用の小型バン 46, 47, 141
ハイデラバードのニザム殿下 80
ハイブリッド 292, **306-307**, 315
　スーパーカー *302*
ハインツ・ノルトホフ 139, **201**, *201*
バオバブの道（マダガスカル）334, *334*
パガーニ
　ゾンダ S7.3 *309*
　ゾンダ・ロードスターF *308*
馬車 14-15, *14-15*, 25, 27, 32, 58
パッカード 68, 132, 160
バックミラー 63
バット・モービル 248
パディ・ホップキック 208
ハドソン 132
パナール 13, *26-27, 32*
　1,000マイルトライアル（1900）36, *36-37*
　レース 42
パナール・ルバッソール 18, 34
ハノマーグ 144-45, *145*
バフチサライ・ハイウェイ（クリミア半島）340-41
バブルカー 77, *180-81*, **181**, 244
パリ～マドリッドレース 30-31, *42, 62*
ハリウッド・グラマー **126**, *126-27, 133*
ハリー・タラント 109
ハリー・ベントレー・ブラッドリー 230
ハリー・ローソン 18, *23*
馬力 245
ハルセマハイウェイ（フィリピン）348, *348*
パワーステアリング 160
パンアメリカン・ハイウェイ **226-27**
繁栄のための道 289
ハンス・レドヴィンカ 139
バンタム ジープ 135
ピアス・アロー 68, 133
　シルバー・アロー 98-99
ピアレス 42

ピエール・アレキサンドレ・ダラック *18*
ピエロ・プリチェリ 102
ビクター・コリニョン *108-109*
ビクトリア・ウォズレイ 117
ピックアップ 257, **280-81**
ビッグ・サー・ハイウェイ（アメリカ）326-27, *326*
ビッグ・フット 246, *246-47*
日野 189
ビュイック 126
　Y-Job 178, *178*
　エアコン160
　救急活動 70
　戦後 158
　センチュリー・ターボ・クーペ 258
　フェートン 126
ヒューとエセル・ロック・キング 62-63
ヒュンダイ 285
　セレスタ 300-301
　ポニー 250-51
標識 58, **170-71**, 205, **212-13**
ヒルクライム *64*
ヒルマン 141, 206, *218*
　インプ 238
　ハンター 238
　ミンクス 189
　輸出 *201*, 201
ヒンドスタン
　アンバサダー *238*, 239, *286-87*
　コンテッサ 239
ファーガス・モータース 200
ファミリーカー156
ファン・アルベルト・グリエブ109
ファン・マニュエル・ファンジオ 182, 183
フィアット（イタリア自動車製造会社・トリノ）34, 88, 133, 194, 206
　124 239
　128 *224-25*
　500 121, 124, 156, 311
　500C *163*
　500D *244*
　501 *51, 78, 79*
　600 229
　合併 285
　トッポリーノ 124
　バリラ 508S 116, *116*
　輸出 200
フィアット・クライスラー 285, 297
フィニョーニ・ファラッシ 68-69
フェイ・ダナウェイ 222-23
フェラーリ 206
　F40 302
　デイトナ 204, *219*
　フォーミュラ 1 *256*, 266-67
　モータースポーツ 182, 183
　ラ・フェラーリ *302*
フェリー
　エア・フェリー **236-37**
　ローローフェリー **186-89**, *186, 187, 236*
フェリックス・ヴァンケル 310
フェルディナンド・ポルシェ *138*, 139
フェルナンド・ガブリエル 62
フェルナンド・シャロン 42
フォーカー **44**, *44-45*
フォード
　A型 *50, 52*, 114, 133, 149, *149*

F-250 246
Fシリーズ 280, *280*
GT40 204
the エドセル 179
T型 19, 23, 25, 33, 50, **52-53**, *58*, 71, *82*, 83, 114, 122, 149, 167, 218, 228, *310*
V8『デラックス』148
Y型 124, **149**, *149*
　アングリア 191
　安全性 272
　イギリスの自動車生産 78, *121*, 133
　エクスプローラー 282
　エスコートRS 208
　エスコート 220, 233
　エスコート XR3i 252
　エドセルの影響力 **148-49**
　エントリーモデル 124
　合併 284, 285
　カナダの自動車生産 125
　カブリ 232, *232-33*, 233
　救急車 70-71
　クアドリサイクル 148
　広告 *121*, 148, *172*, 179
　ゴーリキー自動車工場（GAZ）268
　コルチナ 204, 220, 233
　コンサル 172
　サンダーバード 178, 215
　ジープ 135
　シェラRSコスワース 266, 267, *311*
　下取り 123
　スコーピオ 272
　スリー・グレイセス（三美神）172, *173*
　ゼファー 172, *173*
　戦後 158, 200
　ゾディアック 172
　大恐慌 132, 133
　第二次世界大戦 136, 137
　大量生産 19, 23, 50, **52-53**, 77, 96, 122, 309
　凋落 *270-71, 271*
　テルスター 169
　ドイツの自動車生産 133
　日本の自動車生産 114
　ファルコン 204
　ファルコン XA 169
　ファルコン XB GT 248
　フィエスタ **242**, *242-43*
　フランチャイズ 109, 169
　ピント 224, *225*
　ポピュラー 100E 190, *190*
　ポルトガル194
　マスタング 232, 233
　マスタングGT 248
　南アメリカ 194-95
　モンデオ 272
　流線形 98
　リンカーン『コンチネンタル』179
フォルクス・ワーゲン 120-21, *156*, 194
　1600TL 258
　エンジン *310*
　合併 284
　キューベル・ワーゲン 134, 135
　ゴルフ 139
　ゴルフ GTi 224, *225*, 252, *253*
　コンビ 141, *192*, 195
　コンビ・タイプ2 228, *229*, **229**
　自動運転 316, *318-19*
　自動走行車のコンセプトカー *293*
　シュヴィム・ワーゲン *134*, 135

シュコダ 268
セドリック *318-19*
第二次世界大戦 136, *138-39*, **139**
中国での生産 300
電気自動車 *318-19*
トランスポーター 260
ナチス *138-39*, **139**
排気ガス 292, *293*, **314-15**
ハイブリッドと電気自動車 307
ビートル *124*, 125, *138-39*, 139, 156, 159, 163, *163*, 164, 195, 201, 228, 248, 257, 271, *274*, 275, 310, 311
ファミリーカー 156
フスカ *287*
輸出 200
ブガッティ 69, *218-19*
　カブリオレ 68
　シロン 302, *302-303*
　タイプ 15 *65*
　タイプ 35B 218-19, *218-19*
　タイプ 51 *152*
　タイプ 57 アトランティック 68
　タイプ 57C アトランティック・ロイヤル 68
服装 *27, 28*
プジョー 133, 206, 201 78
　1950年代の車 172
　205 GTi 252, *252*
　402 *150-51*
　403 *172-73*
　広告 *38*
　小型のバン 46
　蒸気自動車 24
　初期の自動車産業界 18, 19, 33, 34
　大量生産 76
　ファミリーカー 156
プジョー、シトロエングループ 300
ブラジル **194-95**
　セラ・ド・リオ・ド・ラストロ・ロード 332-33, *333*
ブラックボックス 298-99
フランク・クレメント 64, *107*
フランク・マコーミック 96
フランクリン 133
フランシスコ・タマーニョ *20-21*
フランシス・フーディナ 316
フランス
　交通渋滞 276
　初期の自動車産業界 18-19
　戦後 158
　道路 32, 157, 174, 276
　ミヨー橋 336
フランス自動車クラブ 42
ブランド化が華やかな オイル缶 **128-29**
ブランドン・オブライエン 226
ブリジッド・ドリスコル 22, 216
ブリストル『ビュレット』292, 308-309
ブリッグス&ストラットン・フライヤー 77
ブリティッシュ・モーター・コーポレーション ※BMC参照
ブリティッシュ・モーター・シンジケート 18
ブリティッシュ・ユナイテッド・エアフェリー 236
ブリティッシュ・レイランド 206, 219
プリムス *124-5*, 133
　戦後 158
　ボイジャー 260, 261
プリンス自動車 *207*

ブルックランズ 55, 62-63, 76, 145
ブルックランズ・レース（1908）*62-63*
　最速ラップ 107
ブルーバード 92, *92-93*
フレイザーズ ヒル（マレーシア）348, *348*
ブレーキ
　4輪ブレーキ 68
　ABS 217, 272
　サーボ付きブレーキ 160
フレッド・マリオット 24
プレティスラフ・ヤン・プロチャスカ *146-47*, 147
フレデリック・シムズ 18
プロトタイプのテスト *312-13*
プロトン（陽子）300
フロリダキーズ（アメリカ）324
プンタ オリンピカ（ペルー）331, *331*
ペイカン 238-39, *239*
"ベイブズ" 92
ヘインズマニュアル **241**
「北京～パリ」レース **108-109**, *108-109*
北京オートモーティブ 300
ペダルカー **56**
ベッドフォード・ドアモバイル **141**, *141*
ヘッドライト 32-33, **40-41**
ベデリア・サイクルカー 77
ペリーシャ・ビーコン 110, *110*
ペルー
　プンタ オリンピカ 331, *331*
　ユンガイハイウェイ 332, *332*
ベルタ・ベンツ 17, 55, 160
ベンツ&Cie
　早期生産 34, *34*
　ベンツ・エンジン自動車 17, 55, 160, 218
ベントレー 68, 89, 107, *152*
　3リッターモデル 64, *64*
　合併 284
　スポーツカー64
　ベンテイガ 297, *297*
ベントレー・ボーイズ *106-107*, **107**
ヘンリー・エドモンズ 149
ヘンリー・オニール・セグレイブ卿 104
ヘンリー・セグレイブ卿 92
　ディーゼル・ゲート 314
ヘンリー・ティム-パーキン 107
ヘンリー・トイヴォネン 267
ヘンリー・フォード 50, **52**, *52*, 148
　ガソリンエンジン 144
　日本のフォード 114
　量産技術 19, 23, 50, 96, 122, 309
ヘンリー・フォード2世 242
ヘンリー・リーランド 29
ボアザン 68
保険 88, 110, 298-99
　自動運転 316
歩行者 14-15, 110, *110*
ボッキー自動車用電気照明シンジケート 33
ポルシェ 211
　550スパイダー **183**, *183*
　911 204, 208, *311*
　924 233
　エンジン 310
　カイエン 282
　マカン *296*, 301
　モータースポーツ183

輸出 201
ホイール 32, 32, **218-19**
ホーネルスヴィル エリー ペンシル
　ベニア鉄道 14
ホームメカニック **190-91**
ポール・ダイムラー 16
ホールデン 156, 168, **169**, 169
　48-215 (FX) 168, 169
　『FJ』サルーン 169
ホールデン (GM-H) 169
ポール・ヤーライ 98
ボッシュ 145, 258, 259
ホットウィール 56
ホットハッチ 204, **252-53**
ボブ・チャンドラー 246
ボルグヴァルト 136
ポルトガル **194-95**
ボルボ 300, 304
　221 193
　P1800 248
　安全性 217
　合併 284
　ハイブリッドと電気自動車 307
　輸出 201
ホレイショ・ネルソン・ジャクソン博士
　38-39, 38
ホンダ 189, 206, 206, 285
　アコード 271, 304, 306
　安全システム **304**, 304-305
　シビック 300, 306
　自動運転 316
　ビート 262
　ハイブリッド車 306-307
ポンティアック 158

ま

マーガレット・カルバート 170,
　212-13
マーキュリー 148
マーサー・レースバウト 64
マーチン・ウォルター 141
マーモン 133, 310
　ワスプ 63, 63
マイクとラリー・アレクサンダー 230
マイクロカー **181**, 189, 275
マイソール（マハラジャ）80
マイバッハ 73
　流線形 98
マウント・ワシントン（アメリカ）327,
　327
マカダム工法 14
曲がりくねった千の道（スペイン）
　336-37, 336
マキロップス ロード（オーストラリ
　ア）351
マクラーレン **312-13**
マスコット **278-79**
マセラッティ 91, 182, 183
マッスルカー 205, 245
マツダ 114, 206
　合併 284
　戦後 189
　ユーノス 259
マッチボックス 56, 57
マハラジャの車 68, **80**, 80-81
マラテーアの救世主キリストの道（
　イタリア）337, 337
マリオ・アンドレッティ 266
マルコム・キャンベル 92, 93
マルセル・ルノー 30, 62
ミキ・ビアシオン 267
ミシュラン 190, 191, 191, 279
三菱 189, 206, 229

ショーグン 282
ミニカ 262-63
ミニカ Dangan ZZ 262
モデル A 114, 114
ミニ 181, 201, 204, 220, 257
　エンジン 311
　オースチン『ミニ』224, 228,
　　242, 244
　ミニ・クーパー 208, 224, 248,
　　248, 271
　ミニ『モーク』228-29, 229
　モーリス『ミニ　マイナー』220,
　　221, 224
　レトロデザイン 274, 275
ミネルバ 68
　装甲車 70, 70-71
ミヨー橋（フランス）336
『メイヤーズ・マンクス』デューン・バ
　ギー 222-23
メーターメイド 234, 235
メルセデス・ベンツ 68, 219, 304
　190E 2.3-16 267
　1950年代の車 172
　260 D 144, 144
　35馬力 42, 42
　500K アウトバーン・クーリエ・ス
　　ポーツ 99
　Sクラス 73, 272
　安全性 216, 217, 272
　初期のディーゼルエンジン搭載モ
　　デル 121
　第3帝国 90
　電気自動車 318
　燃料噴射 259
　ファミリーカー 156
　ポントン 172
　モータースポーツ 182-83
　輸出 200
　流線型 98, 99
メルセデス・マイバッハ
　6 318
　S600 73
モア 42
毛沢東 300
モーガン 116
　『エアロ8』309
　モーガン・ランナバウト 77
モーゼル・モノレース・カー 76
モービルオイル 128, 132, 190
モーリス 89, 133
　1950年代の車 172
　エイト 124
　エントリーモデル 124
　オックスフォード 78, 141, 158,
　　172
　『オックスフォード』シリーズIII
　　239
　救急車 70
　広告 78, 104, 112-13, 159
　コーリー 78, 78, 158
　シックス 158
　シリーズE 124
　戦後 158
　大量生産 76
　ビッグ6 104
　ファミリーカー 156
　マイナー 158, 164, 164
　マイナー・トラベラー 192
　マリーナTC 252
　ミニ・クーパー 224
　ミニ・マイナー 220, 221, 224
　輸出 201
モデルカー **56-57**
モナコ・グランプリ 88, 90, 90
「モノコック」デザイン **100-101**
モンキーモービル 219, 248

モンスタートラック **246-47**
モンテカルロ・ラリー 90, 90, 141

や

ヤコブスラダー（タスマニア）352,
　352
屋根 27
ユージン・フードリ 245
郵便 46
ユカタン半島（メキシコ）330, 330
ユンガイハイウェイ（ペルー）332,
　332
ヨーホーバレー・ロード（カナダ）
　322-23, 323
ヨンクヒール 105

ら

ラーダ 239, 268
ライト 27, 32-33, **40-41**
ラウーノ・アルトネン 208
ラウンダバウト（環状交差点）58
ラテラルハイウェイ（ブータン）
　346, 346
ラビーブマウンテンロード（アゼル
　バイジャン）341, 341
ラフウマンダン・ブラサド・シン卿
　80-81
ラリー 90, 121, **208-209**,
　256, 266-67
ラルフ・A・バグノルド 146, 147
ラルフ・ティーター 160
ラルフ・ネーダー 205, 216, 217,
　217
ランサム・オールズ 34
ランチア 206, 266, 285
　アプリリア 101
　エンジン 310
　ストラトス 208
　ティーポ 55 コルサ 64
　デルタS4 266, 267, 267
ランドウィンド X7 301, 301
ランドローバー 135, 156, 158,
　248
　合併 284
　ステーション・ワゴン 193
　ディスカバリー 282
　フリーランダー 282
　レンジローバー **226-27**, 282,
　　301, 301
ランボルギーニ 218
　ミウラ 204, 311
　ムルシエラゴ 309
リー・アイアコッカ 233
リーセヴァイエンの道（ノルウェー）
　339, 339
陸地での速度記録 88, **92-93**
　ウェイクフィールド・トロフィ 104
　初期 24, 92
　ディーゼルエンジン **145**
　ブルーバード 92, 92-93, 93
　メルセデス・ベンツ 99
リシャールブラシエ 43
リタ・ヘイワース 127, 137
リバーハースト・クロッシング（カナ
　ダ）322
流線型 88, 91, **98-99**, 256
リンカーン 148
　コンチネンタル 126, 126-27
　ナビゲーター 282

リンディス・バス（ニュージーランド
　）352, 352
ルイジ・バルジーニ 109
ルイ・シロン 90
ルイス・アンド・クラーク・トレイル（ア
　メリカ）325, 325
ルイス・ハミルトン 196
ルイ・ツボロウスキー伯爵 92
ルイ・ポール 19
ルイ・ルノー 19, 125
ルーツグループ 133, 238
ルート66 176-77
ルドルフ・ウーレンホウト 182
ルドルフ・カラッチョラ 102
ルドルフ・ディーゼル 144
ルネ・ラリック 279, 279
ルノー 121, 133, 162-63
　4 204
　4CV 162, 164, 189
　5 ゴルディーニ 252
　5TX 225
　6CV 78
　MPVs 260, 261
　エスパス 260, 261, 261
　合併 284
　救急車 70
　広告 200
　シーニック 261
　初期の自動車産業界 19
　戦後 158
　第二次世界大戦 136
　ドーフィン 156, 200, 200,
　　201, 271
　ファミリーカー 156
　フォーミュラ1 266
　ポルトガル 194
　ユバカトル 125
ルノー・ニッサン 307
ルネ・パナール 18-19, 34
ル・マン24時間（レース）
　1959 ル・マン 183
　1967 ル・マン197
　アストン・マーチン 183
　フェラーリ 182
　ベントレー・ボーイズ 106-107,
　　107
　メルセデス・ベンツ 182-83
霊柩車 46
レイ・ハロウン 63, 63
レイモンド・ローウィ 98, 98
レース 88, 88
　主な流れ **90-91**
　ストックカーレース **167**,
　　166-67
　レーストラック **62-63**
レーマナリハイウェイ（インド）
　344, 344
レオナルド・ロード 181
レオンス・ジラルド 42
レオン・テリー 43
レオン・ボレー自動車 19
レクサス 271, 306, 307
レクセット・フォーカー 44-45
レトロデザイン 257, **274-75**
レンジローバー **226-27**, 282
　イヴォーク 301, 301
ロイヤル・オートモビル・クラブ（前
　身は自動車クラブ）22, 36,
　36-37
ロイヤル・ダッチ・シェル 55
ロータス 300, 311
　エラン 204
　ヨーロッパ 311, 311
ロード・エージェント 228
ロードスター **116-17**
ローバー 158
　SD1 239

ロールス・ロイス 68, 133, 218
　アーモレッド・ファイティング・ヴ
　　ィクル (AFV) 70
　インド 109
　オートマチックギアボックス
　　299
　マスコット **278**, 278
　マハラジャの車 80, 80-8
　合併 284
　ファントム 1 104, 105
　シルバー・ゴースト 68-69, 70,
　　80, 80-81
ローローフェリー **186**, 187,
　236
ロビン・ウッド 288
ロベルト・フィアクッチ 90 0
ロンドン・タクシー・インターテショナ
　ル『フェアウェイ』287
ロンドンタクシー会社 30
ロンドン〜ブライトン・ラン 22,
　22-23
ロンバード・ストリート（アメリカ）
　327, 327

わ

ワイズマン MF4 309
ワーナー・アームストロング 160

謝 辞

Dorling Kindersley would like to thank the following: US consultant: Lawrence Ulrich. Proofreader: Alexandra Beeden. Photography: Gary Ombler. Indexer: Vanessa Bird. Chapter openers: Phil Gamble. Design assistance: Renata Latipova. Steve Crozier at BCS Ltd. Alan Chandler, Petroliana.co.uk and Rob Arnold, Automobilia.co.uk

The publisher would like to thank the following for their kind permission to reproduce their photographs:

Key: a-above; b-below/bottom; c-centre; f-far; l-left; r-right; t-top

1 Dorling Kindersley: Petroliana.co.uk / Gary Ombler. 2-3 BMW Group. 4 Alamy Stock Photo: Chronicle (tr). 5 AF Fotografie: (tr). akg-images: mauritius images / Karl Heinrich Lämmel (br). Bridgeman Images: Private Collection / Avant-Demain (tl). Getty Images: Art Media / Print Collector (bl). 6 akg-images: (tl). Getty Images: Car Culture, Inc. (tr); Hulton Archive (bl); Tom Kelley Archive (br). 7 Alamy Stock Photo: Peter Lopeman (tl); David Wall (br). Rex Shutterstock: Airbus / Italdesign / Handout / EPA (tr); Sipa Press (bl). 8-9 Rex Shutterstock: Magic Car Pics. 10-11 Alamy Stock Photo: Chronicle. 12 akg-images: Heritage-Images / Art Media (bl). 13 akg-images. Getty Images: SSPL (bl). 14-15 akg-images. 14 akg-images: Universal Images Group / Universal History Archive (tr). 15 akg-images: De Agostini Picture Lib. / G. Dagli Orti (br); Heritage-Images / English Heritage / Historic England (tc). 16 Bridgeman Images: SZ Photo / Scherl. 17 akg-images: Imagno (clb). Bridgeman Images: Look and Learn (cr). Daimler AG: Mercedes-Benz Classic (br). 18 akg-images: Heritage-Images / Oxford Science Archive (cl). Louwman Museum-The Hague: (bl). 18-19 akg-images: Heritage-Images / Art Media. 19 akg-images: Heritage-Images / National Motor Museum (tl). Musée des arts et métiers-Cnam, Paris: photo M. Favareille (br). 20-21 Alamy Stock Photo: Shawshots. 22 Alamy Stock Photo: Chronicle (tc). 22-23 Getty Images: Hulton Archive (b). 23 Bridgeman Images: Look and Learn. Getty Images: Hulton Archive (tc). 24-25 akg-images: Heritage Images (b). 25 akg-images. 26-27 Getty Images: Science and Society Picture Library. 28-29 Getty Images: Kirn Vintage Stock / Corbis. 29 akg-images. 30-31 Getty Images: Art Media / Print Collector. 32 akg-images: Heritage-Images / Art Media (tr). Getty Images: Science and Society Picture Library (bc). 33 Getty Images: Science and Society Picture Library (tc, b). 34 akg-images: G. Dagli Orti (cl). 38-39 Getty Images: ullstein bild Dtl. (b). 39 akg-images: Heritage-Images / National Motor Museum (br). Getty Images: Science and Society Picture Library (t). 40 Alamy Stock Photo: Art Directors & TRIP (tc). Dorling Kindersley: Gary Ombler / R. Florio (fbr). National Motor Museum, Beaulieu: (tr). 40-41 National Motor Museum, Beaulieu. 41 National Motor Museum, Beaulieu. 42 akg-images. 42-43 Getty Images: Science and Society Picture Library (b). 43 Getty Images: Heritage Images (tc). 44-45 akg-images: Interfoto. 46 akg-images. Getty Images: Bob Thomas / Popperfoto (bc). 47 Getty Images: Schenectady Museum; Hall of Electrical History Foundation / CORBIS. 48-49 Alamy Stock Photo: ClassicStock. 50 Getty Images: Culture Club (br); Stefano Bianchetti / Corbis (bl). 51 Alamy Stock Photo: Interfoto (br); Universal Art Archive (bl). 52 Alamy Stock Photo: Motoring Picture Library (cl). Dorling Kindersley: Gary Ombler / R. Florio (bl). Getty Images: Stefano Bianchetti / Corbis (br). 53 Bridgeman Images: Private Collection / Avant-Demain. 54 Getty Images: Culture Club. 55 Alamy Stock Photo: i car (tc). Getty Images: A. R. Coster / Topical Press Agency (bl); Topical Press Agency / Stringer (br). 56 Alamy Stock Photo: My Childhood Memories (tr); JHPhoto (br); Dinky Art (cl); My Childhood Memories (cra). Buddy L Toy Museum (buddylmuseum.com): (crb). Rex Shutterstock: Associated Newspapers (bl). 57 Alamy Stock Photo: My Childhood Memories (tl); Chris Willson (tr); My Childhood Memories (cl); Mike Rex (cr); Paul Cox (crb); JHPhoto (bl). Mattel, Inc.: Hot Wheels ® (clb). Rex Shutterstock: Jonathan Hordle (br). 58 Bridgeman Images: (crb); DHM (cl); Granger (bc). 59 Alamy Stock Photo: Granger Historical Picture Archive. 60-61 Citroën UK. 62-63 Getty Images: Topical Press Agency / Stringer (b). 62 akg-images: WHA / World History Archive (tr). 63 Getty Images: Chris Graythen (br); Sports Studio Photos (tr). 64 akg-images: Heritage-Images / National Motor Museum (cl). 64-65 State Library of South Australia: (t). 65 Getty Images: Car Culture ® Collection (br). 66-67 Getty Images: H. Armstrong Roberts / ClassicStock. 68 Alamy Stock Photo: Heritage Image Partnership Ltd (cl); Lordprice Collection (br). 69 Getty Images: David Paul Morris / Bloomberg (tc); Topical Press Agency (b). 70 Alamy Stock Photo: Universal Art Archive (cl). Dorling Kindersley: Imperial War Museum, London / Andy Crawford / Imperial War Museum (tr). 70-71 Getty Images: Science and Society Picture Library (b). 71 Dorling Kindersley: The Tank Museum, Bovington / Gary Ombler (tr). 72 Alamy Stock Photo: Daniel Valla FRPS (bl); PjrTransport (tr); dpa picture alliance archive (cl); Falkensteinfoto (crb). 73 Alamy Stock Photo: Derek Gale (c); Phil Talbot (cra); Phil Talbot (bc). Getty Images: Chesnot (br). radiatoremblems.com: (bl). 74-75 Getty Images: Austrian Archives / Imagno. 76 akg-images. Bridgeman Images: Musee de l'Ile de France, Sceaux, France (tr). 77 Bibliothèque nationale de France, Paris: Département Estampes et photographie, EST EI-13 (248) (t). Louwman Museum-The Hague. 78 Alamy Stock Photo: National Motor Museum / Heritage Image Partnership Ltd (crb). Getty Images: Popperfoto (bl). Mary Evans Picture Library: Retrograph Collection (cl). 79 Alamy Stock Photo: Interfoto. 80-81 Giles Chapman Library. 82 Alamy Stock Photo: Heritage Image Partnership Ltd (b). Dorling Kindersley: R. Florio (tr). 83 Reprinted courtesy of the Amherst News: Reprinted courtesy of the Amherst News (tc). Getty Images: Keystone-France (crb). 84-85 TopFoto. co.uk: Roger-Viollet. 86-87 Bridgeman Images: Underwood Archives / UIG. 88 Getty Images: Fay Sturtevant Lincoln / Underwood Archives (br). Mary Evans Picture Library: Onslow Auctions Limited (bl). 89 Getty Images: General Photographic Agency / Hulton Archive (bl). Mary Evans Picture Library: Illustrated London News Ltd (br). 90 Getty Images: General Photographic Agency (b). Mary Evans Picture Library: Illustrated London News Ltd (tr). 91 Alamy Stock Photo: National Motor Museum / Heritage Image Partnership Ltd (b). Mary Evans Picture Library: Sueddeutsche Zeitung Photo (br). 92-93 Getty Images: ISC Images & Archives (b). 92 Alamy Stock Photo: chrisstockphotography (tl); National Motor Museum / Motoring Picture Library (tr). 93 Alamy Stock Photo: National Motor Museum / Motoring Picture Library (t). Getty Images: National Motor Museum / Heritage Images (cr). 94 Dorling Kindersley: Automobilia.co.uk (ftl); Petroliana.co.uk / Gary Ombler (tl, tc, ca, tr, ftr, fbr, bc, br). Getty Images: Austrian Archives / Imagno (fbl). 95 Dorling Kindersley: Petroliana.co.uk / Gary Ombler (tl); Petroliana.co.uk / Gary Ombler (tc); Petroliana.co.uk / Gary Ombler (l, tr). 96-97 Getty Images: ullstein bild. 98 AF Fotografie: (tr). Alamy Stock Photo: Bob Masters Classic Car Images (tl). Getty Images: The LIFE Picture Collection / Bernard Hoffman (bc). 99 Getty Images: Fay Sturtevant Lincoln / Underwood Archives. 100 Giles Chapman Library. Louwman Museum-The Hague. TopFoto.co.uk: John Topham (tl). 101 akg-images: mauritius images / Karl Heinrich Lämmel (b). Art-Tech Picture Agency: (tr). 102-103 Getty Images: Keystone. 104 Getty Images: National Motor Museum / Heritage Images (tr); The Print Collector (cl). Steve Sexton. 105 Alamy Stock Photo: National Motor Museum / Motoring Picture Library (tr). Getty Images: General Photographic Agency / Hulton Archive (b). 106-107 Giles Chapman Library. 108 Alamy Stock Photo: Alexander Perepelitsyn (tr). 108-109 Getty Images: Popperfoto (b). 109 akg-images. Getty Images: Imagno (crb). 110 Alamy Stock Photo: John James (bc). Getty Images: Fox Photos (br). 111 Bridgeman Images: SZ Photo / Scherl. 112-113 Mary Evans Picture Library: Illustrated London News Ltd. 114 Getty Images: The Asahi Shimbun (tl); Bettmann (bl); Car Culture ® Collection (br). 115 Toyota (GB) PLC. 116-117 Getty Images: National Motor Museum / Heritage Images. 116 Giles Chapman Library. Motoring Picture Library / National Motor Museum: (br). 118-119 Bridgeman Images: Underwood Archives / UIG. 120 Getty Images: Bettmann (bl); Hulton Archive / Central

Press (br). **121 Alamy Stock Photo:** National Motor Museum / Heritage Image Partnership Ltd (br). **Getty Images:** Archive Photos / Transcendental Graphics (bl). **122-123 Alamy Stock Photo:** Charles Phelps Cushing / ClassicStock (b). **122 Getty Images:** Hulton Archive / Fox Photos (tr). **123 Getty Images:** H. Armstrong Roberts / Stringer / Retrofile (tr). **124 Alamy Stock Photo:** NZ Collection (tr); Shawshots (bl). **125 akg-images. Giles Chapman Library:** (tr). **126 Dorling Kindersley:** Automobilia.co.uk (ftr, cl); Petroliana.co.uk / Gary Ombler (ftl, tl, fcl, cr, fcr, br, fbr). **Getty Images:** Bob Harmeyer / Archive Photos (bl). **Museo Fisogni:** (tr). **127 Dorling Kindersley:** Petroliana.co.uk / Gary Ombler (tl, fcl, bl, br). **Museo Fisogni. 128-129 Getty Images:** John Kobal Foundation. **130-131 Alamy Stock Photo:** Interfoto. **132 Getty Images:** Bettmann (bl). **133 Getty Images:** Hulton Archive (tr); Clarence Sinclair Bull / John Kobal Foundation (br). **134-135 Alamy Stock Photo:** Goddard Automotive (b). **134 Dorling Kindersley:** Gary Ombler / The Tank Museum (tl). **Louwman Museum-The Hague. 135 Getty Images:** Keystone-France / Gamma-Keystone (br). **Wikimedia:** Sergey Korovkin / GAZ-61.JPG / CC Attr. 4.0 (tr). **136 Bridgeman Images:** Peter Newark Military Pictures (tr). **Getty Images:** Hulton Archive / Central Press (b). **137 Alamy Stock Photo:** American Photo Archive (t). **Getty Images:** Bettmann (br). **138-139 akg-images:** ullstein bild. **140 Alamy Stock Photo:** National Motor Museum / Heritage Image Partnership Ltd (tr). **140-141 Getty Images:** J. A. Hampton / Topical Press Agency (b). **141 Getty Images:** Underwood Archives (t). **Rex Shutterstock:** Magic Car Pics (br). **142-143 Alamy Stock Photo:** National Motor Museum / Heritage Image Partnership Ltd. **144 akg-images:** Interfoto / TV-yesterday (cl). **Alamy Stock Photo:** Interfoto (cr). **Giles Chapman Library. 145 Bridgeman Images:** SZ Photo / Scherl (t). **Getty Images:** Hulton Archive (br). **146-147 ŠKODA AUTO Corporate Historical Archives / GKM-ŠKODA Museum. 148 Getty Images:** Transcendental Graphics (tr). **148-149 Getty Images:** Underwood Archives (b). **149 Giles Chapman Library. 150-151 Giles Chapman Library. 152 Getty Images:** Fox Photos (tr); Alexander Sorokopud (b). **153 Getty Images:** General Photographic Agency. **154-155 Getty Images:** H. Armstrong Roberts / Retrofile. **156 Getty Images:** Keystone-France / Gamma-Keystone (bl); ullstein bild / Otfried Schmidt (br). **157 Alamy Stock Photo:** Mark Summerfield (br). **Rex Shutterstock:** Magic Car Pics (bl). **158 Alamy Stock Photo:** Steve Sant (cla). **Getty Images:** Ullstein bild Dtl. (bl). **159 The Advertising Archives:** (bc). **Getty Images:** Yale Joel (t). **160 Dreamstime.com:** Rob Hill (br). **Getty Images:** National Motor Museum / Heritage Images (tl). **161 Alamy Stock Photo:** Interfoto. **162-163 Getty Images:** Manuel Litran / Paris Match (b). **162 Dorling Kindersley:** Matthew Ward (tr). **163 Dorling Kindersley:** Matthew Ward (tr). **Getty Images:** Keystone-France / Gamma-Keystone (cr). **Giles Chapman Library. 164 akg-images:** Bernhard Wübbel (c). **Bridgeman Images. 165 akg-images. Getty Images:** Fotosearch (bl). **166-167 Getty Images:** Hulton-Deutsch Collection / Corbis. **168 Neil Pogson, Holden Retirees Club:** (l). **169 Neil Pogson, Holden Retirees Club. 170 Alamy Stock Photo:** Frank Chmura (tc); Lightworks Media (tl); Eugene Sergeev (cla); grzegorz knec (ca); S. Forster (c); YAY Media AS (cra); Peter Horree (cl); Arndt Sven-Erik /

Arterra Picture Library (br). **Rex Shutterstock:** imageBROKER / Shutterstock (crb); Global Warming Images / Shutterstock (tr). **171 Alamy Stock Photo:** Carol Dembinsky / Dembinsky Photo Associates (bc); Tom Grundy (tl); Phil Crean A (bl); Nils Kramer / imageBROKER (tc); Ken Gillespie Photography (cb). **Getty Images:** The Washington Post (br). **Rex Shutterstock:** Image Source (tr); Moritz Wolf / imageBROKER (cla). **172-173 Rex Shutterstock:** Magic Car Pics. **172 Getty Images:** National Motor Museum / Heritage Images (bl). **Courtesy Mercedes-Benz Cars, Daimler AG:** (tr). **Rex Shutterstock:** Magic Car Pics (tl). **173 Alamy Stock Photo:** kpzfoto (tr). **Dorling Kindersley:** Deepak Aggarwal / Titus & Co. Museum for Vintage & Classic Cars (tl). **174 Getty Images:** Archivio Cameraphoto Epoche (bc); Ralph Crane / The LIFE Premium Collection (cl). **174-175 Alamy Stock Photo:** Charles Phelps Cushing / ClassicStock (b). **175 Getty Images:** Hulton-Deutsch Collection / Corbis (tr). **176-177 Getty Images:** Car Culture, Inc.. **178 Rex Shutterstock:** Magic Car Pics (cl). **178-179 magiccarpics.co.uk. 179 Alamy Stock Photo:** Pictorial Press Ltd (tl). **Getty Images:** George Torrie / NY Daily News Archive (cr). **180-181 Getty Images:** ullstein bild / Otfried Schmidt. **182-183 Rex Shutterstock:** Magic Car Pics (b). **182 Bridgeman Images:** Private Collection / DaTo Images (tr). **183 Alamy Stock Photo:** Interfoto (br). **Bridgeman Images. 184-185 Getty Images:** J. R. Eyerman. **186 Getty Images:** Illustration by Jim Heimann Collection (tr); SSPL (bl). **187 Mary Evans Picture Library:** David Lewis Hodgson. **188-189 Alamy Stock Photo:** Allan Cash Picture Library. **190 Dorling Kindersley:** Petroliana.co.uk / Gary Ombler (tr). **Getty Images:** National Motor Museum / Heritage Images (bl). **Giles Chapman Library. 191 Dorling Kindersley:** Matthew Ward (br). **Getty Images:** Hulton Archive / Fred Mott (t). **192-193 Alamy Stock Photo:** Mark Summerfield (b). **193 Image created by Simon GP Geoghegan:** (tl). **Giles Chapman Library. © British Motor Industry Heritage Trust:** (br). **194 Alamy Stock Photo:** Interfoto (b). **Serrvill Txemari:** (cra). **195 Autohistorian Alden Jewell:** flickr.com (cra). **Giles Chapman Library. 196 Collection de l' Automobile Club de France:** (cl). **Getty Images:** Octane / Action Plus (bc). **The Royal Automobile Club:** (tr). **197 Alamy Stock Photo:** Courtesy Everett Collection / Everett Collection Inc (bc); Jonny White (br). **Getty Images:** Franck Fife / AFP (tr); Nick Laham (l); FIA / Handout (tc); David J. Griffin / Icon Sportswire (fbr). **198-199 Getty Images:** Harry Kerr. **200 Getty Images:** Hulton Archive (cr); Peter Stackpole / The LIFE Picture Collection (b). **201 Getty Images:** Lessmann / ullstein bild (br); Popperfoto. **202-203 Getty Images:** Henry Groskinsky / The LIFE Picture Collection. **204 Alamy Stock Photo:** Goddard Automotive (bl). **Getty Images:** Yale Joel / Time Life Pictures (br). **205 Getty Images:** John Pratt / Keystone Features (bl); Tom Kelley Archive (br). **206 Getty Images:** Bettmann (t); Bettmann (bl); Rolls Press / Popperfoto (br). **207 Getty Images:** The Asahi Shimbun. **208-209 Getty Images:** National Geographic / Bruce Dale. **210-211 Alamy Stock Photo:** Goddard Automotive (b). **210 Dorling Kindersley:** James Mann / Eagle E Types (tl). **211 Rex Shutterstock:** Associated Newspapers (br). **212 Getty Images:** Geography Photos / Universal Images Group (tr). **Rex Shutterstock:** Daily Mail (b). **213 Alamy Stock Photo:** Matthew Richardson (bc). **Press Association Images:** PA Archive (tr). **214-215**

Getty Images: Gene Laurents / Condé Nast. **216-217 Getty Images:** Yale Joel / Time Life Pictures. **216 Getty Images:** Bloomberg / Andrew Harrer (tr). **217 Alamy Stock Photo:** Keystone Pictures USA (br). **Getty Images:** Henry Groskinsky / The LIFE Picture Collection (tr). **218 Dorling Kindersley:** Heritage Motoring Club of India / Deepak Aggarwal (cr); James Mann / Colin Laybourn / P&A Wood (tl); National Motor Museum Beaulieu / James Mann (cl); James Mann / Peter Harris (br). **Louwman Museum-The Hague. 219 Dorling Kindersley:** Jaguar Heritage / Gary Ombler (cl); James Mann / Ivan Dutton (t). **Courtesy Mercedes-Benz Cars, Daimler AG. Rex Shutterstock:** Camera 5 (br). **220 Alamy Stock Photo:** Phil Talbot (cr). **Getty Images:** Rolls Press / Popperfoto (b); Science & Society Picture Library (cla). **221 Giles Chapman Library. 222-223 Rex Shutterstock:** United Artists / Kobal. **224 Louwman Museum-The Hague. magiccarpics.co.uk:** (tl). **Rex Shutterstock:** Magic Car Pics (bl). **224-225 Rex Shutterstock:** Magic Car Pics. **225 Giles Chapman Library. 226-227 The Scientific Exploration Society:** (b). **226 Alamy Stock Photo:** John Henderson (tr). **227 Richard Emblin:** (bc). **Kelvin Kent:** (tr). **228-229 Getty Images:** Tom Kelley Archive (bc). **228 TopFoto.co.uk:** (tl). **229 Alamy Stock Photo:** Michael Wheatley (br). **Getty Images:** Loomis Dean / The LIFE Picture Collection (tr). **230-231 Getty Images:** Spence Murray / The Enthusiast Network. **232-233 magiccarpics.co.uk. 232 Art-Tech Picture Agency. magiccarpics.co.uk. Rex Shutterstock:** Underwood Archives (cr). **233 magiccarpics.co.uk. 234 Getty Images:** Teenie Harris Archive / Carnegie Museum of Art (cra); Rust / ullstein bild (bl); Time Life Pictures / Pictures Inc. / The LIFE Picture Collection (br). **235 Getty Images:** John Pratt / Keystone Features. **236-237 Giles Chapman Library. 238 Rex Shutterstock:** Tim Graham / robertharding (tc). **TopFoto.co.uk:** Sputnik (b). **239 Getty Images:** Francois Lochon / Gamma-Rapho (br); Behrouz Menri / AFP (tr). **240 The Advertising Archives. Alamy Stock Photo:** Interfoto (cr); The Print Collector (tl); The Print Collector (ftr); Jeff Morgan 04 (fcr). **Giles Chapman Library. Mary Evans Picture Library:** John Maclellan (tr). **Rex Shutterstock:** Snap (fcl). **241 The Advertising Archives. Alamy Stock Photo:** (cr); Lordprice Collection (tl); Shawshots (tr); Interfoto (ftr); DWImages (br). **Giles Chapman Library. Rex Shutterstock:** Magic Car Pics (bl). **242-243 Fordimages.com. 244 Dorling Kindersley:** Matthew Ward (tr). **Getty Images:** Rogge / ullstein bild (b). **245 Getty Images:** Ron Eisenbeg / Michael Ochs Archives (tc). **246-247 Getty Images:** Bettmann. **246 BIGFOOT 4x4, Inc:** (bl). **248 Alamy Stock Photo:** Everett Collection Inc (crb); Photo 12 (t); Photo 12 (bl). **249 Alamy Stock Photo:** PvE. **250-251 Hyundai Motor Company. 252 Giles Chapman Library. 253 akg-images:** Heritage-Images / National Motor Museum. **254-255 Getty Images:** AWL Images. **256 Getty Images:** (br). **Rex Shutterstock:** Sipa Press (bl). **257 Alamy Stock Photo:** Design Pics Inc (bl); dpa picture alliance (br). **258 Alamy Stock Photo:** Dmitrii Bachtub (bl). **magiccarpics.co.uk:** John Colley (bl). **259 Alamy Stock Photo:** YAY Media AS (tr). **260-261 Rex Shutterstock:** Magic Car Pics (b). **260 Rex Shutterstock:** imageBROKER / Martin Siepmann (tr). **261 Getty Images:** FPG / Hulton Archive (br). **Renault (UK):** (tr). **262-263 Giles Chapman Library:** Mitsubishi Motors Corporation. **262**

Honda (UK). Peter Nunn: Mitsubishi Motors Corporation (tl). 263 Giles Chapman Library: Suzuki Motor Corporation (tl); Suzuki Motor Corporation (tr); Suzuki Motor Corporation (c). 264-265 Used with permission, GM Media Archives. 265 Rex Shutterstock: Sipa Press (bl). 266 Getty Images: David Madison (tr). magiccarpics.co.uk: John Colley (bl). 266-267 Getty Images. 267 Giles Chapman Library: Lancia (tr). 268 Alamy Stock Photo: Dave Cameron (bl). Getty Images: National Motor Museum / Heritage Images (crb); Chris Niedenthal / The LIFE Images Collection (cl). 269 akg-images. 270-271 Rex Shutterstock: Sipa Press. 272 Getty Images: Hulton Archive (cla); Frederic Pitchal / Sygma / Sygma (bc). 273 akg-images: Sputnik. 274-275 Alamy Stock Photo: Bhandol (b). 274 Giles Chapman Library. 275 Getty Images: Ulrich Baumgarten (br). Giles Chapman Library. 276-277 Getty Images: Dong Wenjie. 278 Alamy Stock Photo: Carnundrum (tr); Rod Williams (tc); Adrian Muttitt (c); National Motor Museum / Motoring Picture Library (cr); Tim Gainey (fbl); supermut (bl); pbpvision (br). Mary Evans Picture Library: Onslow Auctions Limited (cra). 279 Alamy Stock Photo: Carnundrum (cr); Mark Scheuern (br); imageBROKER (tc); Goddard New Era (fcl); Mim Friday (fcr). Bridgeman Images: Christie's Images (cl). Mary Evans Picture Library: David Cohen Fine Art (tr). 280-281 Rex Shutterstock: Magic Car Pics. 280 Alamy Stock Photo: Performance Image (tr). Dorling Kindersley: James Mann / John Mould (tl). 281 Alamy Stock Photo: Evox Productions / Drive Images (tr); Performance Image (tl). Getty Images: Eric Rickman / The Enthusiast Network (br). 282-283 Alamy Stock Photo: Design Pics Inc. 284 Getty Images: Heritage Images (cra); Ullstein Bild (bl). 285 Rex Shutterstock: Carlos Osorio (br); Sipa Press (t). 286 Alamy Stock Photo: The Image Barrel (tl). Getty Images: The Image Bank / Eric Van Den Brulle (tr). 286-287 Alamy Stock Photo: Peter Lopeman (b). 287 123RF.com: tupungato (b). Getty Images: Dorling Kindersley / Dave King (tl). 288 Alamy Stock Photo: dpa picture alliance (b). 289 Dreamstime.com: Anizza (br). Getty Images: Boston Globe (ca). 290-291 Rimac Automobili. 292 Getty Images: John Macdougall (br). Nissan Motor Company: (bl). 293 Morgan

Motor Company Ltd: (br). Courtesy of Volkswagen: (bl). 294 Getty Images: Bettmann (cra). Giles Chapman Library. 295 Alamy Stock Photo: Everett Collection, Inc. (clb). Giles Chapman Library. Rex Shutterstock: Electric / Sony / Kobal (tr). 296-297 Nissan Motor Company: (b). 296 Alamy Stock Photo: eVox / Drive Images (tl); Joseph Heroun (tr). 297 Alamy Stock Photo: Marco Destefanis (tr). Getty Images: AFP Photo / Pierre Andrieu (tl); Bloomberg / Jin Lee (br). 298 Alamy Stock Photo: Jiraroj Praditcharoenkul (b). 299 Alamy Stock Photo: dpa picture alliance (crb). Getty Images: Bloomberg (t). 300 Getty Images: STR (tl). 300-301 Getty Images: Bloomberg (b). 301 Alamy Stock Photo: Dave Ellison (cra); Renaud Rebardy (ca). 302-302 Bugatti Automobiles S.A.S.. 302 Ferrari: (tr). Courtesy Mercedes-Benz Cars, Daimler AG. 303 Alamy Stock Photo: eVox / Drive Images (tl); WENN Ltd (tr). 304-305 Honda (UK). 306 Alamy Stock Photo: Kropp (tr). 306-307 BMW Group UK: (b). 307 Alamy Stock Photo: Jeffrey Blackler (br). Getty Images: Car Culture (tr). 308-309 Morgan Motor Company Ltd. 308 Alamy Stock Photo: Tom Wood (tr). 309 Alamy Stock Photo: Newscom (cra); Matthew Richardson (tl). Bristol Cars: (tr). 310 Alamy Stock Photo: Steve Lagreca (bl). Dorling Kindersley: Tuckett Brothers (cra). 311 Bugatti Automobiles S.A.S.: (cr). Dorling Kindersley: David Ingram, Audi UK (tc); Paul Self / Porsche Cars Great Britain (cla); Paul Self / Honda Institute (bl). Rex Shutterstock: Magic Car Pics (crb). 312-313 McLaren Automotive Limited. 314 Getty Images: milehightraveler (b). 315 Alamy Stock Photo: Jim West (b). Getty Images: Scott J. Ferrell (cr); John Macdougall (tl). 316 Alamy Stock Photo: ZUMA Press, Inc. / DARPA (bc). Giles Chapman Library. 317 Alamy Stock Photo: Tesla Motors / Dpa (t). iStockphoto.com: chombosan (br). 318 Jaguar Cars Limited: (tl). Courtesy Mercedes-Benz Cars, Daimler AG. Rex Shutterstock: Airbus / Italdesign / Handout / EPA (bl). 319 Honda Motor Europe Ltd: (tr). Toyota (GB) PLC. Courtesy of Volkswagen: (b). 320 4Corners: Hans Peter Huber. 322 Gregory Melle: (bl). 323 Alamy Stock Photo: Stanislav Moroz (t).

324 Alamy Stock Photo: Steve Bly (b). 325 Alamy Stock Photo: Andre Jenny (tl). Getty Images: J.Castro (b). 326 Getty Images: Doug Steakley (t). 327 Depositphotos Inc: Maks_Ershov (t). Getty Images: Onfokus (bl). 328 123RF.com: Mirko Vitali (t). 329 Alamy Stock Photo: Stephen Saks Photography (b). 330 BORIS G: (br). 331 Amanda & Andrew Prenty: (b). Rex Shutterstock: Eye Ubiquitous (tl). 332 Alamy Stock Photo: John Michaels (t). 333 Alamy Stock Photo: Andre Seale (b). Getty Images: MyLoupe / UIG (tr). 334 Alamy Stock Photo: Neil McAllister (tr). 335 Alamy Stock Photo: allan wright (br). 336 Alamy Stock Photo: Panther Media GmbH (b). 337 Alamy Stock Photo: Vito Arcomano (br). Getty Images: Sandro Bisaro (t). 338 Alamy Stock Photo: Eye Ubiquitous (bl). 339 olino.org: (bl). Daniel Tengs: (t). 340 Imagelibrary India Pvt Ltd: Benjamin gs (t). 341 123RF.com: alizadastudios (tr). iStockphoto.com: Cenkertekin (bl). 342 Alamy Stock Photo: Maxim Toporskiy (b). 343 Getty Images: Westend61 (t). 344 Imagelibrary India Pvt Ltd: Andrey Armyagov (t). 345 Alamy Stock Photo: Panther Media GmbH (bl). Tarun Goel: (tr). 346 Getty Images: Sean Caffrey (bl). 346-347 Imagelibrary India Pvt Ltd: Steve Phan (t). 348 Alamy Stock Photo: Adwo (bl). Getty Images: annamir@putera.com / Moment Open (tr). 349 Jez O' Hare. 350 Alamy Stock Photo: Stephanie Jackson (bc). 350-351 Alamy Stock Photo: David Wall (t). 352 Getty Images: Photolibrary (tl); Puripat Wiriyapipat / Moment (br)

Endpaper images: Front: Alamy Stock Photo: ClassicStock ; Back: Alamy Stock Photo: ClassicStock

Jacket and Cover: Dorling Kindersley: Petroliana.co.uk / Gary Ombler (bl) Dorling Kindersley: Matthew Ward (tl) Dorling Kindersley: James Mann / Eagle E Types (cl) Dorling Kindersley: Matthew Ward (br)

All other images © Dorling Kindersley
For further information see: www.dkimages.com

All other images © Dorling Kindersley
For further information see: **www.dkimages.com**

世界クルマ文化史
THE DEFINITIVE HISTORY OF MOTORING

2019年 12月10日 発行

Staff

PUBLISHER
Norihiko Takahashi　高橋矩彦

TRANSLATOR
Hideki Wachi　和智英樹

DESIGNER
Shinya Kojima　小島進也

ADVERTISING STAFF
Yuto Kushima　久嶋優人

PLANNING, EDITORIAL & PUBLISHING
（株）スタジオ タック クリエイティブ
〒 151-0051　東京都渋谷区千駄ヶ谷 3-23-10 若松ビル 2階
STUDIO TAC CREATIVE CO., LTD.
2F, 3-23-10, SENDAGAYA SHIBUYA-KU, TOKYO
151-0051 JAPAN

〔企画・編集・広告進行〕
Telephone 03-5474-6200
Facsimile 03-5474-6202
〔販売・営業〕
Telephone & Facsimile 03-5474-6213
URL http://www.studio-tac.jp
E-mail stc@fd5.so-net.ne.jp

注 意　CAUTION
- 本書は2018年にイギリスで発行された書籍を日本語に翻訳したものです。車や道路の情報など、本書に掲載されている情報は変更されている可能性があります。

STUDIO TAC CREATIVE
（株）スタジオ タック クリエイティブ
©STUDIO TAC CREATIVE 2019 Printed and bound in China
- 本書の無断転載を禁じます。
- 乱丁、落丁はお取り替えいたします。
- 定価は表紙に表示してあります。

1912A

ISBN978-4-88393-863-6